住房和城乡建设领域专业人员岗位培训考核系列用书

质量员专业基础知识
（设备安装）

（第二版）

江苏省建设教育协会　组织编写

中国建筑工业出版社

图书在版编目(CIP)数据

质量员专业基础知识（设备安装）/江苏省建设教育协会组织编写. —2版. —北京：中国建筑工业出版社，2016.9
住房和城乡建设领域专业人员岗位培训考核系列用书
ISBN 978-7-112-19692-0

Ⅰ.①质… Ⅱ.①江… Ⅲ.①建筑工程-质量管理-岗位培训-教材②房屋建筑设备-设备安装-质量管理-岗位培训-教材 Ⅳ.①TU712

中国版本图书馆CIP数据核字(2016)第196708号

本书作为《住房和城乡建设领域专业人员岗位培训考核系列用书》中的一本，依据《建筑与市政工程施工现场专业人员职业标准》JGJ/T 250—2011、《建筑与市政工程施工现场专业人员考核评价大纲》及全国住房和城乡建设领域专业人员岗位统一考核评价题库编写。全书共9章，内容包括：国家工程建设相关法律法规；工程材料的基本知识；施工图识读、绘制的基本知识；工程施工工艺及方法；工程项目管理的基本知识；设备安装相关的力学知识；建筑设备的基础知识；施工测量的基本知识；抽样统计分析的基本知识。本书既可作为设备安装质量员岗位培训考核的指导用书，又可作为施工现场相关专业人员的实用工具书，也可供职业院校师生和相关专业人员参考使用。

责任编辑：张 磊 刘 江 岳建光 范业庶
责任校对：李美娜 刘 钰

住房和城乡建设领域专业人员岗位培训考核系列用书
质量员专业基础知识（设备安装）（第二版）
江苏省建设教育协会 组织编写
*
中国建筑工业出版社出版、发行（北京西郊百万庄）
各地新华书店、建筑书店经销
北京科地亚盟排版公司制版
北京市书林印刷有限公司印刷
*
开本：787×1092毫米 1/16 印张：16½ 字数：399千字
2016年9月第二版 2016年10月第六次印刷
定价：**45.00**元
ISBN 978-7-112-19692-0
(28768)

版权所有 翻印必究
如有印装质量问题，可寄本社退换
（邮政编码100037）

住房和城乡建设领域专业人员岗位培训考核系列用书

编审委员会

主　　任：宋如亚

副主任：章小刚　戴登军　陈　曦　曹达双
　　　　漆贯学　金少军　高　枫

委　　员：王宇旻　成　宁　金孝权　张克纯
　　　　胡本国　陈从建　金广谦　郭清平
　　　　刘清泉　王建玉　汪　莹　马　记
　　　　魏傅燕　惠文荣　李如斌　杨建华
　　　　陈年和　金　强　王　飞

出版说明

为加强住房和城乡建设领域人才队伍建设，住房和城乡建设部组织编制并颁布实施了《建筑与市政工程施工现场专业人员职业标准》JGJ/T 250—2011（以下简称《职业标准》），随后组织编写了《建筑与市政工程施工现场专业人员考核评价大纲》（以下简称《考核评价大纲》），要求各地参照执行。为贯彻落实《职业标准》和《考核评价大纲》，受江苏省住房和城乡建设厅委托，江苏省建设教育协会组织了具有较高理论水平和丰富实践经验的专家和学者，编写了《住房和城乡建设领域专业人员岗位培训考核系列用书》（以下简称《考核系列用书》），并于2014年9月出版。《考核系列用书》以《职业标准》为指导，紧密结合一线专业人员岗位工作实际，出版后多次重印，受到业内专家和广大工程管理人员的好评，同时也收到了广大读者反馈的意见和建议。

根据住房和城乡建设部要求，2016年起将逐步启用全国住房和城乡建设领域专业人员岗位统一考核评价题库，为保证《考核系列用书》更加贴近部颁《职业标准》和《考核评价大纲》的要求，受江苏省住房和城乡建设厅委托，江苏省建设教育协会组织业内专家和培训老师，在第一版的基础上对《考核系列用书》进行了全面修订，编写了这套《住房和城乡建设领域专业人员岗位培训考核系列用书（第二版）》（以下简称《考核系列用书（第二版）》）。

《考核系列用书（第二版）》全面覆盖了施工员、质量员、资料员、机械员、材料员、劳务员、安全员、标准员等《职业标准》和《考核评价大纲》涉及的岗位（其中，施工员、质量员分为土建施工、装饰装修、设备安装和市政工程四个子专业）。每个岗位结合其职业特点以及培训考核的要求，包括《专业基础知识》、《专业管理实务》和《考试大纲·习题集》三个分册。

《考核系列用书（第二版）》汲取了第一版的优点，并综合考虑第一版使用中发现的问题及反馈的意见、建议，使其更适合培训教学和考生备考的需要。《考核系列用书（第二版）》系统性、针对性较强，通俗易懂，图文并茂，深入浅出，配以考试大纲和习题集，力求做到易学、易懂、易记、易操作。既是相关岗位培训考核的指导用书，又是一线专业岗位人员的实用工具书；既可供建设单位、施工单位及相关高职高专、中职中专学校教学培训使用，又可供相关专业人员自学参考使用。

《考核系列用书（第二版）》在编写过程中，虽然经多次推敲修改，但由于时间仓促，加之编著水平有限，如有疏漏之处，恳请广大读者批评指正（相关意见和建议请发送至JYXH05@163.com），以便我们认真加以修改，不断完善。

本书编写委员会

主　　编：王建玉
编写人员：相里梅琴　宋志雄　孙彦文

第二版前言

根据住房和城乡建设部的要求，2016年起将逐步启用全国住房和城乡建设领域专业人员岗位统一考核评价题库，为更好贯彻落实《建筑与市政工程施工现场专业人员职业标准》JGJ/T 250—2011，保证培训教材更加贴近部颁《建筑与市政工程施工现场专业人员考核评价大纲》的要求，受江苏省住房和城乡建设厅委托，江苏省建设教育协会组织业内专家和培训老师，在《住房和城乡建设领域专业人员岗位培训考核系列用书》第一版的基础上进行了全面修订，编写了这套《住房和城乡建设领域专业人员岗位培训考核系列用书（第二版）》（以下简称《考核系列用书（第二版）》），本书为其中的一本。

质量员（设备安装）培训考核用书包括《质量员专业基础知识（设备安装）》（第二版）、《质量员专业管理实务（设备安装）》（第二版）、《质量员考试大纲·习题集（设备安装）》（第二版）三本，反映了国家现行规范、规程、标准，并以国家质量检查和验收规范为主线，不仅涵盖了现场质量检查人员应掌握的通用知识、基础知识、岗位知识和专业技能，还涉及新技术、新设备、新工艺、新材料等方面的知识。

本书为《质量员专业基础知识（设备安装）》（第二版）分册，全书共9章，内容包括：国家工程建设相关法律法规；工程材料的基本知识；施工图识读、绘制的基本知识；工程施工工艺及方法；工程项目管理的基本知识；设备安装相关的力学知识；建筑设备的基础知识；施工测量的基本知识；抽样统计分析的基本知识。

本书既可作为质量员（设备安装）岗位培训考核的指导用书，又可作为施工现场相关专业人员的实用工具书，也可供职业院校师生和相关专业人员参考使用。

第一版前言

为贯彻落实住房城乡建设领域专业人员新颁职业标准，受江苏省住房和城乡建设厅委托，江苏省建设教育协会组织编写了《住房和城乡建设领域专业人员岗位培训考核系列用书》，本书为其中的一本。

质量员（设备安装）培训考核用书包括《质量员专业基础知识（设备安装）》、《质量员专业管理实务（设备安装）》、《质量员考试大纲·习题集（设备安装）》三本，反映了国家现行规范、规程、标准，并以国家质量检查和验收规范为主线，不仅涵盖了现场质量检查人员应掌握的通用知识、基础知识和岗位知识，还涉及新技术、新设备、新工艺、新材料等方面的知识。

本书为《质量员专业基础知识（设备安装）》分册。全书共分17章，内容包括：工程识图；房屋构造和结构体系；设备安装工程测量；工程力学；电工学基础；设备安装工程材料；建筑给水排水工程施工技术；建筑电气安装工程施工技术；通风与空调工程施工技术；智能建筑工程施工技术；电梯安装工程技术；设备安装工程施工项目进度管理；设备安装工程项目施工质量管理；设备安装工程安全管理；信息化技术管理概述；工程建设相关的法律基础知识；职业道德。

本书既可作为质量员（设备安装）岗位培训考核的指导用书，又可作为施工现场相关专业人员的实用手册，也可供职业院校师生和相关专业技术人员参考使用。

目 录

第1章 国家工程建设相关法律法规 ... 1
  1.1 建筑法 ... 1
    1.1.1 从业资格的有关规定 ... 1
    1.1.2 建筑安全生产管理的有关规定 ... 1
    1.1.3 建筑工程质量管理的有关规定 ... 2
  1.2 安全生产法 ... 3
    1.2.1 生产经营单位的安全生产保障的有关规定 ... 3
    1.2.2 从业人员权利和义务的有关规定 ... 7
    1.2.3 安全生产监督管理的有关规定 ... 8
    1.2.4 安全事故应急救援与调查处理的规定 ... 10
  1.3 建筑工程安全生产和质量管理条例 ... 10
    1.3.1 施工单位安全责任和义务的有关规定 ... 10
    1.3.2 施工单位质量责任和义务的有关规定 ... 15
  1.4 劳动及劳动合同法 ... 18
    1.4.1 劳动合同和集体合同的有关规定 ... 18
    1.4.2 劳动安全卫生的有关规定 ... 22

第2章 工程材料的基本知识 ... 24
  2.1 建筑给水排水管材及附件 ... 24
    2.1.1 给水管材的分类、规格、特性及应用 ... 24
    2.1.2 给水附件的分类及特性 ... 27
    2.1.3 排水管材的分类、规格、特性及应用 ... 28
    2.1.4 排水附件的分类及特征 ... 29
  2.2 卫生器具 ... 30
    2.2.1 便溺用卫生器具的分类及特性 ... 30
    2.2.2 盥洗、沐浴用卫生器具的分类及特性 ... 31
    2.2.3 洗涤用卫生器具的分类及特性 ... 33
  2.3 电线、电缆及电线导管 ... 33
    2.3.1 常用绝缘导线的型号、规格、特性及应用 ... 33
    2.3.2 电力电缆的型号、规格、特性及应用 ... 35
    2.3.3 电线导管的分类、规格、特性及应用 ... 38
  2.4 照明灯具、开关 ... 39

2.4.1　照明灯具的分类及特性 39
　　2.4.2　开关的分类及特性 40

第3章　施工图识读、绘制的基本知识 42

3.1　施工图的基本知识 42
　　3.1.1　房屋建筑施工图的组成及作用 42
　　3.1.2　房屋建筑施工图的图示特点 42
3.2　施工图的图示方法及内容 43
　　3.2.1　建筑给水排水工程施工图的图示方法 43
　　3.2.2　建筑电气工程施工图的图示方法及内容 49
　　3.2.3　建筑通风与空调工程施工图的图示方法及内容 51
3.3　施工图的绘制与识读 58
　　3.3.1　建筑设备施工图绘制的步骤与方法 58
　　3.3.2　建筑设备施工图识读的步骤与方法 59

第4章　工程施工工艺及方法 61

4.1　建筑给水排水工程 61
　　4.1.1　给水管道、排水管道安装工程施工工艺 61
　　4.1.2　卫生器具安装工程施工工艺 63
　　4.1.3　室内消防管道及设备安装工程施工工艺 65
　　4.1.4　管道、设备的防腐与保温工程施工工艺 68
4.2　建筑通风与空调工程 73
　　4.2.1　通风与空调系统施工工艺 73
　　4.2.2　净化空调系统施工工艺 77
4.3　建筑电气工程 78
　　4.3.1　照明器具与控制装置安装施工工艺 78
　　4.3.2　室内配电线路敷设施工工艺 80
　　4.3.3　电缆敷设施工工艺 80
4.4　火灾自动报警及联动控制系统 81
　　4.4.1　火灾自动报警系统施工工艺 81
　　4.4.2　消防联动控制系统施工工艺 83
4.5　建筑智能化工程 84
　　4.5.1　智能化工程施工工艺 84
　　4.5.2　典型智能化子系统安装与调试的基本要求 85

第5章　工程项目管理的基本知识 91

5.1　施工项目管理的内容及组织 91
　　5.1.1　施工项目的概念 91
　　5.1.2　施工项目管理的内容 92

  5.1.3 施工项目管理的组织 …… 93
 5.2 施工项目目标控制 …… 98
  5.2.1 施工项目管理的目标 …… 98
  5.2.2 施工项目的进度控制 …… 98
  5.2.3 施工项目的质量控制 …… 101
  5.2.4 施工项目的成本控制 …… 103
  5.2.5 施工项目的职业健康安全管理 …… 104
 5.3 施工项目的资源与环境管理 …… 107
  5.3.1 施工项目的资源管理 …… 107
  5.3.2 施工项目的环境管理 …… 109

第6章 设备安装相关的力学知识 …… 112

 6.1 平面力系 …… 112
  6.1.1 力的基本性质 …… 112
  6.1.2 力矩、力偶的特性 …… 114
  6.1.3 平面力系的平衡条件 …… 116
 6.2 杆件强度、刚度和稳定性的概念 …… 119
  6.2.1 杆件变形的基本形式 …… 119
  6.2.2 应力、应变的概念 …… 121
  6.2.3 杆件强度的概念 …… 121
  6.2.4 杆件刚度和压杆稳定性的概念 …… 129
 6.3 流体力学基础 …… 130
  6.3.1 流体的主要力学性质 …… 130
  6.3.2 流体静压强的特性和分布规律 …… 135
  6.3.3 流体运动的概念、特性及其分类 …… 140
  6.3.4 孔板流量计、减压阀的基本工作原理 …… 144

第7章 建筑设备的基础知识 …… 146

 7.1 电工学基础 …… 146
  7.1.1 直流电路 …… 146
  7.1.2 单相交流电路 …… 151
  7.1.3 三相交流电路 …… 158
  7.1.4 半导体晶体管 …… 160
  7.1.5 变压器和三相异步电动机 …… 165
 7.2 建筑设备工程的基本知识 …… 172
  7.2.1 建筑给水和排水系统的分类、应用及常用器材的选用 …… 172
  7.2.2 建筑电气工程的分类、组成及常用器材的选用 …… 175
  7.2.3 采暖系统的分类、应用及常用器材的选用 …… 182
  7.2.4 通风与空调系统的分类、应用及常用器材的选用 …… 188

7.2.5　自动喷水灭火系统的分类、应用及常用器材的选用 …………… 207
　　　7.2.6　智能化工程系统的分类、应用及常用器材的选用 …………… 212

第8章　施工测量的基本知识 …………………………………………… 218

　8.1　测量基本工作 ……………………………………………………… 218
　　　8.1.1　高程、距离及角度的测量 …………………………………… 218
　　　8.1.2　水准仪、经纬仪、全站仪、测距仪的使用 ………………… 223
　8.2　安装测量知识 ……………………………………………………… 229
　　　8.2.1　安装测量基本工作 …………………………………………… 230
　　　8.2.2　安装定位、抄平 ……………………………………………… 232

第9章　抽样统计分析的基本知识 ………………………………………… 236

　9.1　数理统计的基本概念、抽样的方法 ……………………………… 236
　　　9.1.1　总体、样本、统计量、抽样的概念 ………………………… 236
　　　9.1.2　抽样的方法 …………………………………………………… 238
　9.2　施工质量数据抽样和统计分析 …………………………………… 240
　　　9.2.1　施工质量数据抽样的基本方法 ……………………………… 240
　　　9.2.2　数据统计分析的基本方法 …………………………………… 245

参考文献 ………………………………………………………………………… 252

第1章 国家工程建设相关法律法规

本章简要介绍施工企业参与工程建设应遵循的相关法律法规的要点，读者通过学习可以提高法制意识，增强依法办事的能力。

1.1 建 筑 法

《中华人民共和国建筑法》（以下简称《建筑法》）于1997年11月1日由中华人民共和国第八届全国人民代表大会常务委员会第二十八次会议通过，于1997年11月1日发布，自1998年3月1日起施行。根据2011年4月22日第十一届全国人大常委会第二十次会议《关于修改中华人民共和国建筑法的决定》进行修正，并于2011年7月1日起施行。

《建筑法》立法的目的在于加强对建筑活动的监督管理，维护建筑市场秩序，保证建筑工程的质量和安全，促进建筑业健康发展。国务院建设行政主管部门对全国的建筑活动实施统一监督管理。

1.1.1 从业资格的有关规定

《建筑法》第十四条规定："从事建筑活动的专业技术人员，应当依法取得相应的执业资格证书，并在执业资格证书许可的范围内从事建筑活动"。

从事建筑活动的施工建筑企业、勘察单位、设计单位和工程监理单位，应当具备下列条件：

(1) 有符合国家规定的注册资本；
(2) 有与其从事的建筑活动相适应的具有法定执业资格的专业技术人员；
(3) 有从事相关建筑活动所应有的技术装备；
(4) 法律、行政法规规定的其他条件。

从事建筑活动的建筑施工企业、勘察单位、设计单位和工程监理单位，按照其拥有的注册资本、专业技术人员、技术装备和已完成的建筑工程业绩等资质条件，划分不同的资质等级，经资质审查合格，取得相应等级的资质证书后，方可在其资质等级许可的范围内从事建筑活动。

1.1.2 建筑安全生产管理的有关规定

所谓建筑安全生产管理，是指为保证建筑生产安全所进行的计划、组织、指挥、协调和控制等一系列管理活动，目的在于保护职工在生产过程的安全与健康，保证国家和人民的财产不受到损失，保证建筑生产任务的顺利完成。

建筑安全生产管理包括：建设行政主管部门对于建筑活动过程中安全生产的行业管理；劳动行政主管部门对建筑活动过程中安全生产的综合性监督管理；从事建筑活动的主

体（包括建筑施工企业、建筑勘察单位、设计单位和工程监理单位）为保证建筑生产活动的安全生产所进行的自我管理。

建筑工程安全生产管理必须坚持安全第一、预防为主的方针，建立健全安全生产的责任制度和群防群治制度。将各项保障生产安全的责任具体落实到各有关管理人员和不同岗位人员身上，并由广大职工群众共同参与以预防安全事故的发生、治理各种安全事故隐患。

建筑施工企业在施工前应根据工程规模的大小、结构特点、技术复杂程度和施工条件编制施工组织设计，并制定相应的安全技术措施；对专业性较强的工程项目，应当编制专项安全施工组织设计，并采取安全技术措施。专业性较强的工程项目，主要是指爆破、吊装、水下、深坑、支模、拆除等工程项目。

《建筑法》规定："建筑施工企业应当在施工现场采取维护安全、防范危险、预防火灾等措施；有条件的，应当对施工现场实行封闭管理。施工现场对毗邻的建筑物、构筑物和特殊作业环境可能造成损害的，建筑施工企业应当采取安全防护措施"。

建设单位应当向建筑施工企业提供与施工现场相关的地下管线资料，建筑施工企业应当采取措施加以保护。

建筑施工企业必须依法加强对建筑安全生产的管理，执行安全生产责任制度，采取有效措施，防止伤亡和其他安全生产事故的发生。建筑施工企业的法定代表人对本企业的安全生产负责。

施工现场安全由建筑施工企业负责。实行施工总承包的，由总承包单位负责。分包单位向总承包单位负责，服从总承包单位对施工现场的安全生产管理。

建筑施工企业应当建立健全劳动安全生产教育培训制度，加强对职工安全生产的教育培训；未经安全生产教育培训的人员，不得上岗作业。

建筑施工企业和作业人员在施工过程中，应当遵守有关安全生产的法律、法规和建筑行业安全规章、规程，不得违章指挥或者违章作业。作业人员有权对影响人身健康的作业程序和作业条件提出改进意见，有权获得安全生产所需的防护用品。作业人员对危及生命安全和人身健康的行为有权提出批评、检举和控告。

建筑施工企业应当依法为职工参加工伤保险缴纳工伤保险费。鼓励企业为从事危险作业的职工办理意外伤害保险，支付保险费。

涉及建筑主体和承重结构变动的装修工程，建设单位应当在施工前委托原设计单位或者具有相应资质条件的设计单位提出设计方案；没有设计方案的，不得施工。

施工中发生事故时，建筑施工企业应当采取紧急措施减少人员伤亡和事故损失，并按照国家有关规定及时向有关部门报告。

1.1.3　建筑工程质量管理的有关规定

"百年大计，质量第一"，是从事建筑活动必须坚持的最基本、最重要的方针。建筑工程勘察、设计、施工的质量必须符合国家有关建筑工程安全标准的要求。建设单位不得以任何理由，要求建筑设计单位或者建筑施工企业在工程设计或者施工作业中，违反法律、行政法规和建筑工程质量、安全标准，降低工程质量。

建筑设计单位和建筑施工企业对建设单位违反前款规定提出的降低工程质量的要求，

应当予以拒绝。建设单位违反本法规定，要求建筑设计单位或者建筑施工企业违反建筑工程质量、安全标准，降低工程质量的，责令改正，可以处以罚款；构成犯罪的，依法追究刑事责任。

建筑工程实行总承包的，工程质量由工程总承包单位负责，总承包单位将建筑工程分包给其他单位的，应当对分包工程的质量与分包单位承担连带责任。分包单位应当接受总承包单位的质量管理。

建筑施工企业对工程的施工质量负责。建筑施工企业必须按照工程设计图纸和施工技术标准施工，不得偷工减料。工程设计的修改由原设计单位负责，建筑施工企业不得擅自修改工程设计。建筑施工企业在施工中偷工减料的，使用不合格的建筑材料、建筑构配件和设备的，或者有其他不按照工程设计图纸或者施工技术标准施工的行为的，责令改正，处以罚款；情节严重的，责令停业整顿，降低资质等级或者吊销资质证书；造成建筑工程质量不符合规定的质量标准的，负责返工、修理，并赔偿因此造成的损失；构成犯罪的，依法追究刑事责任。

建筑施工企业必须按照工程设计要求、施工技术标准和合同的约定，对建筑材料、建筑构配件和设备进行检验，不合格的不得使用。

建筑物在合理使用寿命内，必须确保地基基础工程和主体结构的质量。

建筑工程竣工时，屋顶、墙面不得留有渗漏、开裂等质量缺陷；对已发现的质量缺陷，建筑施工企业应当修复。

交付竣工验收的建筑工程，必须符合规定的建筑工程质量标准，有完整的工程技术经济资料和经签署的工程保修书，并具备国家规定的其他竣工条件。

建筑工程竣工经验收合格后，方可交付使用；未经验收或者验收不合格的，不得交付使用。

建筑工程实行质量保修制度。建筑工程的保修范围应当包括地基基础工程、主体结构工程、屋面防水工程和其他土建工程，以及电气管线、上下水管线的安装工程，供热、供冷系统工程等项目；保修的期限应当按照保证建筑物合理寿命年限内正常使用，维护使用者合法权益的原则确定。具体的保修范围和最低保修期限由国务院规定。

建筑施工企业违反本法规定，不履行保修义务或者拖延履行保修义务的，责令改正，可以处以罚款，并对在保修期内因屋顶、墙面渗漏、开裂等质量缺陷造成的损失，承担赔偿责任。

任何单位和个人对建筑工程的质量事故、质量缺陷都有权向建设行政主管部门或者其他有关部门进行检举、控告、投诉。

1.2 安全生产法

1.2.1 生产经营单位的安全生产保障的有关规定

《中华人民共和国安全生产法》由中华人民共和国第九届全国人民代表大会常务委员会第二十八次会议于 2002 年 6 月 29 日通过，自 2002 年 11 月 1 日起施行。2014 年 8 月 31 日第十二届全国人民代表大会常务委员会第十次会议通过全国人民代表大会常务委员会关于修改《中华人民共和国安全生产法》的决定，自2014年12月1日起施行。

《安全生产法》的立法目的在于为了加强安全生产监督管理，防止和减少生产安全事故，保障人民群众生命和财产安全，促进经济发展。《安全生产法》对生产经营单位的安全生产保障、从业人员的权利和义务、安全生产的监督管理、生产安全事故的应急救援与调查处理四个主要方面做出了规定。

1. 组织保障措施

（1）建立安全生产保障体系

矿山、建筑施工单位和危险物品的生产、经营、储存单位，应当设置安全生产管理机构或者配备专职安全生产管理人员。

其他生产经营单位，从业人员超过300人的，应当设置安全生产管理机构或者配备专职安全生产管理人员；从业人员在300人以下的，应当配备专职或者兼职的安全生产管理人员，或者委托具有国家规定的相关专业技术资格的工程技术人员提供安全生产管理服务。

（2）明确岗位责任

生产经营单位的主要负责人的职责：

1）建立、健全本单位安全生产责任制；

2）组织制定本单位安全生产规章制度和操作规程；

3）保证本单位安全生产投入的有效实施；

4）督促、检查本单位的安全生产工作，及时消除生产安全事故隐患；

5）组织制定并实施本单位的生产安全事故应急救援预案；

6）及时、如实报告生产安全事故。

同时，《安全生产法》第四十七条规定："生产经营单位发生生产安全事故时，单位的主要负责人应当立即组织抢救，并不得在事故调查处理期间擅离职守"。

（3）生产经营单位的安全生产管理人员的职责

生产经营单位的安全生产管理人员应当根据本单位的生产经营特点，对安全生产状况进行经常性检查；对检查中发现的安全问题，应当立即处理；不能处理的，应当及时报告本单位有关负责人。检查及处理情况应当记录在案。

（4）对安全设施、设备的质量负责的岗位

1）对安全设施的设计质量负责的岗位

建设项目安全设施的设计人、设计单位应当对安全设施设计负责。

矿山建设项目和用于生产、储存危险物品的建设项目的安全设施设计应当按照国家有关规定报经有关部门审查，审查部门及其负责审查的人员对审查结果负责。

2）对安全设施的施工负责的岗位

矿山建设项目和用于生产、储存危险物品的建设项目的施工单位必须按照批准的安全设施设计施工，并对安全设施的工程质量负责。

3）对安全设施的竣工验收负责的岗位

矿山建设项目和用于生产、储存危险物品的建设项目竣工投入生产或者使用前，必须依照有关法律、行政法规的规定对安全设施进行验收；验收合格后，方可投入生产和使用。验收部门及其验收人员对验收结果负责。

4) 对安全设备质量负责的岗位

生产经营单位使用的涉及生命安全、危险性较大的特种设备，以及危险物品的容器、运输工具，必须按照国家有关规定，由专业生产单位生产，并经取得专业资质的检测、检验机构检测、检验合格，取得安全使用证或者安全标志，方可投入使用。检测、检验机构对检测、检验结果负责。

涉及生命安全、危险性较大的特种设备的目录由国务院负责特种设备安全监督管理的部门制定，报国务院批准后执行。

2. 管理保障措施

（1）人力资源管理

1）对主要负责人和安全生产管理人员的管理

生产经营单位的主要负责人和安全生产管理人员必须具备与本单位所从事的生产经营活动相应的安全生产知识和管理能力。

危险物品的生产、经营、储存单位以及矿山、建筑施工单位的主要负责人和安全生产管理人员，应当由有关主管部门对其安全生产知识和管理能力考核合格后方可任职。考核不得收费。

2）对一般从业人员的管理

生产经营单位应当对从业人员进行安全生产教育和培训，保证从业人员具备必要的安全生产知识，熟悉有关的安全生产规章制度和安全操作规程，掌握本岗位的安全操作技能。未经安全生产教育和培训合格的从业人员，不得上岗作业。

3）对特种作业人员的管理

生产经营单位的特种作业人员必须按照国家有关规定经专门的安全作业培训，取得特种作业操作资格证书，方可上岗作业。

（2）物力资源管理

1）设备的日常管理

生产经营单位应当在有较大危险因素的生产经营场所和有关设施、设备上，设置明显的安全警示标志。

安全设备的设计、制造、安装、使用、检测、维修、改造和报废，应当符合国家标准或者行业标准。

生产经营单位必须对安全设备进行经常性维护、保养、并定期检测，保证正常运转。维护、保养、检测应当作好记录，并由有关人员签字。

2）设备的淘汰制度

国家对严重危及生产安全的工艺、设备实行淘汰制度。生产经营单位不得使用国家明令淘汰、禁止使用的危及生产安全的工艺、设备。

3）生产经营项目、场所、设备的转让管理

生产经营单位不得将生产经营项目、场所、设备发包或者出租给不具备安全生产条件或者相应资质的单位或者个人。

4）生产经营项目、场所的协调管理

生产经营项目、场所有多个承包单位、承租单位的，生产经营单位应当与承包单位、承租单位签订专门的安全生产管理协议，或者在承包合同、租赁合同中约定各自的安全生产管理职责；生产经营单位对承包单位、承租单位的安全生产工作统一协调、管理。

3. 经济保障措施

（1）保证安全生产所必需的资金

生产经营单位应当具备的安全生产条件所必需的资金投入，由生产经营单位的决策机构、主要负责人或者个人经营的投资人予以保证，并对由于安全生产所必需的资金投入不足导致的后果承担责任。

（2）保证安全设施所需要的资金

生产经营单位新建、改建、扩建工程项目（以下统称建设项目）的安全设施，必须与主体工程同时设计、同时施工、同时投入生产和使用（即"三同时"制度）。安全设施投资应当纳入建设项目概算。

（3）保证劳动防护用品、安全生产培训所需要的资金

生产经营单位必须为从业人员提供符合国家标准或者行业标准的劳动防护用品，并监督、教育从业人员按照使用规则佩戴、使用。

生产经营单位应当安排用于配备劳动防护用品、进行安全生产培训的经费。

（4）保证工伤社会保险所需要的资金

生产经营单位必须依法参加工伤保险，为从业人员缴纳保险费。

4. 技术保障措施

（1）对新工艺、新技术、新材料或者使用新设备的管理

生产经营单位采用新工艺、新技术、新材料或者使用新设备，必须了解、掌握其安全技术特性，采取有效的安全防护措施，并对从业人员进行专门的安全生产教育和培训。

（2）对安全条件论证和安全评价的管理

矿山建设项目和用于生产、储存危险物品的建设项目，应当分别按照国家有关规定进行安全条件论证和安全评价。

（3）对废弃危险物品的管理

生产、经营、运输、储存、使用危险物品或者处置废弃危险物品的，由有关主管部门依照有关法律、法规的规定和国家标准或者行业标准审批并实施监督管理。

生产经营单位生产、经营、运输、储存、使用危险物品或者处置废弃危险物品，必须执行有关法律、法规和国家标准或者行业标准，建立专门的安全管理制度，采取可靠的安全措施，接受有关主管部门依法实施的监督管理。

（4）对重大危险源的管理

生产经营单位对重大危险源应当登记建档，进行定期检测、评估、监控，并制订应急预案，告知从业人员和相关人员在紧急情况下应当采取的应急措施。

生产经营单位应当按照国家有关规定将本单位重大危险源及有关安全措施、应急措施报有关地方人民政府负责安全生产监督管理的部门和有关部门备案。

（5）对员工宿舍的管理

生产、经营、储存、使用危险物品的车间、商店、仓库不得与员工宿舍在同一座建筑物内，并应当与员工宿舍保持安全距离。

生产经营场所和员工宿舍应当设有符合紧急疏散要求、标志明显、保持畅通的出口。禁止封闭、堵塞生产经营场所或者员工宿舍的出口。

（6）对危险作业的管理

生产经营单位进行爆破、吊装等危险作业，应当安排专门人员进行现场安全管理，确保操作规程的遵守和安全措施的落实。

（7）对安全生产操作规程的管理

生产经营单位应当教育和督促从业人员严格执行本单位的安全生产规章制度和安全操作规程；并向从业人员如实告知作业场所和工作岗位存在的危险因素、防范措施以及事故应急措施。

（8）对施工现场的管理

两个以上生产经营单位在同一作业区域内进行生产经营活动，可能危及对方生产安全的，应当签订安全生产管理协议，明确各自的安全生产管理职责和应当采取的安全措施，并指定专职安全生产管理人员进行安全检查与协调。

1.2.2　从业人员权利和义务的有关规定

生产经营单位的从业人员，是指该单位从事生产经营活动各项工作的所有人员，包括管理人员、技术人员和各岗位的工人，也包括生产经营单位临时聘用的人员。

1. 安全生产中从业人员的权利

（1）知情权

生产经营单位的从业人员有权了解其作业场所和工作岗位存在的危险因素、防范措施及事故应急措施，有权对本单位的安全生产工作提出建议。

（2）批评权和检举、控告权

从业人员有权对本单位安全生产工作中存在的问题提出批评、检举、控告。

（3）拒绝权

从业人员有权拒绝违章指挥和强令冒险作业。生产经营单位不得因从业人员对本单位安全生产工作提出批评、检举、控告或者拒绝违章指挥、强令冒险作业而降低其工资、福利等待遇或者解除与其订立的劳动合同。

（4）紧急避险权

从业人员发现直接危及人身安全的紧急情况时，有权停止作业或者在采取可能的应急措施后撤离作业场所。

生产经营单位不得因从业人员在前款紧急情况下停止作业或者采取紧急撤离措施而降低其工资、福利等待遇或者解除与其订立的劳动合同。

（5）请求赔偿权

因生产安全事故受到损害的从业人员，除依法享有工伤社会保险外，依照有关民事法律尚有获得赔偿的权利的，有权向本单位提出赔偿要求。

依法为从业人员缴纳工伤社会保险费和给予民事赔偿，是生产经营单位的法定义务。生产经营单位必须依法参加工伤社会保险，为从业人员缴纳保险费；生产经营单位与从业人员订立的劳动合同，应当载明依法为从业人员办理工伤社会保险的事项。

发生生产安全事故后，受到损害的从业人员首先按照劳动合同和工伤社会保险合同的约定，享有请求相应赔偿的权利。如果工伤保险赔偿金不足以补偿受害人的损失，受害人还可以依照有关民事法律的规定，向其所在的生产经营单位提出赔偿要求。为了切实保护从业人员的该项权利,《安全生产法》第 44 条第 2 款还规定:"生产经营单位不得以任何形式与从业人员订立协议,免除或者减轻其对从业人员因生产安全事故伤亡依法应承担的责任"。

(6) 获得劳动防护用品的权利

生产经营单位必须为从业人员提供符合国家标准或者行业标准的劳动防护用品,并监督、教育从业人员按照使用规则佩戴、使用。

(7) 获得安全生产教育和培训的权利

生产经营单位应当对从业人员进行安全生产教育和培训,保证从业人员具备必要的安全生产知识,熟悉有关的安全生产规章制度和安全操作规程,掌握本岗位的安全操作技能。

2. 安全生产中从业人员的义务

(1) 自律遵规的义务

从业人员在作业过程中,应当严格遵守本单位的安全生产规章制度和操作规程,服从管理,正确佩戴和使用劳动防护用品。

(2) 自觉学习安全生产知识的义务

从业人员应当接受安全生产教育和培训,掌握本职工作所需的安全生产知识,提高安全生产技能,增强事故预防和应急处理能力。

(3) 危险报告义务

从业人员发现事故隐患或者其他不安全因素,应当立即向现场安全生产管理人员或者本单位负责人报告;接到报告的人员应当及时予以处理。

1.2.3 安全生产监督管理的有关规定

《安全生产法》第五十九条规定县级以上地方各级人民政府应当根据本行政区域内的安全生产状况,组织有关部门按照职责分工,对本行政区域内容易发生重大生产安全事故的生产经营单位进行严格检查。

安全生产监督管理部门应当按照分类分级监督管理的要求,制定安全生产年度监督检查计划,并按照年度监督检查计划进行监督检查,发现事故隐患,应当及时处理。

负有安全生产监督管理职责的部门依照有关法律、法规的规定,对涉及安全生产的事项需要审查批准(包括批准、核准、许可、注册、认证、颁发证照等,下同)或者验收的,必须严格依照有关法律、法规和国家标准或者行业标准规定的安全生产条件和程序进行审查;不符合有关法律、法规和国家标准或者行业标准规定的安全生产条件的,不得批准或者验收通过。对未依法取得批准或者验收合格的单位擅自从事有关活动的,负责行政审批的部门发现或者接到举报后应当立即予以取缔,并依法予以处理。对已经依法取得批准的单位,负责行政审批的部门发现其不再具备安全生产条件的,应当撤销原批准。

负有安全生产监督管理职责的部门对涉及安全生产的事项进行审查、验收,不得收取费用;不得要求接受审查、验收的单位购买其指定品牌或者指定生产、销售单位的安全设备、器材或者其他产品。

安全生产监督管理部门和其他负有安全生产监督管理职责的部门依法开展安全生产行政执法工作,对生产经营单位执行有关安全生产的法律、法规和国家标准或者行业标准的情况进行监督检查，行使以下职权：

（1）进入生产经营单位进行检查，调阅有关资料，向有关单位和人员了解情况；

（2）对检查中发现的安全生产违法行为，当场予以纠正或者要求限期改正；对依法应当给予行政处罚的行为，依照本法和其他有关法律、行政法规的规定作出行政处罚决定；

（3）对检查中发现的事故隐患，应当责令立即排除；重大事故隐患排除前或者排除过程中无法保证安全的，应当责令从危险区域内撤出作业人员，责令暂时停产停业或者停止使用相关设施、设备；重大事故隐患排除后，经审查同意，方可恢复生产经营和使用；

（4）对有根据认为不符合保障安全生产的国家标准或者行业标准的设施、设备、器材以及违法生产、储存、使用、经营、运输的危险物品予以查封或者扣押，对违法生产、储存、使用、经营危险物品的作业场所予以查封，并依法作出处理决定。

生产经营单位对负有安全生产监督管理职责的部门的监督检查人员（以下统称安全生产监督检查人员）依法履行监督检查职责，应当予以配合，不得拒绝、阻挠。安全生产监督检查人员执行监督检查任务时，必须出示有效的监督执法证件；对涉及被检查单位的技术秘密和业务秘密，应当为其保密。

安全生产监督检查人员应当将检查的时间、地点、内容、发现的问题及其处理情况，作出书面记录，并由检查人员和被检查单位的负责人签字；被检查单位的负责人拒绝签字的，检查人员应当将情况记录在案，并向负有安全生产监督管理职责的部门报告。

负有安全生产监督管理职责的部门在监督检查中，应当互相配合，实行联合检查；确需分别进行检查的，应当互通情况，发现存在的安全问题应当由其他有关部门进行处理的，应当及时移送其他有关部门并形成记录备查，接受移送的部门应当及时进行处理。

负有安全生产监督管理职责的部门依法对存在重大事故隐患的生产经营单位作出停产停业、停止施工、停止使用相关设施或者设备的决定，生产经营单位应当依法执行，及时消除事故隐患。生产经营单位拒不执行，有发生生产安全事故的现实危险的，在保证安全的前提下，经本部门主要负责人批准，负有安全生产监督管理职责的部门可以采取通知有关单位停止供电、停止供应民用爆炸物品等措施，强制生产经营单位履行决定。通知应当采用书面形式，有关单位应当予以配合。

负有安全生产监督管理职责的部门依照前款规定采取停止供电措施，除有危及生产安全的紧急情形外，应当提前24h通知生产经营单位。生产经营单位依法履行行政决定、采取相应措施消除事故隐患的，负有安全生产监督管理职责的部门应当及时解除前款规定的措施。

监察机关依照行政监察法的规定，对负有安全生产监督管理职责的部门及其工作人员履行安全生产监督管理职责实施监察。

负有安全生产监督管理职责的部门应当建立举报制度，公开举报电话、信箱或者电子邮件地址，受理有关安全生产的举报；受理的举报事项经调查核实后，应当形成书面材料；需要落实整改措施的，报经有关负责人签字并督促落实。

任何单位或者个人对事故隐患或者安全生产违法行为，均有权向负有安全生产监督管理职责的部门报告或者举报。

负有安全生产监督管理职责的部门应当建立安全生产违法行为信息库，如实记录生产经营单位的安全生产违法行为信息；对违法行为情节严重的生产经营单位，应当向社会公告,并通报行业主管部门、投资主管部门、国土资源主管部门、证券监督管理机构以及有关金融机构。

1.2.4 安全事故应急救援与调查处理的规定

《安全生产法》第六十八条规定：县级以上地方各级人民政府应当组织有关部门制定本行政区域内特大生产安全事故应急救援预案，建立应急救援体系。

生产经营单位发生生产安全事故后，事故现场有关人员应当立即报告本单位负责人。

单位负责人接到事故报告后，应当迅速采取有效措施，组织抢救，防止事故扩大，减少人员伤亡和财产损失，并按照国家有关规定立即如实报告当地负有安全生产监督管理职责的部门，不得隐瞒不报、谎报或者拖延不报，不得故意破坏事故现场、毁灭有关证据。

负有安全生产监督管理职责的部门接到事故报告后，应当立即按照国家有关规定上报事故情况。负有安全生产监督管理职责的部门和有关地方人民政府对事故情况不得隐瞒不报、谎报或者拖延不报。有关地方人民政府和负有安全生产监督管理职责的部门的负责人接到重大生产安全事故报告后，应当立即赶到事故现场，组织事故抢救。

任何单位和个人都应当支持、配合事故抢救，并提供一切便利条件。

事故调查处理应当按照实事求是、尊重科学的原则，及时、准确地查清事故原因，查明事故性质和责任，总结事故教训，提出整改措施，并对事故责任者提出处理意见。事故调查和处理的具体办法由国务院制定。

1.3 建筑工程安全生产和质量管理条例

1.3.1 施工单位安全责任和义务的有关规定

1. 主要负责人、项目负责人和专职安全生产管理人员的安全责任

（1）主要负责人

加强对施工单位安全生产的管理，首先要明确责任人。《建设工程安全生产管理条例》第21条第1款的规定："施工单位主要负责人依法对本单位的安全生产工作全面负责"。

在这里，"主要负责人"并不仅限于施工单位的法定代表人，而是指对施工单位全面负责，有生产经营决策权的人。

根据《建设工程安全生产管理条例》的有关规定，施工单位主要负责人的安全生产方面的主要职责包括：

1）建立健全安全生产责任制度和安全生产教育培训制度；
2）制定安全生产规章制度和操作规程；
3）保证本单位安全生产条件所需资金的投入；
4）对所承建的建设工程进行定期和专项安全检查，并做好安全检查记录。

（2）项目负责人

《建设工程安全生产管理条例》第21条第2款规定："施工单位的项目负责人应当由取得相应执业资格的人员担任，对建设工程项目的安全施工负责"。

项目负责人（主要指项目经理）在工程项目中处于核心地位，对建设工程项目的安全全面负责。根据《建设工程安全生产管理条例》第21条的规定，项目负责人的安全责任主要包括：

1）落实安全生产责任制度，安全生产规章制度和操作规程；
2）确保安全生产费用的有效使用；
3）根据工程的特点组织制定安全施工措施，消除安全事故隐患；
4）及时、如实报告生产安全事故。

（3）安全生产管理机构和专职安全生产管理人员

根据《建设工程安全生产管理条例》第23条规定："施工单位应当设立安全生产管理机构，配备专职安全生产管理人员"。

1）安全生产管理机构的设立及其职责

安全生产管理机构是指施工单位及其在建设工程项目中设置的负责安全生产管理工作的独立职能部门。

根据住房城乡建设部《建筑施工企业安全生产管理机构设置及专职安全生产管理人员配备办法》（建质〔2008〕91号）规定，施工单位所属的分公司、区域公司等较大的分支机构应当各自独立设置安全生产管理机构，负责本企业（分支机构）的安全生产管理工作。施工单位及其所属分公司、区域公司等较大的分支机构必须在建设工程项目中设立安全生产管理机构。

安全生产管理机构的职责主要包括：落实国家有关安全生产法律法规和标准、编制并适时更新安全生产管理制度、组织开展全员安全教育培训及安全检查等活动。

2）专职安全生产管理人员的配备及其职责

专职安全生产管理人员的配备。《建设工程安全生产管理条例》第23条规定，"专职安全生产管理人员的配备办法由国务院建设行政主管部门会同国务院其他有关部门制定"。住房城乡建设部《建筑施工企业安全生产管理机构设置及专职安全生产管理人员配备办法》（建质〔2008〕91号）对专职安全生产管理人员的配备做出了具体规定。

专职安全生产管理人员的职责。专职安全生产管理人员是指经建设主管部门或者其他有关部门安全生产考核合格，并取得安全生产考核合格证书在企业从事安全生产管理工作的专职人员，包括施工单位安全生产管理机构的负责人及其工作人员和施工现场专职安全生产管理人员。

专职安全生产管理人员的安全责任主要包括：对安全生产进行现场监督检查。发现安全事故隐患，应当及时向项目负责人和安全生产管理机构报告；对于违章指挥、违章操作的，应当立即制止。

2. 总承包单位和分包单位的安全责任

（1）总承包单位的安全责任

《建设工程安全生产管理条例》第24条规定，"建设工程实行施工总承包的，由总承包单位对施工现场的安全生产负总责"。为了防止违法分包和转包等违法行为的发生，真正落实施工总承包单位的安全责任，《建设工程安全生产管理条例》进一步强调："总承包单位应当自行完成建设工程主体结构的施工"。这也是《建筑法》的要求，避免由于分包单位能力的不足而导致生产安全事故的发生。

(2) 总承包单位与分包单位的安全责任划分

《建设工程安全生产管理条例》第 24 条规定,"总承包单位依法将建设工程分包给其他单位的,分包合同中应当明确各自的安全生产方面的权利、义务。总承包单位和分包单位对分包工程的安全生产承担连带责任"。

但是,总承包单位与分包单位在安全生产方面的责任也不是固定的,要根据具体的情况来确定责任。《建设工程安全生产管理条例》第 24 条规定:"分包单位应当服从总承包单位的安全生产管理,分包单位不服从管理导致生产安全事故的,由分包单位承担主要责任"。

3. 安全生产教育培训

(1) 管理人员的考核

施工单位的主要负责人、项目负责人、专职安全生产管理人员应当经建设行政主管部门或者其他有关部门考核合格后方可任职。

(2) 作业人员的安全生产教育培训

1) 日常培训

施工单位应当对管理人员和作业人员每年至少进行一次安全生产教育培训,培训情况计入个人工作档案。安全生产教育培训考核不合格的人员,不得上岗。

2) 新岗位培训

作业人员进入新的岗位或者新的施工现场前,应当接受安全生产教育培训。培训或者教育培训考核不合格的人员,不得上岗作业。

施工单位在采用新技术、新工艺、新设备、新材料时,也应当对作业人员进行相应的安全生产教育培训。

3) 特种作业人员的专门培训

垂直运输机械作业人员、安装拆卸工、爆破作业人员、起重信号工、登高架设作业人员等特种作业人员,必须按照国家有关规定经过专门的安全作业培训,并取得特种作业操作资格证书后,方可上岗作业。

4. 施工单位应采取的安全措施

(1) 编制安全技术措施、施工现场临时用电方案和专项施工方案

1) 编制安全技术措施

《建设工程安全生产管理条例》第 26 条规定:"施工单位应当在施工组织设计中编制安全技术措施"。

2) 编制施工现场临时用电方案

《建设工程安全生产管理条例》第 26 条还规定,"施工单位应当在施工组织设计中编制安全技术措施和施工现场临时用电方案"。临时用电方案直接关系到用电人员的安全,应当严格按照《施工现场临时用电安全技术规范》JGJ 46—2005 进行编制,保障施工现场用电安全,防止触电和电气火灾事故发生。

3) 编制专项施工方案

对下列达到一定规模的危险性较大的分部分项工程编制专项施工方案,并附具安全验算结果,经施工单位技术负责人、总监理工程师签字后实施,由专职安全生产管理人员进行现场监督:

基坑支护与降水工程；土方开挖工程；模板工程；起重吊装工程；脚手架工程；拆除、爆破工程；国务院建设行政主管部门或者其他有关部门规定的其他危险性较大的工程。

对前款所列工程中涉及深基坑、地下暗挖工程、高大模板工程的专项施工方案，施工单位还应当组织专家进行论证、审查。

（2）安全施工技术交底

施工前的安全施工技术交底的目的就是让所有的安全生产从业人员都对安全生产有所了解，最大限度避免安全事故的发生。因此，建设工程施工前，施工单位负责项目管理的技术人员应当对有关安全施工的技术要求向施工作业班组、作业人员作出详细说明，并由双方签字确认。

（3）施工现场安全警示标志的设置

施工单位应当在施工现场入口处、施工起重机械、临时用电设施、脚手架、出入通道口、楼梯口、电梯井口、孔洞口、桥梁口、隧道口、基坑边沿、爆破物及有害危险气体和液体存放处等危险部位，设置明显的安全警示标志。安全警示标志必须符合国家标准。

（4）施工现场的安全防护

施工单位应当根据不同施工阶段和周围环境及季节、气候的变化，在施工现场采取相应的安全施工措施。施工现场暂时停止施工的，施工单位应当做好现场防护，所需费用由责任方承担，或者按照合同约定执行。

（5）施工现场的布置应当符合安全和文明施工要求

施工单位应当将施工现场的办公、生活区与作业区分开设置，并保持安全距离；办公、生活区的选址应当符合安全要求。职工的膳食、饮水、休息场所等应当符合卫生标准。施工单位不得在尚未竣工的建筑物内设置员工集体宿舍。

施工现场临时搭建的建筑物应当符合安全使用要求。施工现场使用的装配式活动房屋应当具有产品合格证。临时建筑物一般包括施工现场的办公用房、宿舍、食堂、仓库、卫生间等。

（6）对周边环境采取防护措施

施工单位对因建设工程施工可能造成损害的毗邻建筑物、构筑物和地下管线等，应当采取专项防护措施。施工单位应当遵守有关环境保护法律、法规的规定，在施工现场采取措施，防止或者减少粉尘、废气、废水、固体废物、噪声、振动和施工照明对人和环境的危害和污染。在城市市区内的建设工程，施工单位应当对施工现场实行封闭围挡。

（7）施工现场的消防安全措施

施工单位应当在施工现场建立消防安全责任制度，确定消防安全责任人，制定用火、用电、使用易燃易爆材料等各项消防安全管理制度和操作规程，设置消防通道、消防水源，配备消防设施和灭火器材，并在施工现场入口处设置明显标志。

（8）安全防护设备管理

施工单位采购、租赁的安全防护用具、机械设备、施工机具及配件，应当具有生产（制造）许可证、产品合格证，并在进入施工现场前进行查验。

施工现场的安全防护用具、机械设备、施工机具及配件必须由专人管理，定期进行检查、维修和保养，建立相应的资料档案，并按照国家有关规定及时报废。

作业人员应当遵守安全施工的强制性标准、规章制度和操作规程，正确使用安全防护用具、机械设备等。

（9）起重机械设备管理

施工单位在使用施工起重机械和整体提升脚手架、模板等自升式架设设施前，应当组织有关单位进行验收，也可以委托具有相应资质的检验检测机构进行验收；使用承租的机械设备和施工机具及配件的，由施工总承包单位、分包单位、出租单位和安装单位共同进行验收，验收合格的方可使用。

《特种设备安全监察条例》规定的施工起重机械，在验收前应当经有相应资质的检验检测机构监督检验合格。

施工单位应当自施工起重机械和整体提升脚手架、模板等自升式架设设施验收合格之日起30日内，向建设行政主管部门或者其他有关部门登记。登记标志应当置于或者附着于该设备的显著位置。

依据《特种设备安全监察条例》第2条，作为特种设备的施工起重机械指的是"涉及生命安全、危险性较大的"起重机械。

（10）办理意外伤害保险

《建设工程安全生产管理条例》第38条规定："施工单位应当为施工现场从事危险作业的人员办理意外伤害保险。

意外伤害保险费由施工单位支付。实行施工总承包的，由总承包单位支付意外伤害保险费。意外伤害保险期限自建设工程开工之日起至竣工验收合格止"。

5. 施工单位的法律责任

（1）挪用安全生产费用的法律责任

施工单位挪用列入建设工程概算的安全生产作业环境及安全施工措施所需费用的，责令限期改正，处挪用费用20%以上50%以下的罚款；造成损失的，依法承担赔偿责任。

（2）违反施工现场管理的法律责任

施工单位有下列行为之一的，责令限期改正；逾期未改正的，责令停业整顿，并处5万元以上10万元以下的罚款；造成重大安全事故，构成犯罪的，对直接责任人员，依照刑法有关规定追究刑事责任：

1）施工前未对有关安全施工的技术要求作出详细说明的；

2）未根据不同施工阶段和周围环境及季节、气候的变化，在施工现场采取相应的安全施工措施，或者在城市市区内的建设工程的施工现场未实行封闭围挡的；

3）在尚未竣工的建筑物内设置员工集体宿舍的；

4）施工现场临时搭建的建筑物不符合安全使用要求的；

5）未对因建设工程施工可能造成损害的毗邻建筑物、构筑物和地下管线等采取专项防护措施的。

施工单位有前款规定第4）项、第5）项行为，造成损失的，依法承担赔偿责任。

（3）违反安全设施管理的法律责任

施工单位有下列行为之一的，责令限期改正；逾期未改正的，责令停业整顿，并处10万元以上30万元以下的罚款；情节严重的，降低资质等级，直至吊销资质证书；造成重大安全事故，构成犯罪的，对直接责任人员，依照刑法有关规定追究刑事责任；造成损失的，依法承担赔偿责任：

1）安全防护用具、机械设备、施工机具及配件在进入施工现场前未经查验或者查验不合格即投入使用的；

2）使用未经验收或者验收不合格的施工起重机械和整体提升脚手架、模板等自升式架设设施的；

3）委托不具有相应资质的单位承担施工现场安装、拆卸施工起重机械和整体提升脚手架、模板等自升式架设设施的；

4）在施工组织设计中未编制安全技术措施、施工现场临时用电方案或者专项施工方案的。

（4）管理人员不履行安全生产管理职责的法律责任

施工单位的主要负责人、项目负责人未履行安全生产管理职责的，责令限期改正；逾期未改正的，责令施工单位停业整顿；造成重大安全事故、重大伤亡事故或者其他严重后果，构成犯罪的，依照刑法有关规定追究刑事责任。

施工单位的主要负责人、项目负责人有前款违法行为，尚不够刑事处罚的，处2万元以上20万元以下的罚款或者按照管理权限给予撤职处分；自刑罚执行完毕或者受处分之日起，5年内不得担任任何施工单位的主要负责人、项目负责人。

（5）作业人员违章作业的法律责任

作业人员不服管理、违反规章制度和操作规程冒险作业造成重大伤亡事故或者其他严重后果，构成犯罪的，依照刑法有关规定追究刑事责任。

（6）降低安全生产条件的法律责任

施工单位取得资质证书后，降低安全生产条件的，责令限期改正；经整改仍未达到与其资质等级相适应的安全生产条件的，责令停业整顿，降低其资质等级直至吊销资质证书。

（7）其他法律责任

施工单位有下列行为之一的，责令限期改正；逾期未改正的，责令停业整顿，依照《中华人民共和国安全生产法》的有关规定处以罚款；造成重大安全事故，构成犯罪的，对直接责任人员，依照刑法有关规定追究刑事责任：

1）未设立安全生产管理机构、配备专职安全生产管理人员或者分部分项工程施工时无专职安全生产管理人员现场监督的；

2）施工单位的主要负责人、项目负责人、专职安全生产管理人员、作业人员或者特种作业人员，未经安全教育培训或者经考核不合格即从事相关工作的；

3）未在施工现场的危险部位设置明显的安全警示标志，或者未按照国家有关规定在施工现场设置消防通道、消防水源、配备消防设施和灭火器材的；

4）未向作业人员提供安全防护用具和安全防护服装的；

5）未按照规定在施工起重机械和整体提升脚手架、模板等自升式架设设施验收合格后登记的；

6）使用国家明令淘汰、禁止使用的危及施工安全的工艺、设备、材料的。

1.3.2 施工单位质量责任和义务的有关规定

《建设工程质量管理条例》于2000年1月10日经国务院第25次常务会议通过，2000

年1月30日实施。

《建设工程质量管理条例》的立法目的在于加强对建设工程质量的管理，保证建设工程质量，保护人民生命和财产安全。分别对建设单位、施工单位、工程监理单位和勘查、设计单位质量责任和义务作出了规定。

《建设工程质量管理条例》第2条规定："凡在中华人民共和国境内从事建设工程的新建、扩建、改建等有关活动及实施对建设工程质量监督管理的，必须遵守本条例"。

1. 依法承揽工程的责任

施工单位应当依法取得相应等级的资质证书，并在其资质等级许可的范围内承揽工程。

禁止施工单位超越本单位资质等级许可的业务范围或者以其他施工单位的名义承揽工程。禁止施工单位允许其他单位或者个人以本单位的名义承揽工程。施工单位不得转包或者违法分包工程。

2. 建立质量保证体系的责任

施工单位对建设工程的施工质量负责。施工单位应当建立质量责任制，确定工程项目的项目经理、技术负责人和施工管理负责人。

建设工程实行总承包的，总承包单位应当对全部建设工程质量负责；建设工程勘察、设计、施工、设备采购的一项或者多项实行总承包的，总承包单位应当对其承包的建设工程或者采购的设备的质量负责。

3. 分包单位保证工程质量的责任

总承包单位依法将建设工程分包给其他单位的，分包单位应当按照分包合同的约定对其分包工程的质量向总承包单位负责，总承包单位与分包单位对分包工程的质量承担连带责任。

4. 按图施工的责任

《建设工程质量管理条例》第28条规定："施工单位必须按照工程设计图纸和施工技术标准施工，不得擅自修改工程设计，不得偷工减料。施工单位在施工过程中发现设计文件和图纸有差错，应当及时提出意见和建议"。

建设单位、施工单位、监理单位不得修改建设工程勘察、设计文件；确需修改建设工程勘察、设计文件的，应当由原建设工程勘察、设计单位修改。经原建设工程勘察、设计单位书面同意，建设单位也可以委托其他具有相应资质的建设工程勘察、设计单位修改。修改单位对修改的勘察、设计文件承担相应责任。施工单位、监理单位发现建设工程勘察、设计文件不符合工程建设强制性标准、合同约定的质量要求的，应当报告建设单位，建设单位有权要求建设工程勘察、设计单位对建设工程勘察、设计文件进行补充、修改。

建设工程勘察、设计文件内容需要作重大修改的，建设单位应当报经原审批机关批准后，方可修改。

5. 对建筑材料、构配件和设备进行检验的责任

《建设工程质量管理条例》第29条规定："施工单位必须按照工程设计要求、施工技术标准和合同约定，对建筑材料、建筑构配件、设备和商品混凝土进行检验，检验应当有书面记录和专人签字；未经检验或者检验不合格的，不得使用"。

6. 对施工质量进行检验的责任

施工单位必须建立、健全施工质量的检验制度，严格工序管理，作好隐蔽工程的质量检查和记录。隐蔽工程在隐蔽前，施工单位应当通知建设单位和建设工程质量监督机构。

7. 见证取样的责任

施工人员对涉及结构安全的试块、试件以及有关材料，应当在建设单位或者工程监理单位监督下现场取样，并送具有相应资质等级的质量检测单位进行检测。

8. 保修的责任

施工单位对施工中出现质量问题的建设工程或者竣工验收不合格的建设工程，应当负责返修。

在建设工程竣工验收合格前，施工单位应对质量问题履行返修义务；建设工程竣工验收合格后，施工单位应对保修期内出现的质量问题履行保修义务。《合同法》第281条对施工单位的返修义务也有相应规定："因施工人原因致使建设工程质量不符合约定的，发包人有权要求施工人在合理期限内无偿修理或者返工、改建。经过修理或者返工、改建后，造成逾期交付的，施工人应当承担违约责任"。返修包括修理和返工。

9. 施工单位的法律责任

（1）超越资质承揽工程的法律责任

施工单位超越本单位资质等级承揽工程的，责令停止违法行为，对施工单位处工程合同价款2％以上4％以下的罚款，可以责令停业整顿，降低资质等级；情节严重的，吊销资质证书；有违法所得的，予以没收。

未取得资质证书承揽工程的，予以取缔，依照前款规定处以罚款；有违法所得的，予以没收。

以欺骗手段取得资质证书承揽工程的，吊销资质证书，依照本条第一款规定处以罚款；有违法所得的，予以没收。

（2）出借资质的法律责任

施工单位允许其他单位或者个人以本单位名义承揽工程的，责令改正，没收违法所得，对施工单位处工程合同价款2％以上4％以下的罚款；可以责令停业整顿，降低资质等级；情节严重的，吊销资质证书。

（3）转包或者违法分包的法律责任

承包单位将承包的工程转包或者违法分包的，责令改正，没收违法所得，对施工单位处工程合同价款0.5％以上1％以下的罚款；可以责令停业整顿，降低资质等级；情节严重的，吊销资质证书。

（4）偷工减料，不按图施工的法律责任

施工单位在施工中偷工减料的，使用不合格的建筑材料、建筑构配件和设备的，或者有不按照工程设计图纸或者施工技术标准施工的其他行为的，责令改正，处工程合同价款2％以上4％以下的罚款；造成建设工程质量不符合规定的质量标准的，负责返工、修理，并赔偿因此造成的损失；情节严重的，责令停业整顿，降低资质等级或者吊销资质证书。

（5）未取样检测的法律责任

施工单位未对建筑材料、建筑构配件、设备和商品混凝土进行检验，或者未对涉及结构安全的试块、试件以及有关材料取样检测的，责令改正，处10万元以上20万元以下的罚款；情节严重的，责令停业整顿，降低资质等级或者吊销资质证书；造成损失的，依法承担赔偿责任。

(6) 不履行保修义务的法律责任

施工单位不履行保修义务或者拖延履行保修义务的，责令改正，处10万元以上20万元以下的罚款，并对在保修期内因质量缺陷造成的损失承担赔偿责任。

1.4　劳动及劳动合同法

1.4.1　劳动合同和集体合同的有关规定

《中华人民共和国劳动合同法》已由中华人民共和国第十届全国人民代表大会常务委员会第二十八次会议于2007年6月29日通过，自2008年1月1日起施行。

1. 劳动合同的订立

劳动合同是劳动者与用人单位确立劳动关系、明确双方权利和义务的协议。《劳动法》第16条规定："建立劳动关系应当订立劳动合同。"

(1) 劳动合同当事人

劳动合同的当事人为用人单位和劳动者。《中华人民共和国劳动合同法实施条例》进一步规定了，劳动合同法规定的用人单位设立的分支机构，依法取得营业执照或者登记证书的，可以作为用人单位与劳动者订立劳动合同；未依法取得营业执照或者登记证书的，受用人单位委托可以与劳动者订立劳动合同。

(2) 订立劳动合同的时间限制

已建立劳动关系，未同时订立书面劳动合同的，应当自用工之日起一个月内订立书面劳动合同。

1) 因劳动者的原因未能订立劳动合同的法律后果

自用工之日起一个月内，经用人单位书面通知后，劳动者不与用人单位订立书面劳动合同，用人单位应当书面通知劳动者终止劳动关系，无需向劳动者支付经济补偿，但是应当依法向劳动者支付其实际工作时间的劳动报酬。

2) 因用人单位的原因未能订立劳动合同的法律后果

用人单位自用工之日起超过一个月不满一年未与劳动者订立书面劳动合同的，应当依照劳动合同法第82条的规定向劳动者每月支付两倍的工资，并与劳动者补订书面劳动合同；劳动者不与用人单位订立书面劳动合同的，用人单位应当书面通知劳动者终止劳动关系，并依照劳动合同法第47条的规定支付经济补偿。

这里，用人单位向劳动者每月支付两倍工资的起算时间为用工之日起满一个月的次日，截止时间为补订书面劳动合同的前一日。

用人单位自用工之日起满一年未与劳动者订立书面劳动合同的，自用工之日起满一个月的次日至满一年的前一日应当依照劳动合同法的规定向劳动者每月支付两倍的工资，并视为自用工之日起满一年的当日已经与劳动者订立无固定期限劳动合同，应当立即与劳动者补订书面劳动合同。

(3) 劳动合同的生效

劳动合同由用人单位与劳动者协商一致，并经用人单位与劳动者在劳动合同文本上签字或者盖章生效。

劳动合同文本由用人单位和劳动者各执一份。

2. 劳动合同的类型

劳动合同分为固定期限劳动合同、无固定期限劳动合同和以完成一定工作任务为期限的劳动合同。

固定期限劳动合同，是指用人单位与劳动者约定合同终止时间的劳动合同。用人单位与劳动者协商一致，可以订立固定期限劳动合同。

无固定期限劳动合同，是指用人单位与劳动者约定无确定终止时间的劳动合同。

用人单位与劳动者协商一致，可以订立无固定期限劳动合同。有下列情形之一，劳动者提出或者同意续订、订立劳动合同的，除劳动者提出订立固定期限劳动合同外，应当订立无固定期限劳动合同：

（1）劳动者在该用人单位连续工作满10年的；

（2）用人单位初次实行劳动合同制度或者国有企业改制重新订立劳动合同时，劳动者在该用人单位连续工作满10年且距法定退休年龄不足10年的；

（3）连续订立两次固定期限劳动合同，且劳动者没有本法第39条（即用人单位可以解除劳动合同的条件）和第40条第1项、第2项规定（即劳动者患病或者非因工负伤，在规定的医疗期满后不能从事原工作，也不能从事由用人单位另行安排的工作的；劳动者不能胜任工作，经过培训或者调整工作岗位，仍不能胜任工作的）的情形，续订劳动合同的。

若劳动者依据此处的规定提出订立无固定期限劳动合同的，用人单位应当与其订立无固定期限劳动合同。对劳动合同的内容，双方应当按照合法、公平、平等自愿、协商一致、诚实信用的原则协商确定。

对于这里的"10年"的计算，《中华人民共和国劳动合同法实施条例》作出了详细的规定：连续工作满10年的起始时间，应当自用人单位用工之日起计算，包括劳动合同法施行前的工作年限。

劳动者非因本人原因从原用人单位被安排到新用人单位工作的，劳动者在原用人单位的工作年限合并计算为新用人单位的工作年限。原用人单位已经向劳动者支付经济补偿的，新用人单位在依法解除、终止劳动合同计算支付经济补偿的工作年限时，不再计算劳动者在原用人单位的工作年限。

3. 劳动合同的条款

劳动合同应当具备以下条款：

（1）用人单位的名称、住所和法定代表人或者主要负责人；

（2）劳动者的姓名、住址和居民身份证或者其他有效身份证件号码；

（3）劳动合同期限；

（4）工作内容和工作地点；

（5）工作时间和休息休假；

（6）劳动报酬；

(7) 社会保险；

(8) 劳动保护、劳动条件和职业危害防护；

(9) 法律、法规规定应当纳入劳动合同的其他事项。

劳动合同除前款规定的必备条款外，用人单位与劳动者可以约定试用期、培训、保守秘密、补充保险和福利待遇等其他事项。

劳动合同对劳动报酬和劳动条件等标准约定不明确，引发争议的，用人单位与劳动者可以重新协商；协商不成的，适用集体合同规定；没有集体合同或者集体合同未规定劳动报酬的，实行同工同酬；没有集体合同或者集体合同未规定劳动条件等标准的，适用国家有关规定。

4. 试用期

(1) 试用期的时间长度限制

劳动合同期限 3 个月以上不满 1 年的，试用期不得超过 1 个月，劳动合同期限 1 年以上不满 3 年的，试用期不得超过 2 个月；3 年以上固定期限和无固定期限的劳动合同，试用期不得超过 6 个月。

(2) 试用期的次数限制

同一用人单位与同一劳动者只能约定一次试用期。

以完成一定工作任务为期限的劳动合同或者劳动合同期限不满 3 个月的，不得约定试用期。试用期包含在劳动合同期限内。劳动合同仅约定试用期的，试用期不成立，该期限为劳动合同期限。

(3) 试用期内的最低工资

《劳动合同法》规定，劳动者在试用期的工资不得低于本单位相同岗位最低档工资或者劳动合同约定工资的 80%，并不得低于用人单位所在地的最低工资标准。

2008 年 9 月 3 日公布实施的《中华人民共和国劳动合同法实施条例》对此进一步解释道：劳动者在试用期的工资不得低于本单位相同岗位最低档工资的 80% 或者不得低于劳动合同约定工资的 80%，并不得低于用人单位所在地的最低工资标准。

(4) 试用期内合同解除条件的限制

在试用期中，除劳动者有本法第 39 条（即用人单位可以解除劳动合同的条件）和第 40 条第 1 项、第 2 项（即劳动者患病或者非因工负伤，在规定的医疗期满后不能从事原工作，也不能从事由用人单位另行安排的工作的；劳动者不能胜任工作，经过培训或者调整工作岗位，仍不能胜任工作的）规定的情形外，用人单位不得解除劳动合同。用人单位在试用期解除劳动合同的，应当向劳动者说明理由。

5. 服务期

用人单位为劳动者提供专项培训费用，对其进行专业技术培训的，可以与该劳动者订立协议，约定服务期。劳动合同期满，但是用人单位与劳动者依照劳动合同法的规定约定的服务期尚未到期的，劳动合同应当续延至服务期满；双方另有约定的，从其约定。

劳动者违反服务期约定的，应当按照约定向用人单位支付违约金。违约金的数额不得超过用人单位提供的培训费用。用人单位要求劳动者支付的违约金不得超过服务期尚未履行部分所应分摊的培训费用。

《劳动合同法实施条例》对于这里的培训费用进一步做出了规定：包括用人单位为了

对劳动者进行专业技术培训而支付的有凭证的培训费用、培训期间的差旅费用以及因培训产生的用于该劳动者的其他直接费用。

用人单位与劳动者约定了服务期，劳动者依照劳动合同法第38条的规定解除劳动合同的，不属于违反服务期的约定，用人单位不得要求劳动者支付违约金。

有下列情形之一，用人单位与劳动者解除约定服务期的劳动合同的，劳动者应当按照劳动合同的约定向用人单位支付违约金：

（1）劳动者严重违反用人单位的规章制度的；
（2）劳动者严重失职，营私舞弊，给用人单位造成重大损害的；
（3）劳动者同时与其他用人单位建立劳动关系，对完成本单位的工作任务造成严重影响，或者经用人单位提出，拒不改正的；
（4）劳动者以欺诈、胁迫的手段或者乘人之危。使用人单位在违背真实意思的情况下订立或者变更劳动合同的；
（5）劳动者被依法追究刑事责任的。

用人单位与劳动者约定服务期的，不影响按照正常的工资调整机制提高劳动者在服务期间的劳动报酬。

6. 劳动合同的无效

下列劳动合同无效或者部分无效：

（1）以欺诈、胁迫的手段或者乘人之危，使对方在违背真实意思的情况下订立或者变更劳动合同的；
（2）用人单位免除自己的法定责任、排除劳动者权利的；
（3）违反法律、行政法规强制性规定的。

对劳动合同的无效或者部分无效有争议的，由劳动争议仲裁机构或者人民法院确认。

劳动合同部分无效，不影响其他部分效力的，其他部分仍然有效。

劳动合同被确认无效，劳动者已付出劳动的，用人单位应当向劳动者支付劳动报酬。劳动报酬的数额，参照本单位相同或者相近岗位劳动者的劳动报酬确定。

7. 劳动合同的履行

用人单位与劳动者应当按照劳动合同的约定，全面履行各自的义务。

用人单位应当按照劳动合同约定和国家规定，向劳动者及时足额支付劳动报酬。

用人单位拖欠或者未足额支付劳动报酬的，劳动者可以依法向当地人民法院申请支付令，人民法院应当依法发出支付令。

用人单位应当严格执行劳动定额标准，不得强迫或者变相强迫劳动者加班。用人单位安排加班的，应当按照国家有关规定向劳动者支付加班费。

劳动者拒绝用人单位管理人员违章指挥、强令冒险作业的，不视为违反劳动合同。

劳动者对危害生命安全和身体健康的劳动条件，有权对用人单位提出批评、检举和控告。

8. 劳动合同的变更

用人单位变更名称、法定代表人、主要负责人或者投资人等事项，不影响劳动合同的履行。用人单位发生合并或者分立等情况，原劳动合同继续有效，劳动合同由承继其权利和义务的用人单位继续履行。

用人单位与劳动者协商一致，可以变更劳动合同约定的内容。变更劳动合同，应当采用书面形式。

变更后的劳动合同文本由用人单位和劳动者各执一份。

9. 劳动合同的解除和终止

用人单位与劳动者协商一致，可以解除劳动合同。用人单位向劳动者提出解除劳动合同并与劳动者协商一致解除劳动合同的，用人单位应当向劳动者给予经济补偿。

劳动者提前30日以书面形式通知用人单位，可以解除劳动合同。劳动者在试用期内提前3日通知用人单位，可以解除劳动合同。

10. 集体合同

集体合同是指企业职工一方与用人单位就劳动报酬、工作时间、休息休假、劳动安全卫生、保险福利等事项，通过平等协商达成的书面协议。集体合同实际上是一种特殊的劳动合同。

（1）集体合同的当事人

集体合同的当事人一方是由工会代表的企业职工，另一方当事人是用人单位。

集体合同草案应当提交职工代表大会或者全体职工讨论通过。集体合同由工会代表企业职工一方与用人单位订立，尚未建立工会的用人单位，由上级工会指导劳动者推举的代表与用人单位订立。

（2）集体合同的分类

集体合同可分为专项集体合同、行业性集体合同和区域性集体合同。

企业职工一方与用人单位可以订立劳动安全卫生、女职工权益保护、工资调整机制等专项集体合同。

在县级以下区域内，建筑业、采矿业、餐饮服务业等行业可以由工会与企业方面代表订立行业性集体合同，或者订立区域性集体合同。

（3）集体合同的效力

1）集体合同的生效

集体合同订立后，应当报送劳动行政部门；劳动行政部门自收到集体合同文本之日起15日内未提出异议的，集体合同即行生效。

2）集体合同的约束范围

依法订立的集体合同对用人单位和劳动者具有约束力。行业性、区域性集体合同对当地本行业、本区域的用人单位和劳动者具有约束力。

3）集体合同中劳动报酬和劳动条件条款的效力

集体合同中劳动报酬和劳动条件等标准不得低于当地人民政府规定的最低标准；用人单位与劳动者订立的劳动合同中劳动报酬和劳动条件等标准不得低于集体合同规定的标准。

4）集体合同的维权

用人单位违反集体合同，侵犯职工劳动权益的，工会可以依法要求用人单位承担责任；因履行集体合同发生争议，经协商解决不成的，工会可以依法申请仲裁、提起诉讼。

1.4.2　劳动安全卫生的有关规定

用人单位必须建立、健全劳动安全卫生制度，严格执行国家劳动卫生规程和标准，对劳动者进行劳动安全卫生教育，防止劳动过程中的事故，减少职业危害。

劳动安全卫生设施必须符合国家规定的标准。

新建、改建、扩建工程的劳动安全卫生设施必须与主体工程同时设计、同时施工、同时投入生产使用。

用人单位必须为劳动者提供符合国家规定的劳动安全卫生条件和必要的劳动防护用品，对从事有职业危害作业的劳动者应当定期进行健康检查。

从事特种作业的劳动者必须经过专门培训并取得特种作业资格。

劳动者在劳动过程必须严格遵守安全操作规程。劳动者对用人单位管理人员违章指挥、强令冒险作业，有权拒绝执行，对危害生命安全和身体健康的行为，有权提出批评、检举和控告。

国家建立伤亡事故和职业病统计报告和处理制度。县级以上各级人民政府劳动行政部门、有关部门和用人单位应当依法对劳动者在劳动过程中发生的伤亡事故和劳动者的职业病状况，进行统计、报告和处理。

第 2 章 工程材料的基本知识

2.1 建筑给水排水管材及附件

2.1.1 给水管材的分类、规格、特性及应用

1. 钢管

(1) 输送流体用无缝钢管

输送流体用无缝钢管由优质碳素钢 10、20 及低合金高强度结构钢 Q295、Q345、Q390、Q420 等采用热轧（挤压、扩）和冷拔（轧）无缝方法制造。相比焊接钢管，无缝钢管的承压能力更好、耐腐蚀能力更强，适用于工程及大型设备上输送水、油、气等流体管道。

(2) 不锈钢无缝钢管

不锈钢无缝钢管一般采用奥氏体不锈钢及铁素体不锈钢通过热轧（挤压、扩）和冷拔（轧）无缝方法制造，具有强度高、耐腐蚀、寿命长、卫生环保等特性，广泛应用于石油化工、建筑水暖、工业、冷冻、卫生、消防、电力、航天、造船等基础工程。

(3) 焊接钢管

1) 低压流体输送用焊接钢管

低压流体输送用焊接钢管是用 Q195、Q215A、Q235A 钢板或钢带经过卷曲成型后焊接制成的钢管，按壁厚分为普通钢管和加厚钢管，按管端形式分为带螺纹和不带螺纹（光管）。

低压流体输送用焊接钢管生产工艺简单，生产效率高，品种规格多，投资成本低，但一般强度低于无缝钢管，耐腐蚀性不强，适用于输送水、煤气、空气、油和采暖蒸汽等较低压力的流体。

2) 低压流体输送用镀锌焊接钢管

镀锌焊接钢管是由前述焊接钢管（俗称黑管）热浸镀锌而成，所以它的规格与焊接钢管相同。由于表面镀锌层的保护，其具有较好的耐腐蚀性，可用于低压流体输送，且对内外表面防腐有一定要求的场合。

3) 螺旋缝焊接钢管

螺旋缝焊接钢管是将低碳碳素结构钢或低合金结构钢钢带按一定的螺旋线的角度卷成管坯，然后将管缝焊接制成的钢管。其强度一般比直缝焊管高，但是与相同长度的直缝管相比，焊缝长度增加 30%～100%，而且生产速度较低。因此，较小口径的焊管大都采用直缝焊，大口径焊管则大多采用螺旋焊。此类钢管适用于大孔径空调水管道及石油天然气输送管道。

(4) 涂塑钢管

涂塑钢管是根据用户需求，以无缝或有缝钢管为基材，采取喷砂化学双重前处理、预热、内外涂装、固化、后处理等工艺制作而成的钢塑复合管。涂塑钢管既有钢管的高强度，又有塑料材质干净卫生、不污染水质的特点，在耐腐蚀性、耐化学稳定性、耐水性及机械性等方面均较为出色，具有减阻、防腐、抗压、抗菌等作用，广泛应用于给水排水、海水、油、气体及各种化工流体的输送。

(5) 波纹金属软管

金属软管是采用不锈钢板卷焊热挤压成型后，再经热处理制成。

波纹金属软管可实现温度补偿、消除机械位移、吸收振动、改变管道方向，其工作温度为－196～450℃。主要应用于：需要很小的弯曲半径非同心轴向传动；不规则转弯、伸缩；吸收管道的热变形；不便用固定弯头安装的场合做管道与管道的连接；管道与设备的连接使用等。

2. 有色金属管

有色金属管主要分为铜及铜合金管、铝及铝合金圆管、铅及铅锑合金管、钛及钛合金管、镍及镍铜合金管。机电工程最常见的有色金属管为铜及铜合金管。

铜和铜合金管分为拉制管和挤制管，一般采用钎焊、扩口或压紧等方式与管接头连接。铜管质地坚硬，不易腐蚀，且耐高温、耐高压，可在多种环境中使用，适用于输送饮用水、卫生用水或民用天然气、煤气、氧气及对铜无腐蚀作用的其他介质。

3. 球墨铸铁管

球墨铸铁管是使用18号以上的铸造铁水经添加球化剂后，经过离心球墨铸铁机高速离心铸造成的管材。球墨铸铁管具有运行安全可靠、破损率低、施工维修方便快捷、防腐性能优异等特点，适用于中低压市政供水、工矿企业给水、输气、输油等。

4. 塑料管材

塑料管材是以合成的或天然的树脂作为主要成分，添加一些辅助材料（如填料、增塑剂、稳定剂、防老剂等）在一定温度、压力下加工成型的管材。

塑料管材与传统的金属管和水泥管相比，具有重量轻、耐腐蚀性好、抗冲击和抗拉强度高、表面光滑、流体阻力小、绿色节能、运输方便、安装简单等多方面优点。

工程中常用的塑料管材主要有：硬质聚氯乙烯（UPVC）管、氯化聚氯乙烯（CPVC）管、聚乙烯（PE）管、交联聚乙烯（PE-X）管、三型聚丙烯（PP-R）管、聚丁烯（PB）管、工程塑料（ABS）管等。

(1) 硬质聚氯乙烯（UPVC）管

硬质聚氯乙烯（UPVC）管以聚氯乙烯树脂为主要原料，经挤压或注塑制成。管道内壁光滑阻力小、不结垢、无毒、无污染、耐腐蚀，由于传统制造工艺中会用到含铅盐等有害物质的稳定剂，一般用于非饮用给水的输送。

(2) 氯化聚氯乙烯（CPVC）管

CPVC树脂由聚氯乙烯（PVC）树脂氯化改性制得，是一种新型工程塑料。PVC树脂经过氯化后，分子键的不规则性增加，极性增加，使树脂的溶解性增大，化学稳定性增加，从而提高了材料的耐热性、耐酸、碱、盐、氧化剂等腐蚀性，最高使用温度可达110℃，长期使用温度为95℃。用CPVC制造的管道，有重量轻、隔热性能好的特点，主要用于生产板材、棒材、管材输送热水及腐蚀性介质，并且可以用作工厂的热污水管、电镀溶液管道、热化学试剂输送管和氯碱厂的湿氯气输送管道。

（3）聚乙烯（PE）管

PE 树脂，是由单体乙烯聚合而成，由于在聚合时因压力、温度等聚合反应条件不同，可得出不同密度的树脂，因而又有高密度聚乙烯、中密度聚乙烯和低密度聚乙烯之分。国际上把聚乙烯管的材料分为 PE32、PE40、PE63、PE80、PE100 五个等级，而用于燃气管和给水管的材料主要是 PE80 和 PE100。聚乙烯（PE）管具有良好的卫生性能、卓越的耐腐蚀性能、长久的使用寿命、较好的耐冲击性、可靠的连接性能、良好的施工性能等特点。可用于饮用水管道，化工、化纤、食品、林业、印染、制药、轻工、造纸、冶金等工业的料液输送管道，通信线路、电力电线保护套管。

（4）交联聚乙烯（PE-X）管

交联聚乙烯（PE-X）管比聚乙烯（PE）管具有更好的耐热性、化学稳定性和持久性，同时又无毒无味，可广泛用于生活给水和低温热水系统中。

（5）三型聚丙烯（PP-R）管

PP-R 管又叫三型聚丙烯管或无规共聚聚丙烯管，具有节能节材、环保、轻质高强、耐腐蚀、内壁光滑不结垢、施工和维修简便、使用寿命长等优点，广泛应用于建筑给水排水、城乡给水排水、城市燃气、电力和光缆护套、工业流体输送、农业灌溉等。

（6）聚丁烯（PB）管

聚丁烯（PB）管，是由聚丁烯、树脂添加适量助剂，经挤出成型的热塑性加热管。聚丁烯（PB）是一种高分子惰性聚合物，它具有很高的耐温性、持久性、化学稳定性和可塑性，无味、无臭、无毒。该材料重量轻，柔韧性好，耐腐蚀，用于压力管道时耐高温特性尤为突出，可在 95℃ 下长期使用，最高使用温度可达 110℃。管材表面粗糙度为 0.007，不结垢，无需作保温，保护水质，使用效果很好。可用于直饮水工程用管、采暖用管材、太阳能住宅温水管、融雪用管、工业用管。

（7）工程塑料（ABS）管

工程塑料（ABS）管的耐腐蚀、耐温及耐冲击性能均优于聚氯乙烯管，它由热塑性丙烯腈丁二烯-苯乙烯三元共聚体粘料经注射、挤压成型加工制成，使用温度为 −20～70℃，压力等级分为 B、C、D 三级。工程塑料（ABS）管可用于给水排水管道、空调工程配管、海水输送管、电气配管、压缩空气配管、环保工程用管等。

5. 铝塑复合管

铝塑复合管是以焊接铝管为中间层，内外均为聚乙烯塑料，采用专用热熔剂，通过挤出成型方法复合成一体的管材，如图 2-1 所示。

作为供水管道，铝塑复合管中间的铝管层保障了足够的强度，而内外的塑料层则使管材具有较好的保温性能和耐腐蚀性能，因内壁光滑，对流体阻力很小；又因为可随意弯曲，安装施工非常方便。常用于工业及民用建筑中冷热水、燃气的输送及太阳能空调系统配管等。

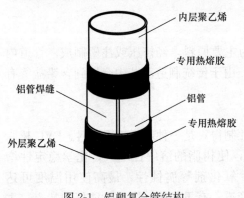

图 2-1　铝塑复合管结构

2.1.2 给水附件的分类及特性

1. 阀门

阀门是流体输送系统中的控制部件,具有截止、调节、导流、防止逆流、稳压、分流或溢流泄压等功能。工业和民用安装工程中使用的阀门种类繁多,用途广泛,常见的有:闸阀、截止阀、旋塞阀、球阀、蝶阀、隔膜阀、止回阀、节流阀、安全阀、减压阀和疏水阀等。

按不同的分类方法,阀门可分为不同的种类。

(1) 按作用和用途划分

1) 截断阀。其作用是接通或截断管路中的介质,如闸阀、截止阀、球阀、旋塞阀、蝶阀和隔膜阀等。

2) 止回阀。其作用是防止管路中介质倒流,又称单向阀或逆止阀,离心水泵吸水管的底阀也属此类。

3) 安全阀。其作用是防止管路或装置中的介质压力超过规定数值,以起到安全保护作用。

4) 调节阀。其作用是调节介质的压力和流量参数,如节流阀、减压阀,在实际使用过程中,截断类阀门也常用来起到一定的调节作用。

5) 分流阀。其作用是分离、分配或混合介质,如疏水阀。

(2) 按压力划分

1) 真空阀。指工作压力低于标准大气压的阀门。

2) 低压阀。指公称压力等于小于1.6MPa的阀门。

3) 中压阀。指公称压力为2.5~6.4MPa压力等级的阀门。

4) 高压阀。指公称压力为10~80MPa的阀门。

5) 超高压阀门。指公称压力为大于100MPa的阀门。

(3) 按工作温度划分

1) 高温阀门。指工作温度高于450℃的阀门。

2) 中温阀门。指工作温度高于120℃,而低于450℃的阀门。

3) 常温阀门。指工作温度为-40~120℃的阀门。

4) 低温阀门。指工作温度为-40~-100℃的阀门。

5) 超低温阀门。指工作温度为-100℃以下的阀门。

(4) 按驱动方式划分

1) 手动阀门。指靠人力操纵手轮、手柄或链条来驱动的阀门。

2) 动力驱动阀门。指可以利用各种动力源进行驱动的阀门,如电动阀、电磁阀、气动阀、液动阀等。

3) 自动阀门。指无需外力驱动,而利用介质本身的能量来使阀门动作的阀门,如止回阀、安全阀、减压阀、疏水阀等。

2. 水表

水表是一种测量水的使用量的装置。常见于自来水的用户端,其度数用以计算水费的依据。水表通常总测量单位为立方英尺(ft^3)或是立方米(m^3)。水表按不同的分类方法，可分为不同的种类。

(1) 按测量原理，分为速度式水表和容积式水表。

1) 速度式水表：安装在封闭管道中，由一个运动元件组成，并由水流运动速度直接使其获得动力速度的水表。典型的速度式水表有旋翼式水表、螺翼式水表。旋翼式水表中又有单流束水表和多流束水表。

2) 容积式水表：安装在管道中，由一些被逐次充满和排放流体的已知容积的容室和凭借流体驱动的机构组成的水表，或简称定量排放式水表。容积式水表一般采用活塞式结构。

(2) 按公称口径，分为小口径水表和大口径水表。

公称口径 50mm 及以下的水表通常称为小口径水表，公称口径 50mm 以上的水表称为大口径水表。这两种水表有时又称为民用水表和工业用水表，同时这种分法也可以从水表的表壳连接形式区别开来，公称 50mm 及以下的水表用螺纹连接，50mm 及以上的水表用法兰连接。但有些特殊类型的水表也有 40mm 用法兰连接的。

(3) 按用途，分为民用水表和工业用水表。

(4) 按安装方向，分为水平安装水表和立式安装水表。

按安装方向通常分为水平安装水表和立式安装水表（又称立式表），是指安装时其流向平行或垂直于水平面的水表，在水表的标度盘上用"H"代表水平安装、用"V"代表垂直安装。

容积式水表可于任何位置安装，不影响精度。

(5) 按温度，分为冷水水表和热水水表。

按介质温度可分为冷水水表和热水水表，水温 30℃ 是其分界线。

1) 冷水水表：介质下限温度为 0℃、上限温度为 30℃ 的水表。

2) 热水水表：介质下限温度为 30℃、上限为 90℃ 或 130℃ 或 180℃ 的水表。

各个国家的要求都有些微区别，有些国家冷水表上限可达 50℃。

(6) 按压力，分为普通水表和高压水表。

按使用的压力可分为普通水表和高压水表。在中国，普通水表的公称压力一般均为 1MPa。高压水表是最大使用压力超过 1MPa 的各类水表，主要用于流经管道的油田地下注水及其他工业用水的测量。

2.1.3 排水管材的分类、规格、特性及应用

1. 排水铸铁管

排水铸铁管具有比钢管好的耐蚀性能，有良好的强度及吸音减震性能；但其消耗金属量大，笨重、安装性较差，现已逐渐被硬聚氯乙烯塑料排水管取代。

2. 硬聚氯乙烯（UPVC）排水管

硬聚氯乙烯（UPVC）排水管具有重量轻、不结垢、不腐蚀、外壁光滑、容易切割、便于安装、投资省和节能的优点。但其也有强度低、耐温性差、立管产生噪声、暴露于阳光下管道易老化、防火性能差等缺点。常用于室内连续排放污水温度不大于 40℃、瞬时温度不大于 80℃ 的生活污水管道。

3. 高密度聚乙烯（HDPE）管

高密度聚乙烯管是传统的钢铁管材、聚氯乙烯排水管的换代产品，具有价格便宜、重量轻、连接可靠、低温抗冲击性好、耐腐蚀、耐老化、水流阻力小等优点，广泛应用于工业与民用建筑的雨、污排水管道。

4. 陶土管

陶土管表面光滑、耐酸碱腐蚀，是良好的排水管材，但切割困难、强度低、运输安装过程损耗大。室内埋设覆土深度要求在 0.6m 以上，在荷载和振动不大的地方，可作为室外的排水管材。

5. 混凝土及钢筋混凝土管

混凝土及钢筋混凝土管具有价格便宜、抗渗性强、抗外压较好等优点，但缺点是强度低、内表面不光滑、耐腐蚀性能差。多用于室外排水管道及车间内部地下排水管道，一般直径在 400mm 以下者采用混凝土管，400mm 以上者采用钢筋混凝土管。

6. 石棉水泥管

石棉水泥管重量轻、不易腐蚀、表面光滑、容易割锯钻孔，但易脆、强度低、抗冲击力差、容易破损，多作为屋面通气管、外排水雨水管。

2.1.4 排水附件的分类及特征

1. 存水弯

存水弯是在卫生器具内部或器具排水管段上设置的一种内有水封的配件，利用一定高度的静水压力来抵抗排水管内气压变化，隔绝和防止排水管道内所产生的难闻有害气体和可燃气体及小虫等通过卫生器具进入室内而污染环境。存水弯的形式通常有带清通丝堵和不带清通丝堵两种，按外形不同还可分为 P 型、S 型和 U 型，如图 2-2 所示。

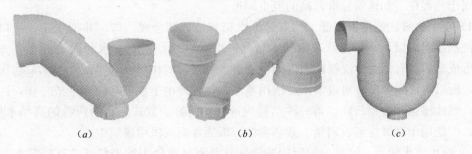

(a) (b) (c)

图 2-2 存水弯
(a) P 型；(b) S 型；(c) U 型

2. 清通附件

清通附件种类有检查口、清扫口和室内检查井等。其作用为方便清通排水管道。

3. 地漏

地漏是连接排水管道系统与室内地面的重要接口，用以排除厕所、浴室、盥洗室、卫生间等地面积水的排水。根据规定，地漏的水封高低不得低于 50mm。

4. 通气帽

通气帽是安装于屋顶排水立管上的通气附件，作用是排除有害气体，减少室内污染和管道腐蚀，并向室内排水管道中补给空气，减轻立管内气压变化幅度，使水流通畅、气压稳定，防止卫生器具水封被破坏。

2.2 卫生器具

2.2.1 便溺用卫生器具的分类及特性

1. 大便器

我国常用的大便器有坐式、蹲式和大便槽式三种类型。

（1）坐式大便器

坐式大便器按冲洗的水力原理，可分为冲洗式和虹吸式两种。常见的坐式大便器有：

1）冲落式坐便器。利用存水弯水面在冲洗时迅速升高水头来实现排污，所以水面窄，水在冲洗时发出较大的噪声。其优点是价格便宜和冲水量少。这种大便器一般用于要求不高的公共厕所。

2）虹吸式坐便器。便器内的存水弯是一个较高的虹吸管。虹吸管的断面略小于盆内出水口断面，当便器内水位迅速升高到虹吸顶并充满虹吸管时，便产生虹吸作用，将污物吸走。这种便器的优点是噪声小，比较卫生、干净，缺点是用水量较大。这种便器一般用于普通住宅和建筑标准不高的旅馆等公共卫生间。

3）喷射虹吸式大便器。它与虹吸式坐便器一样，利用存水弯建立的虹吸作用将污物吸走。便器底部正对排出口设有一个喷射孔，冲洗水不仅从便器的四周出水孔冲出，还从底部出水口喷出，直接推动污物，这样能更快更有力地产生虹吸作用，并有降低冲洗噪声作用。另一特点是便器的存水面大，干燥面小，是一种低噪声、最卫生的便器。这种便器一般用于高级住宅和建筑标准较高的卫生间里。

4）旋涡虹吸式连体坐便器。特点是把水箱与便器结合成一体，并把水箱浅水口位置降到便器水封面以下，并借助右侧的水道使冲洗水进入便器时在水封面下成切线方向冲出，形成旋涡，有消除冲洗噪声和推动污物进入虹吸管的作用。水箱配件也采取稳压消声设计，所以进水噪声低，对进水压力适用范围大。另外由于水箱与便器连成一体，因此体型大，整体感强，造型新颖，是一种结构先进、功能好、款式新、噪声低的高档坐便器。因此，广泛用于高级住宅、别墅、豪华宾馆、饭店等高级民用建筑中。

5）喷出式坐便器。这是一种配用冲洗阀并具有虹吸作用的坐便器。在底部水封下部对着排污出口方向，设有喷水孔，靠强大快速的水流将污物冲走，因此污物不易堵塞，但噪声大，只适用在公共建筑的卫生间内。

（2）蹲式大便器

蹲式大便器在使用中不与人体接触，比坐式大便器更卫生，因此在公共建筑的卫生间中广泛使用。蹲式大便器按类型，可分为挂箱式、冲洗阀式；按用水量，可分为普通型、节水型；按用途，可分为成人型、幼儿型；按结构，可分为有存水弯式、无存水弯式（如图 2-3）。

2. 小便器

小便器一般设置于公共建筑的男厕所内，按结构可分为：冲落式、虹吸式；按用水量,可分为:普通型、节水型、无水型;按安装方式,又可分为:斗式、壁挂式、落地式(如图2-4)。

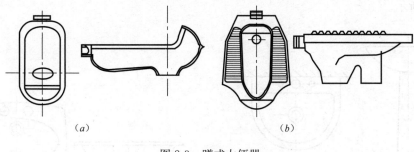

图 2-3　蹲式大便器
(a) 无存水弯式;(b) 有存水弯式

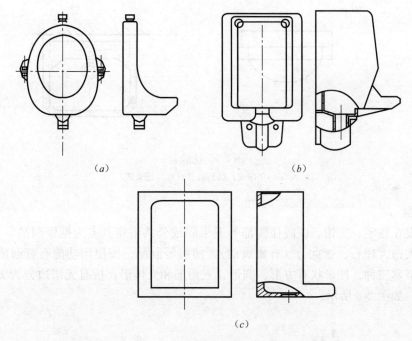

图 2-4　小便器
(a) 斗式;(b) 壁挂式;(c) 落地式

3. 大便槽

大便槽为可供多人同时大便用的长条形沟槽,采用隔板分成若干个蹲位。一般采用混凝土或钢筋混凝土浇筑,槽底有一定坡度。起端设有自动冲洗水箱,定时或根据使用人数自动冲洗。设备简单、造价低,但污物易附着在槽壁上,有恶臭且耗水量大,卫生情况较差。常用于学校、车站、游乐场所等低标准的公共厕所。

2.2.2　盥洗、沐浴用卫生器具的分类及特性

1. 洗脸盆

洗脸盆一般用于洗脸、洗手和洗头,设置在卫生间、盥洗室、浴室及理发室。洗脸盆

的高度及深度适宜，盥洗不用弯腰较省力，使用不溅水，用流动水盥洗比较卫生。洗脸盆有长方形、椭圆形、马蹄形和三角形。洗脸盆常用的安装方式有立柱式、台式及托架式。如图2-5所示。

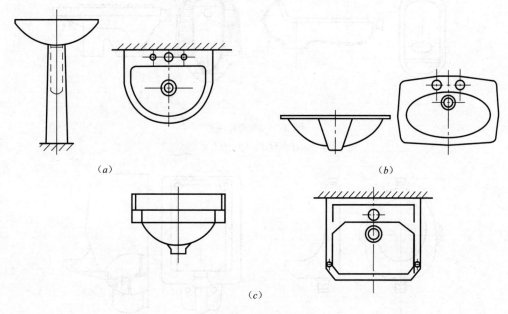

图 2-5 洗脸盆
(a) 立柱式；(b) 台式；(c) 托架式

2. 浴盆

浴盆设在住宅、宾馆、医院住院部等卫生间或公共浴室。多为搪瓷制品，也有陶瓷、玻璃钢、人造大理石、亚克力（有机玻璃）、塑料等制品。按使用功能有普通浴盆、坐浴盆和按摩浴盆三种。按形状有方形、圆形、三角形和人体形，按有无裙边分为无裙边和有裙边两类，如图2-6所示。

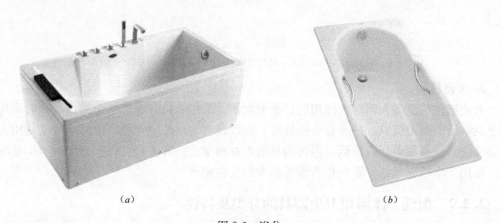

图 2-6 浴盆
(a) 有裙边浴盆；(b) 无裙边浴盆

3. 淋浴器

淋浴器是一种由莲蓬头、出水管和控制阀组成，喷洒水流供人沐浴的卫生器具。成组的淋浴器多用于有无塔供水设备的工厂、学校、机关、部队、集体宿舍、体育馆的公共浴室。与浴盆相比，淋浴器具有占地面积小、设备费用低、耗水量小、清洁卫生和避免疾病传染的优点。按供水方式，淋浴器有单管式和双管式两类；按出水管的形式有固定式和软管式；按控制阀的控制方式有手动式、脚踏式和自动式三种；按莲蓬头分有分流式、充气式和按摩式等。

2.2.3 洗涤用卫生器具的分类及特性

常用的洗涤用卫生器具主要有洗涤盆、污水盆、化验盆等。

1. 洗涤盆

洗涤盆常设置在厨房或公共食堂内，用来洗涤碗碟、蔬菜等，医院的诊室、治疗室等处也可设置洗涤盆。

2. 污水盆

污水盆又称污水池，常设置在公共建筑的厕所、盥洗室内，供洗涤拖把和倾倒污水之用。

3. 化验盆

化验盆设置在工厂、科研机关和学校的化验室或实验室内，根据需要分别安装不同的龙头，如单联、双联、三联鹅颈等。

2.3 电线、电缆及电线导管

2.3.1 常用绝缘导线的型号、规格、特性及应用

1. 绝缘电线的分类

绝缘电线用于电气设备、照明装置、电工仪表、输配电线路的连接等。它一般是由导线的导电线芯、绝缘层和保护层组成。绝缘层的作用是防止漏电。

绝缘电线按绝缘材料可分为聚氯乙烯绝缘、聚乙烯绝缘、交联聚乙烯绝缘、橡胶绝缘和丁腈聚氯乙烯复合物绝缘等。电磁线也是一种绝缘线，它的绝缘层是涂漆或包缠纤维如丝包、玻璃丝及纸等。

绝缘导线按工作类型可分为普通型、防火阻燃型、屏蔽型及补偿型等。

导线芯按使用要求的软硬又分为硬线、软线和特软线等结构类型。

绝缘电线分类见图2-7。

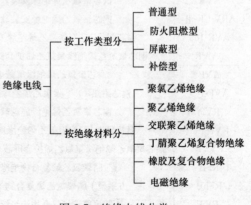

图2-7 绝缘电线分类

2. 绝缘电线型号、名称及用途

绝缘电线型号、名称及用途如表2-1所示。

常用绝缘电线型号、名称及用途　　　　　表 2-1

型号	名称	用途
BX	铜芯橡胶绝缘电线	适用于交流额定电压 500V 及以下或直流电压 1000V 及以下的电气设备及照明装置用
BXF	铜芯氯丁橡胶绝缘电线	
BLX	铝芯橡胶绝缘电线	
BLXF	铝芯氯丁橡胶绝缘电线	
BXR	铜芯橡胶绝缘电线	
BXS	铜芯橡胶绝缘棉纱编织双绞软线	
BV	铜芯聚氯乙烯绝缘电线	适用于各种交流、直流电气装置、电工仪器、仪表、电讯设备、动力及照明线路固定敷设用
BV-CK-I	铜芯聚氯乙烯绝缘电线	
BLV	铝芯聚氯乙烯绝缘电线	
BVR	铜芯聚氯乙烯绝缘软线	
BVV	铜芯聚氯乙烯绝缘聚氯乙烯护套线（简称铜芯护套线）	
BVV-CK-I	铜芯聚氯乙烯绝缘聚氯乙烯护套线	
BLVV	铝芯聚氯乙烯绝缘聚氯乙烯护套线（简称铝芯护套线）	
BVVB	铜芯聚氯乙烯绝缘及护套平行线	
BLVVB	铝芯聚氯乙烯绝缘及护套平行线	
BV-105	铜芯耐热 105℃聚氯乙烯绝缘电线	
RV	铜芯聚氯乙烯绝缘连接软线	适用于额定电压 450/750V 交流、直流电气、电工仪表、家用电器、小型电动工具、动力及照明装置的连接用
RV-CK-I	铜芯聚氯乙烯绝缘连接软线	
RVB	铜芯聚氯乙烯绝缘平行软线	
RVS	铜芯聚氯乙烯绝缘绞型软线	
RVV	铜芯聚氯乙烯绝缘聚氯乙烯护套圆形连接软线	
RVV-CK-I	铜芯聚氯乙烯绝缘聚氯乙烯护套圆形连接软线	
RVVB	铜芯聚氯乙烯绝缘聚氯乙烯护套平行连接软线	
BV-105	铜芯耐热 105℃聚氯乙烯绝缘连接软电线	
AV	铜芯聚氯乙烯绝缘安装电线	用于额定电压 300/300V 及以下电气、仪表、电子设备及自动化装置接线
AV-CK-II	铜芯聚氯乙烯绝缘安装电线	
AV-105	铜芯耐热 105℃聚氯乙烯绝缘安装电线	
AVR	铜芯聚氯乙烯绝缘安装软电线	
ARV-CK-II	铜芯聚氯乙烯绝缘安装软电线	
AVR-105	铜芯耐热 105℃聚氯乙烯绝缘安装软电线	
AVVR	铜芯聚氯乙烯绝缘聚氯乙烯护套圆形安装软线	
AVP	铜芯聚氯乙烯绝缘屏蔽电线	适用于交流额定电压 250V 及以下的电气、仪表、电信电子设备及自动化装置屏蔽线路用
AVP-105	铜芯耐热 105℃聚氯乙烯绝缘屏蔽电线	
RVP	铜芯聚氯乙烯绝缘屏蔽软电线	
RVP-105	铜芯耐热 105℃聚氯乙烯绝缘屏蔽软电线	
RVVP	铜芯聚氯乙烯绝缘聚氯乙烯护套屏蔽软电线（话筒线）	
RFB	丁腈聚氯乙烯复合物绝缘软线	适用于交流额定电压 250V 及以下或直流 500V 以下的各种移动电气、仪表、无线电设备和照明灯插座
RFFB	方平型丁腈聚氯乙烯复合物绝缘软线	
RFS	丁腈聚氯乙烯复合物绝缘绞型软线	
RVFP	聚氯乙烯绝缘丁腈复合物护套屏蔽软电线	适用于交流额定电压 250V 及以下的电气、仪表、电讯、电子设备及自动化装置对外移动频繁，要求特别柔软的屏蔽接线用

续表

型号	名称	用途
HRV	铜芯聚氯乙烯绝缘聚氯乙烯护套电话软线	连接电话机基座与接线盒及话机手柄
HRVB	铜芯聚氯乙烯绝缘聚氯乙烯护套扁形电话软线	
HRVT	铜芯聚氯乙烯绝缘聚氯乙烯护套弹簧形电话软线	
HRBB	聚丙烯绝缘聚氯乙烯护套扁形电话软线	连接电话机基座；
HRBBT	聚丙烯绝缘聚氯乙烯护套弹簧形电话软线	连接接线盒及话机手柄
HR	橡胶绝缘纤维编织电话软线	用途同上，具有防水防爆性能
HRH	橡胶绝缘橡胶护套电话软线	
HRE	橡胶绝缘纤维编织耳机软线	连接话务员耳机
HRJ	橡胶绝缘纤维编织交换机插塞软线	连接交换机与插塞
HBV	聚氯乙烯绝缘平行线对室内电话线	用于电话用户室内布线
HBVV	聚氯乙烯绝缘聚氯乙烯护套平行线对室内线	
HBYV	聚乙烯绝缘聚氯乙烯护套平行线对室内线	
JY	铜芯聚（氯）乙烯绝缘架空电线	适用于交流50Hz、额定电压10kV及以下输配电线路
JLY	铝芯聚（氯）乙烯绝缘架空电线	
JLHY	铝合金芯聚（氯）乙烯绝缘架空电线	
JLGY	钢芯绞线聚乙烯绝缘架空电线	
JYL	铜芯交联聚乙烯绝缘架空电线	
JLYJ	铝芯交联聚乙烯绝缘架空电线	
JLHYJ	铝合金芯交联聚乙烯绝缘架空电线	
JLGYJ	钢芯铝绞线交联聚乙烯绝缘架空电线	

注：CK为数字程控电话交换机用，Ⅱ型为采用半硬聚氯乙烯塑料绝缘线。

3. 绝缘电线的应用

绝缘电线品种规格繁多，应用范围广泛，在电气工程中以电压和使用场所进行分类的方法最为实用。

（1）BLX型、BLV型：铝芯电线，由于其重量轻，通常用于架空线路尤其是长距离输电线路。

（2）BX、BV型：铜芯电线被广泛采用在机电工程中，但由于橡胶绝缘电线生产工艺比聚氯乙烯绝缘电线复杂，且橡胶绝缘的绝缘物中某些化学成分会对铜产生化学作用，虽然这种作用轻微，但仍是一种缺陷，所以在机电工程中被聚氯乙烯绝缘电线基本替代。

（3）RV型：铜芯软线主要采用在需柔性连接的可动部位。

（4）BVV型：多芯的平形或圆形塑料护套，可用在电气设备内配线，较多地出现在家用电器内的固定接线，但型号不是常规线路用的BVV硬线，而是RVV，为铜芯塑料绝缘塑料护套多芯软线。

例如：一般家庭和办公室照明通常采用BV型或BX型聚氯乙烯绝缘铜芯线作为电源连接线；机电工程现场中的电焊机至焊钳的连线多采用RV型聚氯乙烯平形铜芯软线，这是因为电焊机位置不固定，经常移动。

2.3.2 电力电缆的型号、规格、特性及应用

电力电缆一般按照其绝缘类型分为聚氯乙烯绝缘电力电缆、交联聚乙烯绝缘电力电

缆、橡胶绝缘电力电缆、充油及油浸纸绝缘电力电缆，按工作类型和性质可分为一般普通电力电缆、架空用电力电缆、矿山井下用电力电缆、海底用电力电缆、防（耐）火阻燃型电力电缆等类型。

1. 塑料绝缘电力电缆

（1）用途及特点

用于固定敷设交流 50Hz、额定电压 1000V 及以下输配电线路，制造工艺简单，没有敷设高差限制，可以在很大范围内代替油浸纸绝缘电缆和不滴流浸渍纸绝缘电缆。主要优点是重量轻，弯曲性能好，机械强度较高，接头制作简便，耐油、耐酸碱和有机溶剂腐蚀，不延燃，具有内铠装结构，使钢带和钢丝免受腐蚀，价格较便宜，安装维护简单方便。缺点是绝缘易老化，柔软性不及橡胶绝缘电缆。

（2）性能及使用条件

1）成品电缆应经受 3500V/5min 的耐压试验；

2）最小绝缘电阻常数 $K=0.037$；

3）电缆线芯应满足《电缆的导体》GB/T 3956 标准要求；

4）聚氯乙烯绝缘及护套电力常用型号、名称及使用条件如表 2-2 所示。

塑料绝缘电力电缆常用型号、名称及使用条件　　　　表 2-2

型号		名称	使用条件
铜芯	铝芯		
VV	VYV	聚氯乙烯绝缘聚氯乙烯护套电力电缆	适用于室内外敷设，但不承受机械外力作用的场合，可经受一定的敷设牵引
VV	VLY	聚氯乙烯绝缘聚乙烯护套电力电缆	
VV_{22}	VLV_{22}	聚氯乙烯绝缘钢带铠装聚氯乙烯护套电力电缆	适用于埋地敷设，能承受机械外力作用，但不能承受大的拉力
VV_{23}	VLV_{23}	聚氯乙烯绝缘钢带铠装聚乙烯护套电力电缆	
VV_{32}	VLV_{32}	聚氯乙烯绝缘细钢丝铠装聚氯乙烯护套电力电缆	适用于水中或高落差地区，能承受机械外力作用和相当的拉力
VV_{33}	VLV_{33}	聚氯乙烯绝缘细钢丝铠装聚乙烯护套电力电缆	
VV_{42}	VLV_{42}	聚氯乙烯绝缘粗钢丝铠装聚氯乙烯护套电力电缆	承受大拉力的竖井及海底
VV_{43}	VLV_{43}	聚氯乙烯绝缘粗钢丝铠装聚乙烯护套电力电缆	

2. 耐火、阻燃电力电缆

（1）用途及特点

耐火、阻燃电力电缆适用于有较高防火安全要求的场所，如高层建筑、油田、电厂和化工厂、重要工矿企业及与防火安全消防救生有关的地方，其特点是可在长时间的燃烧过程中或燃烧后仍能够保证线路的正常运行，从而保证消防灭火设施的正常运行。

（2）技术性能

1）耐火电缆比普通电缆外径大 15%～20%；

2) 耐火电缆产品的电气、物理性能与普通电缆同类型产品相同;

3) 耐火电缆的载流量与同类产品相同;

4) 耐火试验采用《电缆在火焰条件下的燃烧试验》GB/T 18380 进行。

(3) 电缆型号、名称及用途

耐火、阻燃电力电缆常用型号、名称及使用条件见表 2-3。

耐火、阻燃电力电缆常用型号、名称及使用条件　　　　表 2-3

型号		名称	使用条件
铜芯	铝芯		
ZR-VV	ZR-VLV	阻燃聚氯乙烯绝缘聚氯乙烯护套电力电缆	
ZR-VV$_{22}$	ZR-VLV$_{22}$	阻燃聚氯乙烯绝缘钢带铠装及护套电力电缆	允许长期工作温度≤70℃
ZR-VV$_{32}$	ZR-VLV$_{32}$	阻燃聚氯乙烯绝缘细钢丝铠装及护套电力电缆	

3. 塑料绝缘架空电力电缆

(1) 1kV 及以下塑料绝缘架空电力电缆的常用型号、名称及用途

1kV 及以下塑料绝缘架空电力电缆的常用型号、名称及用途如表 2-4 所示。

塑料绝缘架空电力电缆常用型号、名称及使用条件　　　　表 2-4

型号	名称	主要用途
JKV	铜芯聚氯乙烯绝缘架空电力电缆	
JKLV	铜芯聚氯乙烯绝缘架空电力电缆	
JKLHV	铜合金芯聚氯乙烯绝缘架空电力电缆	
JKY	铜芯聚乙烯绝缘架空电力电缆	0.6/1kV 输配电系统架空固定敷设、进户线等
JKLY	铜芯聚乙烯绝缘架空电力电缆	
JKLHY	铜合金芯聚乙烯绝缘架空电力电缆	
JKYJ	铜芯交联聚乙烯绝缘架空电力电缆	
JKLYJ	铜芯交联聚乙烯绝缘架空电力电缆	
JKLHYJ	铜合金芯交联聚乙烯绝缘架空电力电缆	

注：执行标准为《额定电压 1kV 及以下架空绝缘电缆》GB 12527。

(2) 使用条件及性能

1) 0.6/1kV 塑料绝缘架空电力电缆导体允许长期最高工作温度：聚氯乙烯和聚乙烯绝缘为 70℃，交联聚乙烯绝缘为 90℃。

2) 导体的短路温度（持续时间≤5s）：交联聚乙烯绝缘时为小于等于 250℃。

3) 电缆的允许弯曲半径：$D\leqslant 25mm$ 时为大于 $4D$（D 为电缆外径）；$D>25mm$ 时为大于 $6D$。

4) 电缆敷设温度应不低于 0℃。

4. 橡胶绝缘电力电缆

(1) 用途及特点

普通橡胶绝缘电力电缆适用于额定电压 6kV 及以下交流输配电线路、大型工矿企业

内部接线、电源线及临时性电力线路上的低压配电系统中。橡胶绝缘电力电缆弯曲性能较好，能够在严寒气候下敷设，特别适用于水平高差大和垂直敷设的场合。该电缆不仅适用于固定敷设的线路，可以用于定期移动的固定敷设线路。橡胶绝缘橡胶护套软电缆还能用于连接连续移动的电气设备。但橡胶绝缘电缆的缺点是耐热性差，允许运行温度较低，易受机械损伤，普通橡胶电缆遇到油类或其他化学物时易变质损坏。

（2）橡胶绝缘电力电缆型号、名称及适用范围

橡胶绝缘电力电缆型号、名称及适用范围如表 2-5 所示。

橡胶绝缘电力电缆常用型号、名称及使用条件　　　　表 2-5

型号 铜芯	名称	适用范围 主要用途
YQ（W）	轻型橡导软电缆	各种电动工具和移动设备，重型能承受较大的机械外力
YZ（W）	中型橡导软电缆	
YC（W）	重型橡导软电缆	
YH	天然橡胶护套电焊机电缆	电焊机用二次侧接线
YHF	橡胶绝缘及护套电焊机电缆	
YB	移动扁形橡套电缆	起重、行车、机械和井下配套
YBF	不延燃移动扁形橡套电缆	
UY	矿用移动橡套软电缆	适用于矿山井下及地面各种移动电器设备、采煤设备的连接用
UYP	矿用移动屏蔽橡套软电缆	
UC	采煤机用橡套软电缆	
UCP	采煤机用屏蔽橡套软电缆	
UG-6kV	天然橡胶护套电缆	适用于额定电压为 6kV 及以下移动配电装置，矿山采掘机器、起重运输机械用
UGF-6kV	氯丁橡胶护套电缆	

注：1. "W" 派生电缆具有耐气候性和一定的耐油性，适宜于在户外或接触油污的场所使用，执行标准《额定电压 450/750 及以下橡胶绝缘电缆》GB 5013 和《额定电压 450/750V 及以下橡皮绝缘软线和软电缆》JB 8735.1～3；
　　2. 橡套电缆长期允许工作温度不超过 65℃，执行标准《矿用橡套软电缆》GB 12972；
　　3. 橡套电缆需经受交流 50Hz、2000V、5min 电压试验。

2.3.3　电线导管的分类、规格、特性及应用

电气工程中，常用的电线导管主要有金属管、塑料管及可挠金属软管三种类型，根据不同的使用要求，其分类、规格、特性及应用也各不相同。

1. 金属导管

电气布线系统中常用的金属导管按管壁厚度可分为厚壁导管和薄壁导管。厚壁导管即壁厚大于 2mm 的钢导管，如镀锌钢管、普通焊接钢管等，标注方式常采用公称直径如 DN15、DN20、DN25、DN32、DN40、DN50 等等；薄壁导管即壁厚小于等于 2mm 的钢导管，如 JDG 电线导管、KBG 电线导管等，标注方式常采用直径如 $\phi16$、$\phi20$、$\phi25$、$\phi32$、$\phi40$、$\phi50$ 等等。

金属导管连接时，厚壁导管一般采用套丝连接，而薄壁导管一般采用紧定式或压接式连接，除了紧定式之外，其他连接方式都需要用铜芯软线做跨接接地。

金属导管适用于一般建筑物室内电线的明敷、暗敷，以及对导管强度有一定要求的场所，防腐及密封条件较好的厚壁导管还可用于室外及防爆场所。

2. 塑料导管

常用塑料导管按其刚度分为刚性塑料管及波纹软管，施工现场使用最多的是刚性塑料管。刚性塑料管主要有聚氯乙烯（PVC）管、聚乙烯（PE）管，高密度聚乙烯（HDPE）管等，标注方式常采用直径如 $\phi16$、$\phi20$、$\phi25$、$\phi32$、$\phi40$、$\phi50$ 等等。

刚性塑料导管的连接通常采用专用套管，连接时只需将管子插入段擦拭干净，抹上专用胶水后将管子插入套管内，1min 后即完成连接；波纹软管的连接可采用专用接头，装卸时仅需插拔即可，较为方便。

塑料导管价格低廉、安装简便、耐腐蚀能力较强，但硬度不高、易老化开裂，不宜设置在建筑物吊顶内，在高温和易受机械损伤的场所也不宜采用明敷设。

3. 可挠金属软管

可挠金属软管的外层为镀锌钢带，中间层为冷轧钢带，内层为耐水电工纸，重叠卷拧成螺旋状，外壁自成丝扣。根据软管表面情况，可分为包塑金属软管、不包塑金属软管及防液金属软管等，电气工程中最常用是包塑金属软管。

可挠金属软管的重量较轻，强度和绝缘性良好，可根据需要随意弯曲，施工非常方便，但价格相对较高，一般用于末端设备的连接或高档次的民用工程中。

2.4 照明灯具、开关

2.4.1 照明灯具的分类及特性

灯具的基本功能是提供与光源的电气连接，此外还有许多其他重要的功能。大部分光源全方位地发射光线，这对大多数应用而言是浪费的并由此造成眩光。因此，对大多数灯具而言，调整光线到预期方位，同时把光损失降至最低，减少光源的眩光，拥有令人满意的外形的装饰性是它们的一项功能。灯具必须是耐用的，作为光源的同时也为控制电气附件提供一个电气、机械及热学上安全的壳体。

1. 灯具的分类

（1）按安装方式分为：嵌入式、移动式和固定式三种。

（2）按用途方式分为：民用灯具、建筑灯具、工矿灯具、投光照明灯具、公共场所灯具、嵌入式灯具、船用荧光灯照明灯具、道路照明灯具、汽车、摩托车和飞机照明灯具、特种车辆标志照明灯具、电影电视舞台照明灯具、防爆灯具、水下照明灯具等。

2. 灯具的常用形式及特性

灯具的常用形式主要为壁灯、吊灯、吸顶灯、台灯、落地灯、射灯、筒灯、吊扇灯等。

（1）壁灯：壁灯又称墙灯，主要装设在墙壁、建筑支柱及其他立面上。壁灯造型精致灵巧，光线柔和，在大多数情况下它与其他灯具配合使用。壁灯一般为金属灯架，表面有镀铬、烤漆等，灯罩材料有透明玻璃、压花玻璃或半透明的磨砂玻璃等。

（2）吊灯：吊灯是用线杆、链或管等将灯具悬挂在顶棚上以作整体照明的灯具。大部分吊灯都带有灯罩。灯罩常用金属、玻璃、塑料或木制品等制作而成。

（3）吸顶灯：吸顶灯是直接固定在顶棚上的灯具，作为室内一般照明用，吸顶灯灯架一般为金属、陶瓷或木制品。灯罩形状多种多样，有圆球形、半球形、扁圆形、平圆形、方形、长方形、三角形、锥形、橄榄形、垂花形等多种，材质有玻璃、塑料、聚酯、陶瓷等。

（4）台灯：台灯又称桌灯或室内移动型灯具，多以白炽灯和荧光灯为光源，有大、中、小型之分。灯罩常用颜色适中的绢、纱、纸、胶片、陶瓷、玻璃或塑料薄片等材料做成。通常以陶瓷、塑料、玻璃及金属等制成各式工艺品灯座。

（5）落地灯：落地灯也是室内移动型灯具之一，又称坐地灯或立灯，按照明功能可分为高杆落地灯和矮脚落地灯。它是一种局部自由照明灯具，多以白炽灯为光源，有大、中、小三种类型。落地灯的灯罩与台灯的相似，通常以纱、绢、塑料片、羊皮纸等制成。有的艺术灯罩还绘、绣有图案和花边。灯杆以金属镀铬居多，结构安全稳定，方位、高度调控自如，投光角度随意灵活，是一种装饰效果较高的灯饰。

（6）射灯：射灯也称投光灯或探照灯，是一种局部照明灯具。射灯的尺寸一般都比较小。结构上，射灯都有活动接头，以便能够随意调节灯具的方位与投光角度。

（7）吊扇灯：既可作为照明灯具，同时具有电风扇的作用，一机两用，美观且节省空间。风扇的电机通常可以正向或反向转动，三档调速。

2.4.2 开关的分类及特性

开关意指开启和关闭，是指一个可以使电路开路、使电流中断或使电流流到其他电路的电子元件。最常见的开关是由人操作的机电设备，其中有一个或数个电子接点。接点的"闭合"（closed）表示电子接点导通，允许电流流过；开关的"开路"（open）表示电子接点不导通，形成开路，不允许电流流过。

1. 开关分类

按照用途分类：波动开关、波段开关、录放开关、电源开关、预选开关、限位开关、控制开关、转换开关、隔离开关、行程开关、墙壁开关、智能防火开关等。

按照结构分类：微动开关、船型开关、钮子开关、拨动开关、按钮开关、按键开关，还有时尚潮流的薄膜开关、点开关。

按照接触类型分类：开关按接触类型可分为 a 型触点、b 型触点和 c 型触点三种。接触类型是指"操作（按下）开关后，触点闭合"这种操作状况和触点状态的关系。需要根据用途选择合适接触类型的开关。

按照开关数分类：单控开关、双控开关、多控开关、调光开关、调速开关、防溅盒、门铃开关、感应开关、触摸开关、遥控开关、智能开关、插卡取电开关、浴霸专用开关。

按照操作方式分类：拉线式、板把式、翘板式。

按照联数分类：单联、双联、三联等。

按照安装方式分类：明装、暗装。

2. 开关的定义

（1）单（联）开，双联，三联：指一个开关面板上有几个开关按键。

（2）单控：又称单极，表示一个开关按键只能控制一个用电器或一组用电器。

(3) 双控：指一盏灯有两个开关（可以在不同的地方控制开关同一盏灯，比如卧室进门一个，床头一个，同时控制卧室灯），为卧室常用。

(4) 单极开关：指只分合一根导线的开关，即一次能控制的线路数，"极"即常说的正负极，即火线和零线。

3. 开关的性能参数

(1) 额定电压：是指开关在正常工作时所允许的安全电压。加在开关两端的电压大于此值，会造成两个触点之间打火击穿。

(2) 额定电流：指开关接通时所允许通过的最大安全电流，当超过此值时，开关的触点会因电流过大而烧毁。

(3) 绝缘电阻：指开关的导体部分与绝缘部分的电阻值，绝缘电阻值应在 100MΩ 以上。

(4) 接触电阻：是指开关在开通状态下，每对触点之间的电阻值，一般要求在 0.1～0.5Ω 以下，此值越小越好。

(5) 耐压值：指开关对导体及大地之间所能承受的最高电压。

(6) 寿命：是指开关在正常工作条件下，能操作的次数，一般要求在 5000～35000 次左右。

第3章 施工图识读、绘制的基本知识

3.1 施工图的基本知识

施工图是工程界的语言,是建筑施工的依据,是编制施工图预算的基础。

3.1.1 房屋建筑施工图的组成及作用

房屋建筑施工图是在技术设计的基础上,明确建筑的结构方案和构造设计,完成具体详尽的建筑、结构、设备以及电气等全部施工图纸。其主要组成有以下几个部分:

(1) 图纸目录:是查阅图纸的主要依据,包括图纸的类别、编号、图名以及备注等栏目。一般包括整套图纸的目录,应有建筑施工图目录、结构施工图目录、给水排水施工图目录、采暖通风施工图目录和建筑电气施工图目录。

(2) 设计说明书:是施工图样的必要补充,主要是对图样中未能表达清楚的内容加以详细说明,通常包括工程概况、建筑设计的依据、构造要求以及对施工单位的要求。

(3) 建筑施工图:是主要表达建筑物的外部形状、内部布置、装饰构造、施工要求等。基本图有:首页图、建筑总平面图、平面图、立面图、剖面图以及墙身、楼梯、门、窗详图等。

(4) 结构施工图:是主要表达承重结构的构件类型、布置情况以及构造作法等。基本图有:基础平面图、基础详图、楼层及屋盖结构平面图、楼梯结构图和各构件的结构详图等(梁、柱、板)。

(5) 设备施工图:是主要表达房屋各专用管线和设备布置及构造等情况。基本图有:给水排水、采暖通风、电气照明等设备的平面布置图、系统图和施工详图。

3.1.2 房屋建筑施工图的图示特点

房屋建筑施工图绘制特点有下面几个方面:

(1) 遵守标准。房屋建筑施工图一般都遵守下列标准:《房屋建筑制图统一标准》GB/T 50001—2010、《总图制图标准》GB/T 50103—2010 和《建筑制图标准》GB/T 50104—2010。

(2) 图线。以上标准中对图线的使用都有明确的规定,总的原则是剖切面的截交线和房屋立面图中的外轮廓线用粗实线,次要的轮廓线用中粗线,其他线一律用细线。再者,可见部分用实线,不可见部分用虚线。

(3) 比例。房屋建筑施工图中一般都用缩小比例来绘制施工图,根据房屋的大小和选用的图纸幅面,按《建筑制图标准》中的比例选用。为反映建筑物的细部构造及具体做法,常配较大比例的详图图样,并且用文字和符号详细说明。

(4)图例。由于建筑的总平面图和平面图、立面图、剖面图的比例较小,图样不可能按实际投影画出,各专业对其图例都有明确的规定。

3.2 施工图的图示方法及内容

3.2.1 建筑给水排水工程施工图的图示方法

建筑给排水施工图采用统一的图形符号并以文字说明做补充,将其设计意图完整明了地表达出来,用以指导工程的施工。建筑内给水排水施工图设计的方面有生活给水系统、热水供应系统、消防给水系统、生活排水系统、雨水排水系统。

1. 常用建筑给水排水图例

建筑给水排水图纸上的管道、管件、附件、阀门、卫生器具、设备等均按照《建筑给水排水制图标准》GB/T 50106—2010 使用统一的图例来表示,下面列出了一些常用给水排水图例(见表3-1~3-9)。

管道图例　　　　　　　　　　　　　　　表3-1

名称	图例	名称	图例
给水管		膨胀管	PZ
热水给水管	RJ	保温管	
热水回水管	RH	多孔管	
中水给水管	ZJ	管道立管(X:管道类别,L:立管,1:编号)	XL-1 平面　XL-1 系统
循环给水管	XJ	防护套管	
循环回水管	XH	空调凝结水管	KN
热媒给水管	RM	废水管(可与中水源水管合用)	F
热媒回水管	RMH	通气管	T
蒸汽管	Z	污水管	W
凝结水管	N	雨水管	Y

管件图例　　　　　　　　　　　　　　　表3-2

名称	图例	名称	图例
异径管		喇叭口	
偏心异径管		转动接头	
乙字管		存水弯	

续表

名称	图例	名称	图例
弯头		正四通	
正三通		斜四通	
斜三通		短管	

管道连接图例　　　　　　　　　　　　　　　　　　　　表 3-3

名称	图例	名称	图例
法兰连接		弯折管	
承插连接		三通连接	
活接头		四通连接	
管堵		管道丁字上接、下接	3
法兰堵盖	n	管道交叉	

阀门图例　　　　　　　　　　　　　　　　　　　　　　表 3-4

名称	图例	名称	图例
闸阀		气开隔膜阀	
截止阀		气闭隔膜阀	
球阀	V	疏水器	
角阀		温度调节阀	
止回阀		压力调节阀	Wh
消声止回阀		电磁阀	M
蝶阀		三通阀	
气动阀		电动阀	
减压阀	B	液动阀	
旋塞阀		弹簧安全阀	MDF
隔膜阀		平衡锤安全阀	IDF

续表

名称	图例	名称	图例
自动排气阀	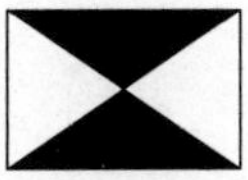	延时自闭冲洗阀	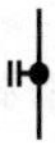
浮球阀	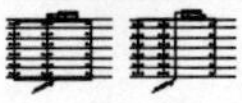	吸水喇叭口	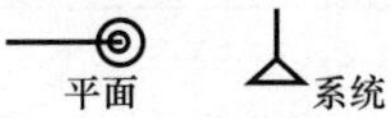 平面　系统

卫生设备及水龙头图例　　　　　　　　　　　　表 3-5

名称	图例	名称	图例
立式洗脸盆	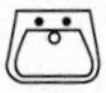	小便槽	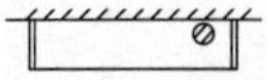
台式洗脸盆	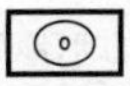	淋浴喷头	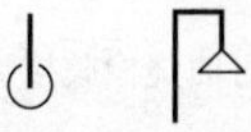
挂式洗脸盆	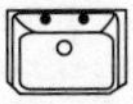	放水龙头	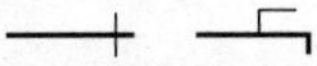
浴盆	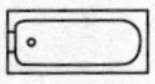	皮带龙头	
洗涤盆（化验盆）	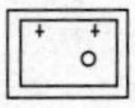	洒水（栓）龙头	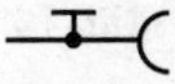
盥洗槽	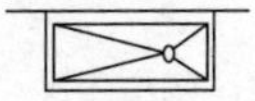	化验龙头	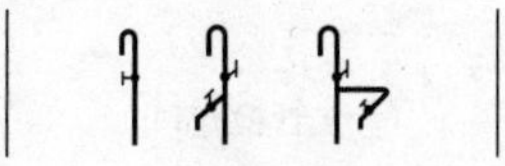
污水池	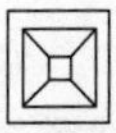	肘式龙头	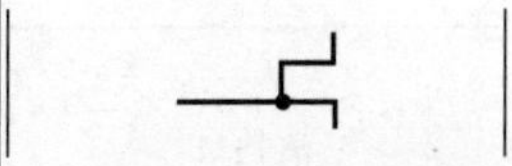
立式小便器	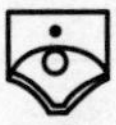	脚踏开关	
壁挂小便器	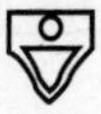	混合水龙头	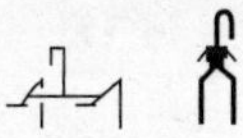
蹲式大便器	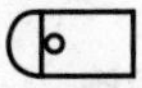	旋转水龙头	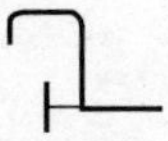
坐式大便器	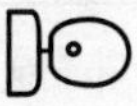	浴盆带喷头的混合水龙头	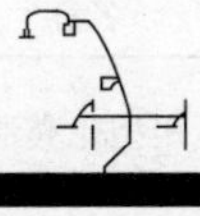

附件图例　　　　　　　　　　　　表 3-6

名称	图例	名称	图例
套管伸缩器		方形伸缩器	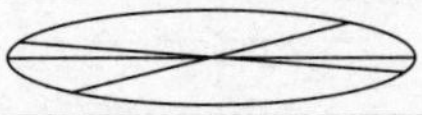

续表

名称	图例	名称	图例
刚性防水套管		雨水斗	
柔性防水套管		排水漏斗	
波纹管		圆形地漏	
可曲挠橡胶接头		方形地漏	
管道固定支架		自动冲洗水箱	
管道滑动支架		防回流污染止回阀	
立管检查口		减压孔板	
清扫口		Y形除污器	
通气帽		毛发聚集器	

小型给水排水构筑物图例　　　　　表3-7

名称	图例	名称	图例
矩型化粪池	HC	中和池	ZC
隔油池	YC	雨水口	
降温池	JC	阀门井 检查井	
沉淀池	CC	水表井	

设备及仪表图例

表 3-8

名称	图例	名称	图例
水泵		搅拌器	
潜水泵		温度计	
定量泵		压力表	
管道泵		自动记录压力表	
卧式热交换器		压力控制器	
立式热交换器		温度传感器	----[T]----
快速管式热交换器		压力传感器	----[P]----
开水器		水表	
除垢器		真空表	
水锤消除器		余氯传感器	----[Cl]----
浮球液位器		pH值传感器	----[PH]----

消防给水配件图例

表 3-9

名称	图例	名称	图例
消火栓给水管	—— XH ——	室内消火栓（双口）	平面　系统
自动喷水灭火给水管	—— ZP ——	水泵接合器	
室外消火栓		自动喷洒头（开式下喷）	平面　系统
室内消火栓（单口）	平面　系统	自动喷洒头（闭式下喷）	平面　系统

47

续表

名称	图例	名称	图例
自动喷洒头（开式上喷）		预作用报警阀	平面 / 系统
自动喷洒头（闭式上喷）	平面 / 系统	遥控信号阀	
侧墙式自动喷洒头	平面 / 系统	水流指示器	
侧喷式喷洒头	平面 / 系统	水力警铃	
雨淋灭火给水管	—— YL ——	雨淋阀	平面 / 系统
水幕灭火给水管	—— SM ——	末端测试阀	平面 / 系统
水炮灭火给水管	—— SP ——	灭火器	▲
湿式报警阀	平面 / 系统	推车式灭火器	
干式报警阀	平面 / 系统		

2. 建筑给水排水图纸的内容

建筑室内给水排水施工图一般由图纸目录、设计和施工总说明、主要设备材料表、平面图、系统图（轴测图）、详图等组成。

（1）图纸目录是将全部施工图按其编号、图名序号填入图纸目录表格，同时在表头上标明建设单位、工程项目、分部工程名称、设计日期等。其作用是核对图纸数量，便于识图时查找。

（2）设计和施工总说明包括以下内容：一般用文字表明的工程概况（包括建筑类型、建筑面积、设计参数等）；设计中用图形无法表达的一些设计要求（如管道材料、防腐要求、保温材料及厚度、管道及设备的试压要求、清洗要求等）；施工中应参考的规范、标准和图集；主要设备材料表及应特别注意的事项等。

（3）平面图是水平剖切后，自上而下垂直俯视的可见图形，又称俯视图，是最基本的施工图样。

建筑室内给水排水施工平面图包括以下内容：给水排水、消防给水管道的平面布置，卫生设备及其他用水设备的位置、房间名称、主要轴线号和尺寸线；给水、排水、消防立管位置及编号；底层平面图中还包括引入管、排出管、水泵接合器等与建筑物的定位尺寸、穿建筑物外墙及基础的标高。平面图没有高度的意义，其上管道和设备的安装高度必须借助于系统图、剖面图来确定。

（4）系统图可采用斜二测画法，用来表示管道及设备的空间位置关系，通过系统图，可以对工程的全貌有个整体了解。建筑室内给排水施工系统图包括以下内容：建筑楼层标高、层数、室内外建筑平面高差；管道走向、管径、仪表及阀门、控制点标高和管道坡度；各系统编号，立管编号，各楼层卫生设备和工艺用水设备的连接点位置；排水立管上检查口、通气帽的位置及标高。

（5）详图一般用较大比例绘制，建筑室内给排水施工详图包括以下内容：设备及管道的平面位置，设备与管道的连接方式，管道走向、管道坡度、管径，仪表及阀门、控制点标高等，常用的卫生器具及设备。施工详图可直接套用有关给水排水标准和图集。

（6）剖面图是在某一部位剖切后，沿剖切视向的可见图形。其主要作用是表明设备和管道的立面形状、安装高度，立面设备与设备、管道与设备、管道与管道之间的连接关系。剖面图多用于室外管道工程。

（7）标准图又称通用图，是统一施工安装技术要求，具有一定法令性的图样，设计时不需再重复制图，只需选出标准图号即可。施工中应严格按照指定图号的图样进行施工安装，可按比例绘制，也可不按比例绘制。

3.2.2　建筑电气工程施工图的图示方法及内容

1. 电力设备的图示方法及标注

按照《建筑电气工程设计常用图形和文字符号》09DX001规定，电气安装图上用电设备标注的格式为 a/b，式中 a 为设备编号或设备位号；b 为设备的额定容量（kW 或 kVA）。

在电气安装接线图上，还须表示出所有配电设备的位置，同样要依次编号，并注明其型号规格。按 09DX001 标准图集的规定，电气箱（柜、屏）标注的格式为－a＋b/c，式中 a 为设备种类代号（见表3-10）；b 为设备安装位置代号；c 为设备型号。例：－AP1＋1·B6/XL21-15，表示动力配电箱种类代号为 AP1，位置代号为 1·B6，即安装在一层 B6 轴线上，配电箱型号为 XL21-15。

部分电力设备的文字符号　　　　　　　　　　表3-10

设备名称	文字符号
交流（低压）配电屏	AA
控制箱（柜）	AC
照明配电箱	AL
动力配电箱	AP
电能表箱	AW
插座箱	AX
电力变压器	T，TM

续表

设备名称	文字符号
插头	XP
插座	XS
端子板	XT

2. 配电线路的标注

配电线路标注的格式为：ab—c（d×e+f×g）i—jk

式中 a 为线缆编号；b 为线缆型号；c 为并联电缆和线管根数（单根电缆或单根线管则省略）；d 为相线根数；e 为相线截面；f 为 N 线或 PEN 线根数（一般为1）；g 为 N 线或 PEN 线截面（mm^2）；i 为线缆敷设方式代号；j 为线缆敷设部位代号；k 为线缆敷设高度（m）。例：WP201 YJV-0.6/1kV-2（3×150+1×70）SC80-WS3.5，表示电缆线路编号为 WP201；电缆型号为 YJV-0.6/1kV；2根电缆并联，每根电缆有3根相线芯，每根截面为 $150mm^2$，有1根 N 线芯，截面为 $70mm^2$，敷设方式为穿焊接钢管，管内径为 80mm，沿墙面明敷，电缆敷设高度离地 3.5m。

3. 建筑常用电气图形符号

建筑常用电气图形符号如表 3-11 所示。

常用电气图图例符号　　　　　表 3-11

图例	名称	图例	名称
	双绕组		单相变压器
	三绕组		三相变压器
	电流互感器（上下为两种形式）		电压互感器（左右为两种形式）
	电缆、电线、母线一般符号		接触器
	三个导线		断路器
	三根导线		熔断器一般符号
	n 根导线		熔断器式隔离开关
	屏、台、箱、柜一般符号		熔断器式开关
	动力或动力—照明配电箱		避雷器
	指示电压表		有功电能表

4. 建筑电气工程施工图的内容

图纸是工程实施的依据，它是沟通设计人员、安装人员、操作管理人员的工程语言，是进行技术交流不可缺少的重要资料。一个建筑中电气工程规模不同，图纸的数量和种类也不同。一套常用的电气施工图一般包含有以下几类：

(1) 首页：主要包括图纸目录、设计说明、图例、设备材料明细表等。电气工程包含的全部图纸都应在图纸目录上列出，图纸目录内容有图纸名称、编号以及张数等。设计说明主要阐述电气工程建筑概况、设计的依据、设计主要内容、施工原则、电气安装标准、施工方法、工艺要求等内容。图例是图中各种符号的简单说明，一般只列出本套图纸中涉及的一些图形符号。设备材料明细表上列出了该电气工程所需要设备和材料的名称、型号、规格和数量、安装方法和生产厂家等。

(2) 电气系统图：是应用国家标准规定的电气简图用图形符号和文字符号概略地表示一个系统的基本组成、相互关系及其主要特征的一种简图。电气系统图只表示电气回路中各个元器件的连接关系，不表示元器件的具体安装位置和具体连线方法，一般都只用一根线来表示三相线路，即"单线图"，但为表示线路中导线的根数，可在线路上加短斜线，短斜线数等于导线根数；也可在线路上画一条短斜线再加注数字表示导线根数。从电气系统图可以看出工程的概况。

(3) 电气平面图：又称电气平面布线图，或简称电气平面图，是用国家标准规定的图形符号和文字符号，按照电气设备的安装位置及电气线路的敷设方式、部位和路径绘制的一种电气平面布置和布线的简图，是进行电气施工安装的主要依据。常用的电气平面图有：变配电所平面图、动力平面图、照明平面图、防雷平面图、接地平面图、弱电平面图等。

(4) 设备布置图：是表现各种电气设备和元器件之间的平面与空间的位置、安装方式及其互相互关系的图纸，通常由平面图、立体图、剖面图及各种构件详图等组成。

(5) 电气原理图：是表现某一设备或系统电气工作原理的图纸，它根据简单、清晰的原则，采用电器元件展开的形式绘制而成。它只表示电器元件的导电部件之间的接线关系，并不反映电器元件的实际位置、形状、大小和安装方式。

(6) 电气安装接线图：是用来表示电气设备或系统内部各种电器元件之间连线的图纸，用来指导安装、接线和查线，它与原理图相对应。

(7) 大样图：是表示电气安装工程中的局部做法图，经常采用标准图集。个别非标准的工程项目，有关图集中没有的，才会有安装大样图。目前标准图集分为3种类型：国家编制的标准图集，适用于全国；省市自治区编制的标准图集，适用于省市自治区；设计院内部编制的标准图集，适用于设计院自身设计的工程项目。

3.2.3 建筑通风与空调工程施工图的图示方法及内容

通风空调施工图是一种工程语言，是用来表达和交流技术思想的重要工具，设计人员通过施工图来表达其设计意图，反映设计理念，施工人员通过对施工图的识读，把图纸上的内容实体化，进行预制和施工。

1. 通风空调施工图符号及图例

在施工图中，各种不同的图线表示不同的管道系统。随着计算机绘图推广与普及，图线的线宽和基本线形也有了统一规定。

(1) 线宽

在施工图中，图线的基本线宽 b 和线宽组，应根据图样的比例、类别及使用方式来确定。

(2) 基本线形

施工图中的管道及管件一般多采用统一的线形来表示,各种不同的线形所表示的含义和作用又有所不同,常用的几种基本线形如表 3-12 所示。

施工图中常用的基本线形　　　　表 3-12

序号	名称		线型	线宽	适用范围
1	实线	粗		b	1. 单线表示的管道; 2. 图框线
		中粗		$0.5b$	1. 本专业设备轮廓; 2. 双线表示的管道轮廓
		细		$0.25b$	1. 建筑物轮廓; 2. 尺寸标高角度等标注线及引出线; 3. 非本专业设备轮廓
2	虚线	粗		b	回水管线
		中粗		$0.5b$	本专业设备及管道被正遮挡的轮廓
		细		$0.25b$	1. 地下管沟; 2. 改造前风管的轮廓线; 3. 示意性连线
3	波浪线	中粗		$0.5b$	单线表示的软管
		细		$0.25b$	断开界线
4	单点长画线			$0.25b$	轴线中心线
5	双点长画线			$0.25b$	假想或工艺设备轮廓
6	折断线			$0.25b$	断开界线

(3) 管路代号

暖通空调专业施工图中,管道输送的介质一般为空气、水和蒸汽。为了区别各种不同性质的管道,国家标准规定了用管道名称的汉语拼音字头作符号来表示。如空调风管用"K"表示;空调冷却水管用"LQ"表示。风道代号如表 3-13 所示。

风道代号　　　　表 3-13

代号	风道名称	代号	风道名称
K	空调风管	H	回风管(一、二次回风,用附加 1, 2 区别)
S	送风管	P	排风管
X	新风管	PY	排烟风管或排风、排烟共用风管

在施工图中,如果仅有一种管路或同一图上的大多数管路是相同的,其符号可略去不标,但须在图纸中加以说明。此外,在暖通空调施工图中还有各种常见字母符号,每一字母都表示一定的意义,如 D 表示圆形风管的直径或焊接钢管的内径;b 表示矩形风管的长边尺寸;DN 表示焊接钢管、阀门及管件的公称直径;s 表示管材和板材的厚度等。

(4) 系统编号

一个工程的施工图中同时有供暖、通风、空调等两个及以上的不同系统时,应有系统编号。暖通空调系统编号、入口编号是由系统代号和顺序号组成的。系统代号是由大写拉丁字母表示（如表 3-14 所示）。顺序号由阿拉伯数字表示如图 3-1（a）所示；当一个系统出现分支时，表示方法如图 3-1（b）所示。

（5）通风空调设备、系统常用的编号（见表 3-14）

（6）通风空调设备、系统常用的图例

施工图中的管道及部件多采用国家标准规定的图例来表示。这些简单的图样并不完全反映实物的形象，仅仅是示意性地表示具体设备、管道、部件及配件。各个专业施工图都有各自不同的图例，且有些图例还互相通用。现将暖通空调专业常用的图例列出，如表 3-15 所示。

（a） （b）

图 3-1 系统代号、编号的表示方法

通风空调设备、系统的编号 表 3-14

系统名称	系统编号	设备编号	系统名称	系统编号	设备编号
空调系统	K	AHU-	厕所排风系统		TEL-
空调新风系统	X	PAU-	通风系统	T	
送风系统	S	FAF-	变频多联机系统		VRV-
净化系统	J		热泵		ASHP
排风系统	P	EAF-	冷水机组		CH
除尘系统	C		水泵		P
正压送风系统	JS	SPF-	汽水交换器		SHE
排烟系统	PY	SEF-	水水换热器		WHE
排风兼排烟系统	P（Y）	E/SEF-	风机盘管		FCU-
补风系统		CAF-	热水锅炉		B
送风兼补风系统		C/FAF-	溴化锂机组		FCH

通风空调系统常用的图例 表 3-15

序号	名称	图例	备注
1	通风管		
2	矩形送风管		
3	圆形送风管		
4	弯头		
5	矩形排风管		
6	圆形排风管		
7	混凝土管道		

续表

序号	名称	图例	备注
8	异径管		上部为同心异径管 下部为偏心异径管
9	异形管（方圆管）		上部为同心异形管 下部为偏心异形管
10	带导流片弯头		
11	消声弯头		
12	风管检查孔		
13	风管测定孔		
14	柔性接头		
15	圆形三通（45°）		
16	矩形三通		
17	车形风帽		左侧为平面图 右侧为系统图
18	筒形风帽		左侧为平面图 右侧为系统图
19	椭圆形风帽		左侧为平面图 右侧为系统图
20	送风口		左侧为平面图 右侧为系统图
21	排风口		左侧为平面图 右侧为系统图

续表

序号	名称	图例	备注
22	方型散流器	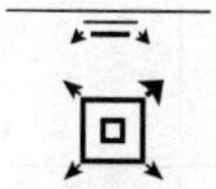	下部为平面图 上部为系统图
23	圆形散流器		下部为平面图 上部为系统图
24	单面吸送风口		
25	百叶窗	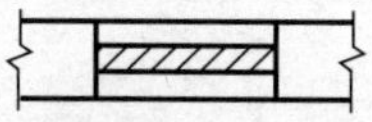	
26	风管插板阀	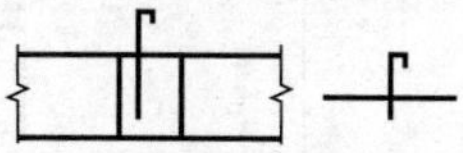	
27	风管斜插板阀	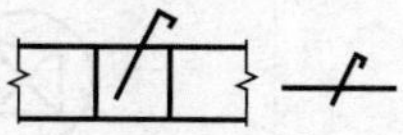	
28	风管螺阀	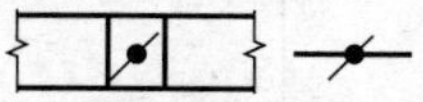	
29	对开式多叶调节阀	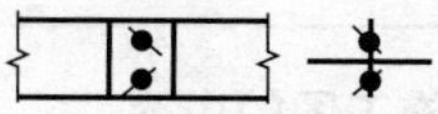	
30	风管止回阀	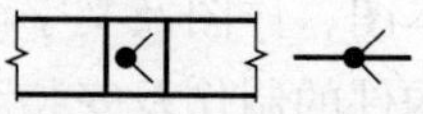	
31	风管防火阀	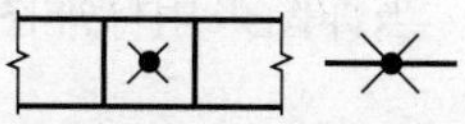	
32	风管三通调节阀	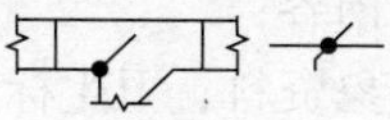	
33	空气过滤器	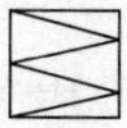	
34	加湿器	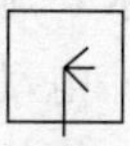	
35	电加热器		
36	消声器		
37	空气加热器	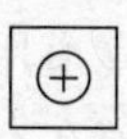	

55

续表

序号	名称	图例	备注
38	空气冷却器		
39	风机盘管		左侧为平面图 右侧为系统图
40	管式空调器		
41	空气幕		
42	离心风机		左侧为平面图 右侧为系统图
43	轴滤风机		
44	屋顶通风机		
45	压缩机		

2. 建筑通风与空调工程施工图的内容

通风工程施工图包括基本图、详图及文字说明。基本图有通风系统平面图、剖面图及系统轴测图。详图有设备或构件的制作及安装图等。文字说明包括图纸目录、设计和施工说明、设备和配件明细表等。当详图采用标准图或套用其他工程图纸时，则在图纸目录中须加以说明。

设计和施工说明包括以下内容：

（1）设计时使用的有关气象资料、卫生标准等基本数据；

（2）通风系统的划分；

（3）统一作法的说明，例如与土建工程的配合施工事项；风管材料和制作的工艺要求，油漆、保温、设备安装技术要求，施工完毕后试运行要求等。

设备和配件明细表就是通风机、电动机、过滤器、除尘器、阀门等等以及其他配件的明细表，在表中要注明它们的名称、规格和数量，以便图表对照，进一步表明图示内容。

通风系统平面图表达出通风管道、设备的平面布置情况和有关尺寸。剖面图表达出通风管道、设备在高度方向的布置情况和它们的有关尺寸。这类图纸表达的重点在于把整个管道系统的整体布置情况显示清楚，不在于表达管道及设备的详细构造。为了使通风管道系统表示得比较明显起见，在通风系统平面图和剖面图中，把房屋建筑的轮廓用细线来画（仅剖面图的地面线用粗线表示），管道用粗线来画，设备和较小的配件用中粗线来画。

通风系统轴测图表达出通风管道在空间的曲折交叉情况，反映整个系统的概貌。

详图表达设备或配件的具体构造和安装情况。

一套完整的通风空调施工图可分为基本图和详图两部分，包括图纸目录、设计施工说明、设备及材料表、原理图、平面图、系统轴侧图、剖面图、详图、大样图、节点图和标准图。其具体内容有如下几个方面：

(1) 图纸目录

众多施工图纸设计工作完成后，设计人员按一定的图名和顺序将它们逐项归纳编排成图纸目录，以便查阅。通过图纸目录我们可以了解整套图纸的大致内容：图纸编号及图纸名称。

(2) 设计施工说明

设计施工说明主要表达的是在施工图纸中无法表示清楚，而在施工中施工人员必须知道的技术、质量方面的要求，它无法用图的形式表达，只能以文字形式表述。设计施工说明包含的内容一般包括本工程主要技术数据，如建筑概况、设计参数、系统划分及施工、验收、调试、运行等有关事项。

(3) 设备及材料表

在设备表内明确表示了所选用设备的名称、型号、数量、各种性能参数及安装地点等；在材料表中各种材料的材质、规格、强度要求等要有清楚的表达。

(4) 原理图（流程图）

系统原理图（流程图）是综合性的示意图，用示意性的图形表示出所有设备的外形轮廓，用粗实线表示管线。从图中可以了解系统的工作原理，介质的运行方向，同时也可以对设备的编号、建（构）筑物的名称及整个系统的仪表控制点（温度、压力、流量及分析的测点）有一个全面的了解。另外，通过了解系统的工作原理，还可以在施工过程中协调各个环节的进度，安排好各个环节的试运行和调试的程序。

(5) 平面图

平面图是施工图中最基本的一种图，是施工的主要依据。它主要表示建筑物以及设备的平面布局，管路的走向分布及其管径、标高、坡度坡向等数据，包括系统平面图、冷冻机房平面图、空调机房平面图等。在平面图中，一般风管用双线绘制，水、汽管用单线绘制。

(6) 系统轴测图

系统轴测图是以轴测投影绘出的管路系统单线条的立体图。在图面上直接反映管线的分布情况，可以完整地将管线、部件及附属设备之间的相对位置的空间关系表达出来。系统轴测图还注明管线、部件及附属设备的标高和有关尺寸。系统轴测图一般按正等测或斜等测绘制。水、汽管道及通风、空调管道系统图均可用单线绘制。

(7) 剖面图

剖面图是在平面图上能够反映系统全貌的部位垂直剖切后得到的，它主要表示建筑物和设备的立面分布，管线垂直方向上的排列和走向，以及管线的编号、管径和标高。

识读时要根据平面图上标注的断面剖切符号（剖切位置线、投射方向线及编号）对应来识读。

(8) 大样图

大样图又称为详图。为了详细表明平、剖面图中局部管件和部件的制作、安装工艺，将此部分单独放大,用双线绘制成图。一般在平、剖面图上均标注有详图索引符号,根据详图索引符号可将详图和总图联系起来看。通用性的工程设计详图,通常使用国家标准图。

(9) 节点图

节点图能够清楚地表示某一部分管道的详细结构及尺寸,是对平面图及其他施工图不能表达清楚的某点图形的放大。节点用代号来表示它所在的位置。

(10) 标准图

标准图是一种具有通用性的图样。一般由国家或有关部委出版标准图集,作为国家标准或行业标准的一部分予以颁发。标准图中标有成组管道设备或部件的具体图形和详细尺寸,但它不能作为单独施工的图纸,而只作为某些施工图的组成部分。中国建筑设计研究院出版的《暖通空调标准图集》是目前暖通空调专业中主要使用的标准图集。

通风与空调工程施工图通常按照国家标准《暖通空调制图标准》GB/T 50114—2010规定绘制的,但也有一些设计单位仍旧按照习惯画法绘图,在识读图纸时应予以注意。

图纸是由图例符号画成的,因而在读懂了原理图之后,还要结合设计施工说明及有关施工验收规范,考虑如何进行安装和达到设计要求,这些都需要经过不断地实践才能逐步达到熟练程度。

3.3 施工图的绘制与识读

3.3.1 建筑设备施工图绘制的步骤与方法

绘制建筑设备施工图时,一般是先绘制平面图,然后绘制系统图,最后绘制详图。
其平面图绘制步骤基本如下:

(1) 绘制建筑平面图。绘制时,先绘制定位轴线,然后绘制墙体、柱子、门窗、洞口楼梯以及台阶等轮廓线。绘制卫生器具、散热设备、通风空调设备、电力设备、配电箱、开关、照明灯具、插座等设备部件的平面布置。

(2) 绘制卫生器具、散热设备、通风空调设备、电力设备、配电箱、开关、照明灯具、插座等设备部件的平面布置。

(3) 绘制给水排水管道、供暖管道、空调管道系统,以及电气进户线、器具间的连接线。

(4) 绘制有关图例,标注管径、标高、尺寸、编号,必要的附加文字标注及说明。

建筑设备系统图是以平面图为依据,绘制时给水系统和排水系统分别绘制,给水系统按照给水引入管分组绘制,排水系统按照排水排出管分组绘制,其绘制基本步骤如下:

(1) 确定轴测轴。

(2) 绘制立管、引入管和排出管。可先绘制引入管或排出管,后绘制立管。

(3) 绘制里立管上的一层地面和各楼层地面以及建筑屋面。

(4) 绘制各层平面上的横管,先绘制与轴线相平行的横管,后绘制与轴线不平行的横管。

(5) 绘制管道系统上的附件,如给水管道上的阀门、水表、水龙头等,排水管道上的检查口、通气帽以及地漏等,均应按照规定图例符号进行绘制。

(6) 绘制通风空调设备,送排风管道系统,先绘制主管,后绘制支管,最后绘制风口等部件。

（7）绘制管道穿墙、梁等的断面图。

（8）标注管径、标高、坡度、编号以及必要的文字说明。

3.3.2 建筑设备施工图识读的步骤与方法

1. 建筑给水排水工程施工图识读

识图室内给水施工图时，首先对照图纸目录，核对整套图纸是否完整，各张图纸的图名是否与图纸目录所列的图名相吻合，在确认无误后再正式识图。

识图时必须分清系统，各系统不能混读。将平面图与系统图对照起来看，以便相互补充和说明。建立全面、完整、细致的工程形象，以全面地掌握设计意图。对某些卫生器具或用水设备的安装尺寸、要求、接管方式等不了解时，还必须辅以相应的安装详图。

给水系统按进水流向先找系统的入口，从引入管、干管、支管到用水设备或卫生器具的进水接口的顺序识读；

排水系统按排水流向，从用水设备或卫生器具的排水口、排水支管、排水干管、排水立管到排出管的顺序识读。

（1）平面图的识读

1）首先应阅读设计说明，熟悉图例、符号，明确整个工程给水排水概况、管道材质、连接方式、安装要求等；

2）给水平面图识读时应按供水方向分系统并分层识读；

3）对照图例、编号、设备材料表明确供水设备的类型、规格数量，明确其在各层安装的平面定位尺寸，同时查清选用标准图号；

4）明确引入管的入口位置，与入口设备水池、水泵的平面连接位置；

5）明确干管在各层的走向、管道敷设方式、管道的安装坡度、管道的支承与固定方式；

6）明确给水立管的位置、立管的类型及编号情况，各立管与干管的平面连接关系；

7）明确横支管与用水设备的平面连接关系，明确敷设方式；

8）排水平面图识读方法同给水平面图，识读时应明确排水设备的平面定位尺寸，明确排出管、立管、横管、器具支管、通气管、地面清扫口的平面定位尺寸，各管道、排水设备的平面连接关系。

（2）系统图的识读

1）给水系统图的识读从入口处的引入管开始，沿干管、最远立管、最远横支管和用水设备识读，再按立管编号顺序识读各分支系统。引入管的标高，引入管与入口设备的连接高度；干管的走向、安装标高、坡度、管道标高变化；各条立管上连接横支管的安装标高、支管与用水设备的连接高度；明确阀门、调压装置、报警装置、压力表、水表等的类型、规格及安装标高。

2）排水系统图识读时应明确各类管道的管径，干管及横管的安装坡度与标高；管道与排水设备的连接方法，排水立管上检查口的位置；通气管伸出屋面的高度及通气管口的封闭要求；管道的防腐、涂色要求。

（3）详图的识读

详图识读时可参照以上有关平面图、系统图识读方法进行，但应注意将详图内容与平面图及系统图中的相关内容相互对照，建立系统整体形象。

2. 建筑电气工程施工图识读

（1）电气照明系统图：电气照明系统图用来表明照明工程的供电系统、配电线路的规格，采用管径、敷设方式及部位，线路的分布情况，计算负荷和计算电流，配电箱的型号及其主要设备的规格等。

（2）电气照明平面图：电气照明平面图是按国家规定的图例和符号，画出进户点、配电线路及室内的灯具、开关、插座等电气设备的平面位置及安装要求。

通过对平面图的识读，具体可以了解以下情况：

1）进户线的位置，总配电箱及分配电箱的平面位置。
2）进户线、干线、支线的走向，导线的根数，支线回路的划分。
3）用电设备的平面位置及灯具的标注。

在阅读照明平面图过程中，要逐层、逐段阅读平面图，要核实各干线、支线导线的根数、管位是否正确，线路敷设是否可行，线路和各电器安装部位与其他管道的距离是否符合施工要求。

（3）设计说明：在系统图和平面图中未能说明而同时又与施工有关的问题，可在设计说明中予以补充。例如：

1）电源形式，电源电压等级，进户线敷设方法，保护措施等。
2）通用照明设备安装高度、方式及线路敷设方法。
3）施工时的注意事项及验收执行的规范。
4）施工图中无法表达清楚的内容。

（4）主要设备材料表：将电气照明工程中所使用的主要材料进行列表，便于材料采购，同时有利于检查验收。

3. 建筑通风与空调工程施工图识读

通风空调施工图属于建筑图的范畴，其显著特点是示意性和附属性。在图纸上，各种管线作为建筑物的配套部分，用不同的图线和图例符号不仅能将管件与设备表示出来，还能反映出其位置及安装具体尺寸和要求。

通风空调施工图的识读，应当遵循从整体到局部，从大到小，从粗到细的原则，同时要将图样与文字对照看，各种图样对照看，达到逐步深入与细化。看图的过程是一个从平面到空间的过程，还要利用投影还原的方法，再现图纸上各种图线图例所表示的管件与设备空间位置及管路的走向。

识读的顺序是：先看图纸目录，了解建设工程性质、设计单位，弄清楚整套图纸共有多少张，分为哪几类；其次是看设计施工说明、材料设备表等一系列文字说明；然后再按照原理图、平面图、剖面图、系统轴测图及详图的顺序逐一详细阅读。

对于每一单张图纸，识读时首先要看标题栏，了解图名、图号、图别、比例，以及设计人员，其次看图纸上所画的图样、文字说明和各种数据，弄清各系统编号、管路走向、管径大小、连接方法、尺寸标高、施工要求；对于管路中的管道、配件、部件、设备等应弄清其材质、种类、规格、型号、数量、参数等；另外，还要弄清管路与建筑、设备之间的相互关系及定位尺寸。

第 4 章 工程施工工艺及方法

4.1 建筑给水排水工程

4.1.1 给水管道、排水管道安装工程施工工艺

1. 施工工艺流程

(1) 建筑给水管道安装工艺流程

施工准备→配合土建预留、预埋→管道支架制作安装→管道预制加工→管道安装→压力试验→防腐绝热→冲洗消毒→通水验收。

(2) 建筑排水管道安装工艺流程

施工准备→配合土建预留、预埋→管道支架制作安装→管道预制加工→管道安装→封口堵洞→灌水试验→通球试验→通水验收。

2. 施工工艺要点

(1) 施工准备

包括技术准备、材料准备、机具准备、场地准备、施工组织及人员准备。

1) 熟悉图纸、资料以及相关的国家或行业施工、验收、标准规范和标准图；

2) 制定工程施工的工艺文件和技术措施，编制施工组织设计或施工方案，并向施工人员交底；向材料主管部门提出材料计划并做好出库、验收和保管工作；

3) 准备施工机械、工具、量具等；准备加工场地、库房；做好分项图纸审查及有关变更工作，根据管道工程安装的实际情况，灵活选择依次施工、流水作业、交叉作业等施工组织形式；

4) 按规范要求规定所需验证的工序交接点和相应的质量记录，以保证施工过程质量的可追溯性；

5) 组织项目施工管理人员和劳务作业人员；选择合适的专业、劳务分包单位等。

(2) 配合土建工程预留、预埋

应在开展预留预埋工作之前认真熟悉图纸及规范要求，校核土建图纸与安装图纸的一致性，现场实际检查预埋件、预留孔的位置、样式及尺寸，配合土建施工及时做好各种孔洞的预留及预埋管、预埋件的埋设，确保埋设正确无遗漏。

(3) 管道支架制作安装

管道支架、支座、吊架的制作安装，应严格控制焊接质量及支吊架的结构形式，如：滚动支架、滑动支架、固定支架、弹簧吊架等。支架安装时应按照测绘放线的位置来进行，安装位置应准确、间距合理，支架应固定牢固、滑动方向或热膨胀方向应符合规范要求。

（4）管道预制加工

管道预制应根据测绘放线的实际尺寸，本着先预制先安装的原则来进行，预制加工的管段应进行分组编号，非安装现场预制的管道应考虑运输的方便，预制阶段应同时进行管道的检验和底漆的涂刷工作。

（5）管道安装

1）管道安装一般应本着先主管后支管，先上部后下部，先里后外的原则进行安装，对于不同材质的管道应先安装钢质管道，后安装塑料管道，当管道穿过地下室侧墙时应在室内管道安装结束后再进行安装，安装过程应注意成品保护。干管安装的连接方式有螺纹连接、承插连接、法兰连接、粘接、焊接、热熔连接、电熔连接等。

2）冷热水管道上下平行安装时热水管道应在冷水管道上方，垂直安装时热水管道在冷水管道左侧。排水管道应严格控制坡度和坡向，当设计未注明安装坡度时，应按相应施工规范执行。室内生活污水管道应按铸铁管、塑料管等不同材质及管径设置排水坡度，铸铁管的坡度应高于塑料管的坡度。室外排水管道的坡度必须符合设计要求，严禁无坡或倒坡。

3）给水引入管与排水排出管的水平净距不得小于1m。室内给水与排水管道平行敷设时，两管间的最小水平净距不得小于0.5m；交叉铺设时，垂直净距不得小于0.15m。给水管应铺在排水管上面，若给水管必须铺在排水管的下面时，给水管应加套管，其长度不得小于排水管管径的3倍。

4）埋地管道、吊顶内的管道等在安装结束、隐蔽之前应进行隐蔽工程的验收，并做好记录。

（6）压力试验

管道压力试验应在管道系统安装结束，经外观检查合格、管道固定牢固、无损检测和热处理合格、确保管道不再进行开孔、焊接作业的基础上进行。

1）试验压力应按设计要求进行，当设计未注明试验压力时，应按规范要求进行。各种材质的给水管道系统试验压力均为工作压力的1.5倍，但不得小于0.6MPa，金属及复合管给水管道系统在试验压力下观测10min，压力降不应大于0.02MPa，然后降到工作压力进行检查，应不渗不漏；塑料给水系统应在试验压力下稳压1h，压力降不得超过0.05MPa，然后在工作压力的1.15倍状态下稳压2h，压力降不得超过0.03MPa，同时检查各连接处不得渗漏。

2）压力试验宜采用液压试验并应编制专项方案，当需要进行气压试验时应有设计人员的批准。

3）高层、超高层建筑管道应先按分区、分段进行试验，合格后再按系统进行整体试验。

（7）灌水试验

1）室内隐蔽或埋地的排水管道在隐蔽前必须做灌水试验，灌水高度应不低于底层卫生器具的上边缘或底层地面高度。灌水到满水15min，水面下降后再灌满观察5min，液面不降，管道及接口无渗漏为合格。

2）室外排水管网按排水检查井分段试验，试验水头应以试验段上游管顶加1m，时间不少于30min，逐段观察。

3) 室内雨水管应根据管材和建筑物高度选择整段方式或分段方式进行灌水试验。整段试验的灌水高度应达到立管上部的雨水斗，当灌水达到稳定水面后观察1h，管道无渗漏为合格。

(8) 通球试验

排水管道主立管及水平干管安装结束后均应做通球试验，通球球径不小于排水管径的2/3，通球率必须达到100%。

(9) 消火栓试射试验

1) 室内消火栓系统在安装完成后应作试射试验。试射试验一般取有代表性的三处：即屋顶（或水箱间内）取一处和首层取两处。

2) 屋顶试验用消火栓试射可测得消火栓的出水流量和压力（充实水柱）；首层取两处消火栓试射，可检验两股充实水柱同时喷射到达最远点的能力。

(10) 系统清洗

管道系统试验合格后，应进行管道系统清洗。

进行热水管道系统冲洗时，应先冲洗热水管道底部干管，后冲洗各环路支管。由临时供水入口向系统供水，关闭其他支管的控制阀门，只开启干管末端支管最底层的阀门，由底层放水并引至排水系统内。观察出水口处水质变化是否清洁。底层干管冲洗后再依次冲洗各分支环路，直至全系统管路冲洗完毕为止。生活给水系统管道在交付使用前必须冲洗和消毒，并经有关部门取样检验，符合《生活饮用水卫生标准》方可使用。

(11) 防腐绝热

1) 管道的防腐方法主要有涂漆、衬里、静电保护和阴极保护等。例如：进行手工油漆涂刷时，漆层要厚薄均匀一致。多遍涂刷时，必须在上一遍涂膜干燥后才可涂刷第二遍。

2) 管道绝热按其用途可分为保温、保冷、加热保护三种类型。若采用橡塑保温材料进行保温时，应先把保温管用小刀划开，在划口处涂上专用胶水，然后套在管子上，将两边的划口对接，若保温材料为板材则直接在接口处涂胶、对接。

(12) 试运行

采暖管道冲洗完毕后应通水、加热，进行试运行和调试。

(13) 竣工验收

单位工程施工全部完成以后，各施工责任方内部应进行安装工程的预验收，提交工程验收报告，总承包方经检查确认后，向建设单位提交工程验收报告。建设单位组织有关的施工方、设计方、监理方进行单位工程验收，经检查合格后，办理交竣工验收手续及有关事宜。

4.1.2 卫生器具安装工程施工工艺

卫生器具主要包括：洗脸盆、洗涤盆、浴盆、淋浴器、盥洗槽、大便器、小便器、污水盆（池）、地漏等。

1. 施工工艺流程

安装准备→卫生器具及配件检验→卫生器具配件预装→卫生器具稳装→卫生器具与墙、地缝处理→卫生器具外观检查→满水、通水试验。

2. 施工工艺要点

（1）卫生器具安装前的准备工作

1）卫生器具安装前应对卫生器具进行检查，检查的内容包括器具外形是否规矩平整，瓷质的粗糙与细腻程度，色泽的一致性，有无破损，是否符合设计要求的规格，各部位尺寸是否超过允许公差等。

2）将卫生器具的附件组装好，应不渗水、不漏水，灵活好用。

3）安装前，必须将卫生器具内的污物清除干净。

（2）卫生器具及配件检验

卫生器具及配件在进入施工现场前虽然已通过相关检验，但是在保管和搬运过程中，也会造成意外的损伤，所以卫生器具安装前应悉数进行检验，规格、型号和质量均符合设计要求方可使用。

（3）卫生器具配件预装

将卫生器具清理干净并对卫生器具部分配件进行集中预装。家具盆、脸盆下水口预装；坐便器排出口预装；高低水箱配件的预装；浴盆下水配件的预装。

（4）卫生器具安装

各种卫生器在安装中应注意如下问题：

1）安装卫生器具有其共同的要求：

① 平：卫生器具的上口边缘要水平，同一房间内成排布置的器具标高应一致。

② 稳：卫生器具安装好后应无摇动现象。

③ 牢：安装应牢固、可靠，防止使用一段时间后产生松动。

④ 准：卫生器具的坐标位置、标高要准确。

⑤ 不漏：卫生器具上的给、排水管口连接处必须保证严密、无渗漏。

⑥ 使用方便：卫生器具的安装应根据不同使用对象（如住宅、学校、幼儿园、医院等）合理安排；阀门手柄的位置朝向合理。

⑦ 性能良好：阀门、水龙头开关灵活，各种感应装置应灵敏、可靠。

2）卫生器具除浴盆和蹲式大便器外，均应待土建抹灰、粉刷、贴瓷砖等工作基本完成后再进行安装。

3）各种卫生器具埋设支、托架除应平整、牢固外，还应与器具贴紧；栽入墙体内的深度要符合工艺要求，支、托架必须防腐良好；固定用螺钉、螺栓一律采用镀锌产品，凡与器具接触处应加橡胶垫。

4）蹲便器或坐便器与排水口连接处要用油灰压实；稳固地脚螺栓时，地面防水层不得破坏，防止地面漏水。

5）排水栓及地漏的安装应平正、牢固，并应低于排水表面；安装完后应试水检查，周边不得有渗漏。地漏的水封高度不得小于50mm。

6）高水箱冲洗管与便器接口处，要留出槽沟，内填充砂子后抹平以便今后检修；为防止腐蚀，绑扎胶皮碗应采用成品喉箍或铜丝。

7）洗脸盆、洗涤盆（家具盆）的排水栓安装时，应将排水栓侧的溢水孔对准器具的溢水孔；无溢水孔的排水口，应打孔后再进行安装。

8）洗脸盆、洗涤盆的下水口安装时应上垫油灰、下垫胶皮，使之与器具接触紧密，避免产生渗漏现象。

9）带有裙边的浴盆是近几年引进的新型浴盆，应在靠近浴盆下水的地面结构预留200mm×300mm的孔洞，便于浴盆排水管的安装及检修。同时做好地面防水处理。裙边浴盆有左和右之分，安装时按照其位置选用。

10）小便槽冲洗管的安装制作应采用镀锌钢管或塑胶管。

11）自动冲洗式小便器由自动冲水器和小便器组成，安装时应在生产厂方指导下进行，并经调试合格后方可移交用户使用。

(5) 满水、通水试验

卫生器具安装完毕后应做满水和通水试验。满水试验时间不小于 24h，液面不下降，不渗不漏为合格。

4.1.3 室内消防管道及设备安装工程施工工艺

室内消防系统按照种类和方式可分为消火栓系统、自动喷水灭火系统、水喷雾灭火系统和气体灭火系统、泡沫灭火系统等。以下就最常见的室内消火栓系统及自动喷水灭火系统做简单介绍。

1. 施工工艺流程

（1）室内消火栓系统施工程序

施工准备→干管安装→支管安装→箱体稳固→附件安装→管道调试压→冲洗→系统调试。

（2）自动喷水灭火系统施工程序

施工准备→干管安装→报警阀安装→立管安装→分层干、支管安装→喷洒头支管安装与调试→管道冲洗→减压装置安装→报警阀配件及其他组件安装→喷洒头安装→系统通水调试。

2. 施工工艺要点

（1）室内消火栓系统安装

室内消火栓系统一般由消火栓箱、消火栓、水带、水枪、消防管道、消防水池、高位水箱、水泵接合器、加压水泵、报警装置等组成。室内消火栓通常安装在走廊的消火栓箱内，分明装、暗装及半暗装三种。明装消火栓是将消火栓箱设在墙面上；暗装或半暗装是将消火栓箱置于预留的墙洞内。

1) 施工准备

① 认真熟悉图纸，核对消火栓设置方式、箱体外框规格尺寸和栓阀是单栓还是双栓等情况。

② 对于暗装或半暗装消火栓。在土建主体施工过程中，要配合土建做好消火栓的预留洞工作。留洞的位置标高应符合设计要求，留洞的大小不仅要满足箱体的外框尺寸，还要留出从消火栓箱侧面或底部连接支管所需要的安装尺寸，这一点对于钢筋混凝土剪力墙结构特别重要，否则土建完成后要重新打洞将是非常困难的。

③ 安装需要的消火栓箱及栓阀等设备材料，进场时必须进行检查验收。消火栓箱的规格型号应符合设计要求。箱体方正；表面平整、光滑；金属箱体无锈蚀、划痕，箱门开关灵活；栓阀外形规矩、无裂纹、开启灵活、关闭严密；具有出厂合格证和消防部门的使

用许可证或质量证明文件。

2）室内消火栓的安装

消火栓安装，首先要以栓阀位置和标高定出消火栓支管出口位置，经核定消火栓栓口（注意不是栓阀中心）距地面高度为1.1m，然后稳固消火栓箱。箱体找正稳固后再把栓阀安装好，栓口应朝外或朝下。栓阀侧装在箱内时应安装在箱门开启的一侧，箱门开启应灵活。

消火栓箱体安装在轻体隔墙上应有加固措施（如在隔墙两面贴钢板并用螺栓固定）。箱体内的配件安装，应在交工前进行。消防水龙带应采用内衬胶麻带或锦纶带，折好放在挂架上，或卷实或盘紧放在箱内；消防水枪要竖放在箱体内侧，自救式水枪和软管应盘卷在卷盘上。消防水龙带与水枪和快速接头的连接，一般用14号钢丝绑扎两道。每道不少于两圈；使用卡箍时，在里侧加一道钢丝。设有电控按钮时应注意与电气专业配合施工。

建筑物顶层或水箱间内设置的检查用的试验消火栓处应装设压力表。

消火栓安装完毕，应消除箱内的杂物，箱体内外局部刷漆有损坏的要补刷，暗装在墙内的消火栓箱体周围不应出现空鼓现象。管道穿过箱体处的空隙应用水泥砂浆或密封膏封严。箱门上应标出"消火栓"三个红色大字。

3）消防水箱的安装

采用临时高压给水系统时，应设高位消防水箱。具体设置要求如下：

① 供消防车取水的消防水池应设取水口或取水井，其水深应保证消防车的消防水泵吸水高度不超过6.00m。取水口或取水井与被保护高层建筑的外墙距离不宜小于5.00m，并不宜大于100m。

② 消防用水与其他用水共用的水池，应采取确保消防用水量不作他用的技术措施。

③ 寒冷地区的消防水池应采取防冻措施。

4）消防水泵的安装

消防给水系统应设置备用消防水泵，其工作能力不应小于其中最大一台消防工作泵。一组消防水泵，吸水管不应少于两条，当其中一条损坏或检修时，其余吸水管应仍能通过全部水量。消防水泵应采用自灌式吸水，其吸水管应设阀门，供水管上应装设试验和检查用压力表和65mm的放水阀门。消防水泵应进行隔振处理，吸水管和出水管上应加装橡胶软接头，基座应设隔振措施。水泵出水管设弹性吊架。

消防水泵房应设不少于两条的供水管与环状管网连接。消防水泵房应采用耐火极限不低于2.00h的隔墙和1.50h的楼板与其他部位隔开，并应设甲级防火门。当消防水泵房设在首层时，其出口宜直通室外；当设在地下室或其他楼层时，其出口应直通安全出口。水泵房内应安装保证正常工作照度的应急照明灯。

5）水泵接合器的安装

水泵接合器应安装在便于消防车接近的人行道或非机动车行驶地段，距室外消火栓或消防水池的距离宜为15～40m。消防给水为竖向分区供水时，在消防车供水压力范围内的分区，应分别设置水泵接合器。

水泵接合器宜采用地上式。当采用地下式水泵接合器时，应采用铸有"消防水泵接合器"标志的铸铁井盖，并在附近设置与消火栓区别的指示其位置的固定标志。

墙壁式水泵结合器与墙面上的门、窗、孔洞近距离不应小于2.0m，且不应安装在玻璃幕墙下。地下水泵结合器应使进水口与井盖地面距离不大于0.4m,且不应小于井盖半径。

(2) 自动喷水灭火系统安装

自动喷水灭火系统的组件主要有:喷头、报警阀组、水力警铃、压力开关、水流指示器、信号阀及末端试水装置等。

1) 喷头安装

喷头安装应在管道系统试压合格并冲洗干净后进行。安装时应使用专用扳手,严禁利用喷头的框架施拧;喷头的框架、溅水盘产生变形或释放原件损伤时,应采用规格、型号相同的喷头更换。安装喷头时不得对喷头进行拆装、改动,并严禁给喷头附加任何装饰性涂层。安装在易受机械损伤处的喷头,应加设喷头防护罩。

喷头的安装位置应符合设计要求。当设计要求不明确时,其安装位置应注意如下规定:

① 除吊顶型喷头及吊顶下安装的喷头外,直立型、下垂型标准喷头,其溅水盘与顶板的距离,不应小于75mm,且不应大于150mm。

② 图书馆、档案馆、商场、仓库的通道上方设置喷头时,喷头与保护对象的水平距离不应小于0.3m。喷头溅盘与保护对象的最小垂直距离:标准喷头不小于0.45m,其他喷头不小于0.9m。

③ 当梁、通风管道、排管、桥架等障碍物的宽度大于1.2m时,其下方应增设喷头,见图4-1。

④ 直立型、下垂型喷头与不到顶隔墙的水平距离,不得大于喷头溅水盘与不到顶隔墙顶面垂直距离的2倍,见图4-2。

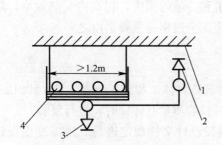
图4-1 喷头与梁、通风管道距离
1—顶板;2—直立型喷头;3—下垂型喷头;
4—排管(或梁、通风管道、桥架)

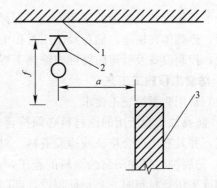
图4-2 喷头与不到顶隔墙的水平距离
1—顶板;2—直立型喷头;
3—不到顶隔墙

2) 报警阀组安装

报警阀组的安装要点:

① 报警阀组的安装应先安装水源控制阀、报警阀,然后根据设备安装说明书再进行辅助管道及附件的安装。水源控制阀、报警阀与配水干管的连接,应使水流方向一致。报警阀组安装位置应符合设计要求。当设计无要求时,报警阀组应安装在便于操作的明显位置。距室内地面高度宜为1.2m;两侧与墙的距离不应小于0.5m;正面与墙的距离不应小

于1.2m。安装报警阀组的室内地面应有排水设施。

② 报警阀组附件安装：报警阀组附件包括压力表、压力开关、延时器、过滤器、水力警铃、泄水管等。应严格按照产品说明书或安装图册进行安装。压力表应安装在报警阀上便于观测的位置；压力开关应竖直安装在通往水力警铃的管道上，且不应在安装中拆装改动；报警水流通路上的过滤器应安装在延时器前，而且是便于排渣操作的位置；水力警铃应安装在公共通道或值班室附近的外墙上，且应安装检修、测试用的阀门。水力警铃和报警阀的连接应采用镀锌钢管，当公称直径为15mm时，其长度不应大于6m；当公称直径为20mm时，其长度不应大于20m。安装后的水力警铃启动压力不应小于0.05MPa。

3) 其他组件安装

① 水流指示器安装：水流指示器的安装应在管道试压和冲洗合格后进行。水流指示器前后应保持有5倍安装管径长度的直管段。应竖直安装在水平管道上，注意其指示的箭头方向应与水流方向一致。安装后的水流指示器桨片、膜片应动作灵活，不应与管壁发生碰擦。

② 信号阀安装：信号阀应安装在水流指示器前的管道上，与水流指示器之间的距离不应小于300mm。

③ 末端试水装置安装：末端试水装置由试水阀、压力表及试水管道组成。试水管道和试水阀的直径均应为25mm。末端试水装置的出水，应采取孔口出流的方式排入排水管道。

4.1.4 管道、设备的防腐与保温工程施工工艺

为了延长设备及管道的使用寿命，保障安全运营，保证正常生产处于最佳温度范围，减少冷、热载体在输送、储存及使用过程中热量和冷量的损失，提高冷、热效率，降低能源消耗，控制设备及管道防腐蚀与绝热工程的施工全过程是重要手段之一。

1. 防腐工程施工工艺

（1）常用防腐蚀施工要求

1) 防腐蚀工程所用的原材料必须符合《建筑防腐蚀工程施工规范》GB 50212—2014的规定，并具有出厂合格证或检验资料。对原材料的质量有怀疑时，进行复验。

2) 防腐蚀衬里和防腐蚀涂料的施工，必须按设计文件规定进行。当需变更设计、材料代用或采用新材料时，必须征得设计部门同意。

3) 对施工配合比有要求的防腐蚀材料，其配合比应经过试验确定，并不得任意改变。

4) 设备、管子、管件的加工制作，必须符合施工图及设计文件的要求。在进行防腐蚀工程施工前，应全面检查验收。

5) 在防腐蚀工程施工过程中，必须进行中间检查。防腐蚀工程完工后应立即进行验收。

6) 设备、管子、管件外壁附件的焊接，必须在防腐蚀工程施工前完成，并核实无误。

7) 受压的设备、管道和管件在防腐蚀工程施工前，必须按有关规定进行强度或气密性检查，合格后方可进行防腐蚀工程施工。

8) 为了保证防腐蚀工程施工的安全或施工方便，对不可拆卸的密闭设备必须设置

人孔。

9）防腐蚀工程结束后，在吊装和运输设备、管道、管件时，不得碰撞和损伤，在使用前应妥善保管。

（2）金属表面预处理技术

1）金属表面预处理方法：

① 手工和动力工具除锈：用于质量要求不高，工作量不大的除锈作业。

② 喷射除锈：是利用高压空气为动力，通过喷射嘴将磨料高速喷射到金属表面，依靠磨料棱角的冲击和摩擦，显露出一定粗糙度的金属本色表面。

③ 化学除锈：是利用各种酸溶液或碱溶液与金属表面氧化物发生化学反应，使其溶解在酸溶液或碱溶液中，从而达到除锈的目的。

④ 火焰除锈：是先将基体表面锈层铲掉，再用火焰烘烤或加热，并配合使用动力钢丝刷清理加热表面。此种方法适用于除掉旧的防腐层或带有油浸过的金属表面工程，不适用于薄壁的金属设备、管道，也不能使用在退火钢和可淬硬钢除锈工程上。

实际工程中，橡胶衬里、玻璃钢衬里、树脂胶泥砖板衬里、硅质胶泥板砖衬里、化工设备内壁防腐蚀涂层、软聚氯乙烯板粘结衬里均采用喷射除锈法；搪铅或喷射处理无法进行的场合则可采用化学除锈法。

2）金属表面预处理的质量等级：

手工和动力工具除锈过的钢材表面，分两个除锈等级：

① St2—彻底的手工和动力工具除锈：钢材表面应无可见的油脂和污垢，并且没有附着不牢的氧化皮、铁锈和油漆涂层等附着物。

② St3—非常彻底的手工和动力工具除锈：钢材表面应无可见的油脂和污垢，并且没有附着不牢的氧化皮、铁锈和油漆涂层等附着物。除锈应比St2更为彻底，底材显露部分的表面应具有金属光泽。

喷射或抛射除锈过的钢材表面，有四个除锈等级：

① Sa1—轻度的喷射或抛射除锈：钢材表面应无可见的油脂和污垢，并且没有附着不牢的氧化皮、铁锈和油漆涂层等附着物。

② Sa2—彻底的喷射或抛射除锈：钢材表面会无可见的油脂和污垢，并且氧化皮、铁锈和油漆涂层等附着物已基本清除，其残留物应是牢固附着的。

③ Sa2.5—非常彻底的喷射或抛射除锈：钢材表面会无可见的油脂、污垢、氧化皮、铁锈和油漆涂层等附着物，任何残留的痕迹应仅是点状或条纹状的轻微色斑。

④ Sa3—使钢材表观洁净的喷射或抛射除锈：钢材表面应无可见的油脂、污垢，氧化皮铁锈和油漆涂层等附着物，该表面应显示均匀的金属色泽。

3）金属表面预处理方法的选择和质量要求。主要根据设备和管道的材质、表面状况以及施工工艺要求进行选取和处理。

（3）防腐蚀涂层施工方法

1）刷涂

刷涂是传统、简单的手工涂装方法，操作方便、灵活，可涂装任何形状的物件，可使涂料渗透金属表面的细孔，加强涂膜对金属的附着力。但刷涂劳动强度大、工作效率低、涂布外观欠佳。

2）刮涂

刮涂用于黏度较高、100%固体含量的液态涂料的涂装。

3）浸涂

浸涂法溶剂损失较大，容易污染空气，不适用于挥发性涂料，且涂膜的厚度不易均匀，一般用于结构复杂的器材或工件。

4）淋涂

易实现机械化生产，操作简便、生产效率高，但涂膜易出现不平整或覆盖不全的现象。淋涂比浸涂溶剂消耗量大，易造成污染。

5）喷涂

喷涂法涂膜厚度均匀、外观平整、生产效率高。但材料消耗量较大且易造成环境污染。适用于各种涂料和各种被涂物，使用广泛。

(4) 防腐蚀衬里施工方法

1）聚氯乙烯塑料衬里

聚氯乙烯塑料衬里分为硬聚氯乙烯塑料衬里和软聚氯乙烯塑料衬里，衬里的施工方法一般为：松套衬里、螺栓固定衬里、粘贴衬里。

聚氯乙烯塑料衬里多用在硝酸、盐酸、硫酸和氯碱生产系统。如用作电解槽、酸雾排气管道和海水管道等。

2）铅衬里

铅衬里的固定方法有搪钉固定法、螺栓固定法、压板固定法等。

铅衬里常用于常压或压力不高、温度较低和静荷载作用下工作的设备；真空操作的设备、受振动和有冲击的设备不宜采用。铅衬里常用在制作输送硫酸的泵、管道和阀等设施的衬里上。

3）玻璃钢衬里

玻璃钢衬里的施工方法有手糊法、模压法、缠绕法和喷射法四种。

对于受气相腐蚀或腐蚀性较弱的液体介质作用的设备，一般衬贴3～4层玻璃布制作玻璃钢衬里。而条件较差的腐蚀性环境内，则衬里的厚度应大于等于3mm。

4）橡胶衬里

橡胶衬里一般采用粘贴法施工。可采用间接硫化法或直接硫化法进行硫化。间接硫化法适用于外形尺寸较小的设备、管道、管件，可以放入硫化罐的设备或配件。直接硫化法适用于无法在硫化罐内进行硫化的大型容器或管道。

2. 绝热工程施工工艺

(1) 绝热结构组成

1）保冷结构的组成

保冷结构由内至外，按功能和层次由防锈层、保冷层、防潮层、保护层、防腐蚀及识别层组成。

2）保温结构的组成

保温结构通常由保温层和保护层构成。只有在潮湿环境或埋地状况下才需要增设防潮层。

(2) 设备安装工程常用绝热材料种类

1）板材：岩棉板、铝箔岩棉板、超细玻璃棉毡、铝箔超细玻璃吊板、自熄性聚苯乙烯泡沫塑料、聚氨酯泡沫塑料，橡塑板、铝镁质隔热板等。

2）管壳制品：岩棉、矿渣棉、玻璃棉、硬聚氨酯泡沫塑料管壳、铝箔超细玻璃棉管壳、橡塑管壳、聚苯乙烯泡沫塑料管壳、预制瓦块（泡沫混凝土、珍珠岩、蛭石、石棉瓦）等。

3）卷材：聚苯乙烯泡沫塑料、岩棉、橡塑等。

4）防潮层：玻璃丝布、聚乙烯薄膜、夹筋铝箔（兼保护层）等。

5）保护层：铅丝网、玻璃丝布、铝皮、镀锌铁皮、铝箔纸等。

6）其他材料：铝箔胶带、石棉灰、粘结剂、防火涂料、保温钉等。

（3）绝热层施工方法

1）捆扎法施工

捆扎法是把绝热材料制品敷于设备及管道表面，再用捆扎材料将其扎紧、定位的方法。适用于软质毡、板、管壳，硬质、半硬质板等各类绝热材料制品。

2）粘贴法施工

粘贴法是用各种粘结剂将绝热材料制品直接粘贴在设备及管道表面的施工方法。适用于各种轻质绝热材料制品，如泡沫塑料、泡沫玻璃、半硬质或软质毡、板等。

3）浇注法施工

浇注法是将配制好的液态原料或湿料倒入设备及管道外壁设置的模具内，使其发泡定型或养护成型的一种绝热施工方法，适合异形管件的绝热、室外地面或地下管道绝热。

4）喷涂法施工

喷涂法是利用机械和气流技术将料液或粒料输送、混合，至特制喷枪口送出，使其附着在绝热面成型的一种施工方法，适用面较广。

5）充填法施工

充填法是用粒状或棉絮状绝热材料充填到设备及管道壁外的空腔内的施工方法。该法在缺少绝热制品的条件下使用，亦适用于对异形管件做成外套的内部充填。

6）拼砌法施工

拼砌法是用块状绝热制品紧靠设备及管道外壁砌筑的施工方法。常用于保温，特别是高温炉墙的保温层砌筑。

（4）防潮层施工方法

1）涂抹法

涂抹法是在绝热层表面附着一层或多层基层材料，并分层在其上方涂敷各类涂层材料的方法。

2）捆扎法

捆扎法是把防潮薄膜与片材敷于绝热层表面，再用捆扎材料将其扎紧，并辅以粘结剂与密封剂将其封严的一种防潮层施工方法。

（5）保护层施工方法

1）金属保护层安装方法

采用镀锌薄钢板或铝合金薄板等金属保护层紧贴在保温层或防潮层上的方法。

2）非金属保护层安装方法

采用非金属保护层，如复合制品板紧贴在保温层或防潮层上的方法。

(6) 绝热层施工技术要求

1) 设备保温层施工技术要求

① 当一种保温制品的层厚大于100mm时，应分两层或多层逐层施工，先内后外，同层错缝，异层压缝，保温层的拼缝宽度不应大于5mm；

② 用毡席材料时，毡席与设备表面要紧贴，缝隙用相同材料填实；

③ 用散装材料时，保温层应包扎镀锌铁丝网，接头用以4mm镀锌铁丝缝合，每隔4m捆扎一道镀锌铁丝；

④ 保温层施工不得覆盖设备铭牌。

2) 管道保温层施工技术要求

① 水平管道的纵向接缝位置，不得布置在管道垂直中心线45°范围内。

② 保温层的捆扎采用包装钢带或镀锌铁丝，每节管壳至少捆扎两道，双层保温应逐层捆扎，并进行找平和接缝处理。

③ 有伴热管的管道保温层施工时，伴热管应按规定固定；伴热管与主管线之间应保持空间，不得填塞保温材料。

④ 采用预制块做保温层时，同层要错缝，异层要压缝，用同等材料的胶泥勾缝。

⑤ 管道上的阀门、法兰等经常维修的部位，保温层必须采用可拆卸式的结构。

3) 设备、管道保冷层施工技术要求

① 采用一种保冷制品层厚大于80mm时，应分两层或多层逐层施工。在分层施工中，先内后外，同层错缝，异层压缝，保冷层的拼缝宽度不应大于2mm。

② 采用现场聚氨酯发泡应根据材料厂家提供的配合比进行现场试发泡，待掌握和了解发泡搅拌时间等参数后，方可正式施工；阀门、法兰保冷可根据设计要求采用聚氨酯发做成可拆卸保冷结构。

③ 聚氨酯发泡先做好模具，根据材料的配比和要求，进行现场设备支承件处的保冷层应加厚，保冷层的伸缩缝外面，应再进行保冷。

④ 管托、管卡等处的保冷，支承块用致密的刚性聚氨酯泡沫塑料块或硬质木块，采用硬质木块做支承块时，硬质木块应浸渍沥青防腐。

⑤ 管道上附件保冷时，保冷层长度应大于保冷层厚度的4倍或敷设至垫木处。接管处保冷，在螺栓处应预留出拆卸螺栓的距离。

4) 防潮层施工技术要求

设备及管道保冷层外表面应敷设防潮层，以阻止蒸汽向保冷层内渗透，维护保冷层的绝热能力和效果。防潮层以冷法施工为主。

① 保冷层外表面应干净，保持干燥，并应平整、均匀，不得有突角，凹坑现象。

② 沥青胶玻璃布防潮层分三层：第一层石油沥青胶层，厚度应为3mm；第二层中粗格平纹玻璃布，厚度应为0.1~0.2mm；第三层石油沥青胶层，厚度3mm。

③ 沥青胶应按设计要求或产品要求规定进行配制；玻璃布应随沥青层边涂边贴，其环向、纵向缝搭接应不小于50mm，搭接处必须粘贴密实。立式设备或垂直管道的环向接缝应为上搭下。卧式设备或水平管道的纵向接缝位置应在两侧搭接，缝朝下。

5) 保护层施工技术要求

保护层能有效地保护绝热层和防潮层，以阻挡环境和外力对绝热结构的影响，延长绝热结构的使用寿命，并保持其外观整齐美观。

① 保护层宜用镀锌铁皮或铝皮，如采用黑铁皮，其内表面应做防锈处理；使用金属保护层时，可直接将压好边的金属卷板合在绝热层外，水平管道或垂直管道应按管道坡向自下而上施工，半圆凸缘应重叠，搭口向下，用自攻螺钉或铆钉连接。

② 设备直径大于1m时，宜采用波形板，直径小于1m以下，采用平板，如设备变径，过渡段采用平板。

③ 水平管道或卧式设备顶部，严禁有纵向接缝，应位于水平中心线上方与水平中心线成30°以内。例如：当采用金属作为保护层时，对于下列情况，金属保护层必须按照规定嵌填密封剂或在接缝处包缠密封带：

a. 露天或潮湿环境中的保温设备、管道和室内外的保冷设备、管道与其附件的金属保护层；

b. 保冷管道的直管段与其附件的金属保护层接缝部位和管道支、吊架穿出金属护壳的部位。

4.2 建筑通风与空调工程

4.2.1 通风与空调系统施工工艺

1. 施工工艺流程

施工前的准备→风管、部件、法兰的预制和组装→支吊架制作与安装→风管系统安装→通风空调设备安装→空调水系统管道安装→管道的检验与试验→管道、部件及空调设备绝热施工→通风空调设备试运转、单机调试→通风与空调工程的系统联合试运转调试→通风与空调工程竣工验收→通风与空调工程综合效能测定与调整。

2. 施工工艺要点

（1）施工前的准备工作

1）制定工程施工的工艺文件和技术措施，按规范要求规定所需验证的工序交接点和相应的质量记录，以保证施工过程质量的可追溯性。

2）根据施工现场的实际条件，综合考虑土建、装饰、机电等专业对公用空间的要求，核对相关施工图，从满足使用功能和感观质量的要求，进行管线空间管理、支架综合设置和系统优化路径的深化设计，以免施工中造成不必要的材料浪费和返工损失。深化设计如有重大设计变更，应征得原设计人员的确认。

3）与设备和阀部件的供应商及时沟通，确定接口形式、尺寸、风管与设备连接端部的做法。进口设备及连接件采购周期较长，必须提前了解其接口方式，以免影响工程进度。

4）对进入施工现场的主要原材料、成品、半成品和设备进行验收，一般应由供货商、监理、施工单位的代表共同参加，验收必须得到监理工程师的认可，并形成文件。

5）认真复核预留孔、洞的形状尺寸及位置，预埋支、吊件的位置和尺寸，以及梁柱的结构形式等，确定风管支、吊架的固定形式，配合土建工程进行留槽留洞，避免施工中过多的剔凿。

(2) 通风空调工程深化设计

1) 确定管线排布。在有限空间内的最合理的布置位置和标高。通风空调工程是大型公共建筑机电工程中占据空间最大的分部工程项目，尤其是风管道尺寸较大，有的大型系统风管可达到 3m 以上的长度。通风空调的风管、水管等与其他机电管线之间存在大量集中排列和交叉排布的情况，有的工程在一个空间区域内排布的机电管线可能多达二三十根管线。为此，在通风空调施工前应认真进行图纸会审，针对某个安装层面或某个局部区域对通风空调工程涉及的专业管线进行统筹考虑，在符合设计工艺、规范标准和保证观感质量最优的前提下进行合理的综合排列布置，以确定管线在有限空间内的最合理的布置位置和标高，确定优化方案。

2) 优化方案。一方面可通过通风空调工程深化综合管线排布，另一方面可优化机电管线的施工工序。发现原设计管线排列的碰撞问题，对管线进行重新排布，确保管线相互间的位置、标高等满足设计、施工及今后维修的要求。将管线事先进行排布后，可预知建筑空间内相关的机电管线的布置，确定合理的施工顺序，以确保不同专业人员交叉作业造成的不必要的拆改。

3) BIM 技术的应用。目前随着 BIM 技术的不断深入应用，对解决通风空调管道的深化综合排布提供了很好的技术手段和方法。

(3) 风管的预制与组装

1) 风管可现场制作或工厂预制，风管制作方法分为咬口连接、铆钉连接、焊接。

① 咬口连接。将要相互接合的两个板边折成能相互咬合的各种钩形，钩接后压紧折边。这种连接适用于厚度小于或等于 1.2mm 的普通薄钢板和镀锌薄钢板、厚度小于或等于 1.0mm 的不锈钢板以及厚度小于或等于 1.5mm 的铝板。

② 铆钉连接。将两块要连接的板材板边相重叠，并用铆钉穿连铆合在一起的方法。

③ 焊接。因风管密封要求较高或板材较厚不能用咬口连接时，板材的连接常采用焊接。常用的焊接方法有电焊、气焊、锡焊及氩弧焊。

对管径较大的风管，为保证断面不变形且减少由管壁振动而产生的噪声，需要加固。圆形风管本身刚度较好，一般不需要加固。当管径大于 700mm 且管段较长时，每隔 1.2m，可用扁钢平加固。矩形风管当边长大于或等于 630mm、管段大于 1.2m 时，均应采取加固措施。对边长小于或等于 800mm 的风管，宜采用棱筋、棱线的方法加固。当中、高压风管的管段长大于 1.2m 时，应采用加固框的形式加固。而对高压风管的单咬口缝应有加固、补强措施。

2) 风管连接有法兰连接和无法兰连接。

① 法兰连接。主要用于风管与风管或风管与部、配件间的连接。法兰拆卸方便并对风管起加强作用。法兰按风管的断面形状，分为圆形法兰和矩形法兰。法兰按风管使用的金属材质，分为钢法兰、不锈钢法兰、铝法兰。

法兰连接时，按设计要求确定垫料后，把两个法兰先对正，穿上几个螺栓并戴上螺母，暂时不要紧固。待所有螺栓都穿上后，再把螺栓拧紧。为避免螺栓滑扣，紧固螺栓时应按十字交叉、对称均匀地拧紧。连接好的风管，应以两端法兰为准，拉线检查风管连接是否平直。

不锈钢风管法兰连接的螺栓，宜用同材质的不锈钢制成，如用普通碳素钢标准件，应按设计要求喷刷涂料。铝板风管法兰连接应采用镀锌螺栓，并在法兰两侧垫镀锌垫圈。硬聚氯乙烯风管和法兰连接，应采用镀锌螺栓或增强尼龙螺栓，螺栓与法兰接触处应加镀锌垫圈。

② 无法兰连接。

圆形风管无法兰连接：其连接形式有承插连接、芯管连接及抱箍连接。

矩形风管无法兰连接：其连接形式有插条连接、立咬口连接及薄钢材法兰弹簧夹连接。

3) 风管安装连接后，在刷油、绝热前应按规范进行严密性、漏风量检测。

(4) 风管部件的预制与安装

1) 风阀安装。通风与空调系统安装的风阀有多叶调节阀、三通调节阀、蝶阀、防火阀、排烟阀、插板阀、止回阀等。风阀安装前应检查其框架结构是否牢固，调节装置是否灵活。安装时，应使风阀调节装置设在便于操作的部位。

2) 风口制作与安装。

① 风口的制作。风口加工工艺基本上分为画线、下料、冲盘压框、钻孔、焊接和组装成型。风口表面应平整，与设计尺寸的允许偏差不应大于 2mm，矩形风口两对角线之差不应大于 3mm，圆形风口任意正交直径的允许偏差不应大于 2mm。

风口的转动调节部分应灵活，叶片应平直，同边框不得碰擦；插板式及活动算板式风口，其插板、算板应平整，边缘光滑，抽动灵活。活动算板式风口组装后应能达到完全开启和闭合；百叶式风口的叶片间距应均匀，两端轴的中心应在同一直线上；手动式风口的叶片与边框铆接应松紧适当；孔板式风口，孔口不得有毛刺，孔径和孔距应符合设计要求；旋转式风口，活动件应轻便灵活。

散流器的扩散环和调节环应同轴，轴向间距分布应匀称。

② 风口的安装。风口与风管的连接应严密、牢固；边框与建筑面贴实，外表面应平整不变形；同一房间内的相同风口的安装高度应一致，排列整齐。

风口在安装前和安装后都应扳动一下调节柄或杆。

安装风口时，应注意风口与房间的顶线和腰线协调一致。风管暗装时，风口应服从房间的线条。吸顶安装的散流器应与顶面平齐，散流器的每层扩散圈应保持等距，散流器与总管的接口应牢固可靠。

3) 排气罩安装。排气罩的安装位置应正确，牢固可靠，支架不得设置在影响操作的部位。用于排出蒸汽或其他气体的伞形排气罩，应在罩口内边采取排除凝结液体的措施。

4) 柔性短管安装。柔性短管安装用于风机与空调器、风机等设备与送回风管间的连接，以减少系统的机械振动。柔性短管的安装应松紧适当，不能扭曲。

(5) 通风空调设备安装

设备安装应按设计的型号、规格、位置进行，并执行相应的规范。

1) 除尘器安装。安装除尘器，应保证位置正确、牢固平稳，进出口方向、垂直度与水平度等必须符合设计要求；除尘器的排灰阀、卸料阀、排泥阀的安装必须严密，并便于日后操作和维修。此外，根据不同类型除尘器的结构特点，在安装时还应注意如下操作要点：

① 机械式除尘器：组装时，除尘器各部分的相对位置和尺寸应准确，各法兰的连接处应垫石棉垫片，并拧紧螺栓；除尘器与风管的连接必须严密不漏风；除尘器安装后，在联动试车时应考核其气密性，如有局部渗漏应进行修补。

② 过滤式除尘器：各部件的连接必须严密；布袋应松紧适度，接头处应牢固；安装的振打或脉冲式吹刷系统，应动作正常可靠。

③ 电除尘器：清灰装置动作灵活可靠，不能与周围其他部件相碰；不属于电晕部分的外壳、安全网等，均有可靠的接地；电除尘器的外壳应做保温层。

2）消声器安装。应单独设支架，使风管不承受其重量。消声器支架的横担板穿吊杆的螺孔距离，应比消声器宽 40~50mm，为便于调节标高，可在吊杆端部套 50~80mm 的丝扣，以便找平、找正用，并加双螺母固定。消声器的安装方向必须正确，与风管或管线的法兰连接应牢固、严密。当通风（空调）系统有恒温、恒湿要求时，消声器设备外壳与风管同样应做处理。消声器安装就绪后，可用拉线或吊线的方法进行检查，对不符合要求的应进行修整，直到满足设计和使用要求。

(6) 通风与空调系统的调试

通风与空调工程安装完毕，必须进行系统的测定和调整（简称调试）。系统调试包括：设备单机试运转及调试，系统无生产负荷的联合试运转及调试。

1）通风与空调系统联合试运转及调试由施工单位负责组织实施，设计单位，监理和建设单位参与。对于不具备系统调试能力的施工单位，可委托具有相应能力的其他单位实施。

2）系统调试前由施工单位编制系统调试方案报送监理工程师审核批准。调试所用测试仪器仪表的精度等级及量程应满足要求，性能稳定可靠并在其检定有效期内。调试现场围护结构达到质量验收标准。通风管道、风口、阀部件及其吹扫、保温等已完成并符合质量验收要求。设备单机试运转合格。其他专业配套的施工项目（如：给水排水、强弱电及油、汽、气等）已完成，并符合设计和施工质量验收规范的要求。

3）系统调试主要考核室内的空气温度、相对湿度、气流速度、噪声或空气的洁净度能否达到设计要求，是否满足生产工艺或建筑环境要求，防排烟系统的风量与正压是否符合设计和消防的规定。空调系统带冷（热）源的正常联合试运转，不应少于 8h，当竣工季节与设计条件相差较大时，仅作不带冷（热）源试运转，例如：夏季可仅作带冷源的试运转，冬季可仅作带热源的试运转。

4）系统调试应进行单机试运转。调试的设备包括：冷冻水泵、热水泵、冷却水泵、轴流风机、离心风机、空气处理机组、冷却塔、风机盘管、电制冷（热泵）机组、吸收式制冷机组、水环热泵机组、风量调节阀、电动防火阀、电动排烟阀、电动阀等。设备单机试运转要安全，保证措施要可靠，并有书面的安全技术交底。

5）通风与空调系统无生产负荷联合试运行及调试，应在设备单机试运转合格后进行。应包括下列内容：

① 监测与控制系统的检验、调整与联动运行。

② 系统风量的测定和调整（通风机、风口、系统平衡）。系统风量平衡后应达到规定。

③ 空调水系统的测定和调整。空调水系统流量的测定，在系统调试中要求对空调冷（热）水及冷却水的总流量以及各空调机组的水流量进行测定。空调冷热水、冷却水总流量测试结果与设计流量的偏差不应大于 10%，各空调机组盘管水流量经调整后与设计流量的偏差不应大于 20%。

④ 室内空气参数的测定和调整。

⑤ 防排烟系统测定和调整。防排烟系统测定风量、风压及疏散楼梯间等处的静压差，

并调整至符合设计与消防的规定。

(7) 通风与空调工程竣工验收

1) 施工单位通过无生产负荷的系统运转与调试以及观感质量检查合格,将工程移交建设单位,由建设单位负责组织,施工、设计、监理等单位共同参与验收,合格后办理竣工验收手续。

2) 竣工验收资料包括:图纸会审记录、设计变更通知书和竣工图;主要材料、设备、成品、半成品和仪表的出厂合格证明及试验报告;隐蔽工程、工程设备、风管系统、管道系统安装试验及检验记录、设备单机试运转、系统无生产负荷联合试运转与调试、分部(子分部)工程质量验收、观感质量综合检查、安全和功能检验资料核查等记录。

3) 观感质量检查包括:风管及风口表面及位置;各类调节装置制作和安装;设备安装;制冷及水管系统的管道、阀门及仪表安装;支、吊架形式、位置及间距;油漆层和绝热层的材质、厚度、附着力等。

(8) 通风与空调工程综合效能的测定与调整

1) 通风与空调工程交工前,在已具备生产试运行的条件下,由建设单位负责,设计、施工单位配合,进行系统生产负荷的综合效能试验的测定与调整,使其达到室内环境的要求。

2) 综合效能试验测定与调整的项目,由建设单位根据生产试运行的条件、工程性质、生产工艺等要求进行综合衡量确定,一般以适用为准则,不宜提出过高要求。

3) 调整综合效能测试参数。要充分考虑生产设备和产品对环境条件要求的极限值,以免对设备和产品造成不必要的损害。调整时首先要保证对温湿度、洁净度等参数要求较高的房间,随时做好监测。调整结束还要重新进行一次全面测试,所有参数应满足生产工艺要求。

4) 防排烟系统与火灾自动报警系统联合试运行及调试后,控制功能应正常,信号应正确,风量、风压必须符合设计与消防规范的规定。

4.2.2 净化空调系统施工工艺

用于洁净室的空气调节和空气净化系统,称为净化空调系统。净化空调系统的施工质量直接影响到交工时洁净度应达到的级别和交工后系统的运行费用。

1. 洁净度等级划分

洁净度等级是指洁净室(区)内悬浮粒子洁净度的水平。洁净度等级给出规定粒径粒子的最大允许浓度,用每立方米空气中的粒子数量表示。现行规范规定了 N1 级至 N9 级的 9 个洁净度等级。N1 级洁净度的水平最高。

2. 施工技术要求

(1) 净化空调系统风管、附件的制作与安装,应符合高压风管系统(空气洁净度 N1~N5 级洁净室)和中压风管系统(空气洁净度 N6~N9 级的洁净室)的相关要求。风管制作和清洗应选择具有防雨篷和有围挡相对较封闭、无尘和清洁的场所。

(2) 矩形风管边长小于或等于 900mm 时,底面板不得采用拼接;大于 900mm 的矩形风管,不得采用横向拼接;洁净度等级 N1~N5 级的风管系统,不得采用按扣式咬口。风管内表面平整、光滑,不得在风管内设加固框及加固筋。

(3) 风管及部件的缝隙处应利用密封胶密封；风管经清洁水二次清洗达到清洁要求后，应及时对风管端部封口，存放在清洁的房间内，并应避免积尘、受潮和变形。

(4) 净化空调系统风管的安装，应在其安装部位的地面已施工完成，室内具有防尘措施的条件下进行。经清洗密封的风管、附件在打开端口封膜后应即时连接安装；当需暂停安装时，应将端口重新密封。

(5) 送回风口、各类末端装置以及各类管道等与洁净室内表面的连接处密封处理应可靠、严密；净化空调机组、静压箱、风管及送回风口清洁无积尘。

(6) 现场组装的组合式空气处理机组安装完毕后应进行漏风量检测，空气洁净度等级N1～N5级洁净室（区）所用机组的漏风率不得超过0.6%，N6～N9级不得超过1.0%。

(7) 高效空气过滤器应在洁净室（区）建筑装饰装修和配管工程施工已完成并验收合格，洁净室（区）已进行全面清洁、擦净，净化空调系统已进行擦净和连续试运转12h以上才能安装。高效过滤器经外观检查合格后，即框架、滤纸、密封胶等无变形、断裂、破损、脱落等损坏现象，应立即进行安装。安装方向必须正确；与风管、风管与设备的连接处应有可靠密封；过滤器四周和接口应严密不漏；带高效空气过滤器的送风口，应采用可靠的固定方式。

3. 净化空调系统的调试

(1) 净化空调系统的调试和试运转，应在洁净室（区）建筑装饰装修验收合格和各种管线吹扫及试压等工序完成，空调设备单机试车正常，系统联动完成，风量、压差平衡完毕之后进行。

(2) 净化空调系统综合效能测定调整与洁净室的运行状态密切相关，除应包括恒温恒湿空调系统综合效能试验项目外，还有生产负荷状态下室内空气洁净度等级的测定；室内浮游菌和沉降菌的测定；室内自净时间的测定；设备泄漏控制、防止污染扩散等特定项目的测定；单向气流流线平行度的检测等。测定与调整状态应由建设单位、设备供应商、设计单位、施工单位共同协商后确定。

4.3 建筑电气工程

4.3.1 照明器具与控制装置安装施工工艺

1. 施工工艺流程

(1) 暗装照明配电箱施工工艺流程

配电箱固定→导线连接→送电前检查→送电运行。

(2) 照明灯具的施工程序

灯具开箱检查→灯具组装→灯具安装接线→送电前检查→送电运行。

(3) 开关插座施工工艺流程

接线盒检查清理→接线→安装→通电试运行。

2. 施工工艺要点

(1) 照明配电箱的安装

1) 照明配电箱应安装牢固，照明配电箱底边距地面高度不宜小于1.8m。

2) 照明配电箱内的交流、直流或不同等级的电源，应有明显的标志，且应有编号。照明配电箱内应标明用电回路名称。

3) 照明配电箱内应分别设置零线和保护接地（PE线）汇流排，零线和保护线应在汇流排上连接，不得铰接。

4) 照明配电箱内装设的螺旋熔断器，其电源线应接在中间触点端子上，负荷线应接在螺纹端子上。

5) 照明配电箱内每一单相分支回路的电流不宜超过16A，灯具数量不宜超过25个。大型建筑组合灯具每一单相回路电流不宜超过25A，光源数量不宜超过60个。

6) 插座为单独回路时，数量不宜超过10个。灯具和插座混为一个回路时，其中插座数不宜超过5个。

(2) 照明灯具的安装

1) 灯具安装应牢固，采用预埋吊钩、膨胀螺栓等安装固定，严禁使用木榫。固定件的承载能力应与电气照明灯具的重量相匹配。

2) 灯具的接线应牢固，电气接触应良好。螺口灯头的接线，相线应接在中心触点端子上，零线应接在螺纹的端子上。需要接地或接零的灯具，应有明显标志的专用接地螺栓。

3) 当灯具距地面高度小于2.4m时，灯具的金属外壳需要接地或接零，应采用单独的接地线（黄绿双色）接到保护接地（接零）线上。

4) 当吊灯灯具重量超过3kg时，应采取预埋吊钩或螺栓固定。

5) 安装在重要场所的大型灯具的玻璃罩，应按设计要求采取防止碎裂后向下溅落的措施。

6) 在变电所内，高低压配电设备及母线的正上方，不应安装灯具。

(3) 开关的安装

1) 安装在同一建筑物、构筑物内的开关，应采用同一系列的产品，开关的通断位置应一致。

2) 开关安装的位置应便于操作，开关边缘距门框的距离宜为0.15～0.2mm，开关距地面高度宜为1.3m。

3) 在易燃、易爆和特别潮湿的场所，开关应分别采用防爆型、密闭型或采取其他保护措施。

(4) 插座的安装

1) 插座宜单独的回路配电，而一个房间内的插座宜由同一回路配电。在潮湿房间应装设防水插座。

2) 插座距地面高度一般为0.3m，托儿所、幼儿园及小学校的插座距地面高度不宜小于1.8m，同一场所安装的插座高度应一致。

3) 插座的接线：

① 单相两孔插座，面对插座板，右孔或上孔与相线连接，左孔或下孔与零线连接。

② 单相三孔插座，面对插座板，右孔与相线连接，左孔与零线连接，上孔与接地线或零线连接。

③ 三相四孔插座的接地线或接零线都应接在上孔，下面三个孔与三相线连接，同一场所的三相插座，其接线的相位必须一致。

4) 当交流、直流或不同电压等级的插座安装在同一场所时，应有明显的区别，必须选择不同结构、不同规格和不能互换的插座。

5) 在潮湿场所，应采用密封良好的防水、防溅插座，安装高度不应低于1.5m。

4.3.2 室内配电线路敷设施工工艺

1. 施工工艺流程

(1) 明管敷设施工程序

测量定位→支架制作、安装→导管预制→导管连接→接地线跨接→刷漆。

(2) 暗管敷设施工程序

测量定位→导管预埋→导管连接固定→接地跨接→刷漆。

(3) 管内穿线施工程序

选择导线→清管→穿引线→放线及断线→导线与引线的绑扎→放护圈→穿导线→导线并头→压接压接帽→线路检查→绝缘测试。

2. 施工工艺要点

(1) 导管敷设要求

1) 埋入建筑物、构筑物的电线保护管，与建筑物、构筑物表面的距离不应小于15mm。

2) 电线保护管不宜穿过设备或建筑物、构筑物的基础。当必须穿过时应采取保护措施。

3) 电线保护管的弯曲半径应符合下列规定：

① 当线路明配时，弯曲半径不宜小于管外径的6倍；当两个接线盒间只有一个弯曲时，其弯曲半径不宜小于管外径的4倍。

② 当线路暗配时，弯曲半径不应小于管外径的6倍；当线路埋设于地下或混凝土内时，其弯曲半径不应小于管外径的10倍。

(2) 导线敷设要求

1) 管内导线应采用绝缘导线，A、B、C相线颜色分别为黄、绿、红，保护接地线为黄绿双色，零线为淡蓝色。

2) 导线敷设后，应用500V兆欧表测试绝缘电阻，线路绝缘电阻应大于$0.5M\Omega$。

3) 不同回路、不同电压等级、交流与直流的导线不得穿在同一管内。但电压为50V及以下的回路，同一台设备的电动机的回路和无干扰要求的控制回路，照明花灯的所有回路，同类照明的几个回路可穿入同一根管内，但管内导线总数不应多于8根。

4) 同一交流回路的导线应穿同一根钢管内。导线在管内不应有接头，接头应设在接线盒（箱）内。

5) 管内导线包括绝缘层在内的总截面积，不应大于管内空截面积的40%。

4.3.3 电缆敷设施工工艺

1. 施工工艺流程

电缆敷设施工程序：电缆验收→电缆搬运→电缆绝缘测定→电缆盘架设电缆敷设→挂标志→质量验收。

2. 施工工艺要点

(1) 桥架电缆敷设

1) 桥架水平敷设时距地高度一般不宜低于2.5m，垂直敷设时距地面1.8m以下部分应加金属盖板保护，但敷设在电气专用房间（如配电室、电气竖井等）内时除外。

2）电缆桥架多层敷设时，其层间距离一般为：控制电缆间不应小于200mm，电力电缆间不应小于300mm。

3）电力电缆在桥架内敷设时，电力电缆的总截面积不应大于桥架横断面的60％，控制电缆不应大于75％。

4）电缆桥架不宜敷设在腐蚀性气体管道和热力管道的上方及腐蚀性液体管道的下方，否则应采用防腐、隔热措施。

5）电缆桥架在穿过防火墙及防火楼板时，应采取防火隔离措施。

（2）电缆沟电缆敷设

1）电力电缆和控制电缆不应配置在同一层支架上。高低压电力电缆、强电与弱电控制电缆应按顺序分层配置。

2）交流单芯电力电缆，应布置在同侧支架上，当正三角形排列时，应每隔1m用绑带扎牢。

（3）排管电缆敷设

1）电力电缆的排管孔径一般应不小于电缆外径的1.5倍，敷设电力电缆的排管孔径应不小于100mm，控制电缆孔径应不小于75mm。

2）人行道上埋入地下的排管顶部至地面的距离应不小于500mm。在直线距离超过100m的排管转弯和分支处都要设置电缆井，以便检修或更换电缆。排管通向电缆井应有不小0.1％坡度，以便管内的水流入井坑内。

3）穿入管中的电缆数量应符合设计要求，交流单芯电缆不得单独穿入钢管内。

（4）直埋电缆敷设

1）直埋电缆应使用铠装电缆，铠装电缆的金属外皮两端要可靠接地，接地电阻不得大于10Ω。埋深应不小于0.7m，穿越农田时应不小于1m。

2）电缆敷设后，上面要铺100mm厚的软土或细沙，再盖上混凝土保护板，覆盖宽度应超过电缆两侧以外各50mm。

4.4 火灾自动报警及联动控制系统

4.4.1 火灾自动报警系统施工工艺

1. 施工工艺流程

施工准备→管线敷设→线缆敷设→线缆连接→绝缘测试→设备安装→单机调试→系统调试→竣工验收。

2. 施工工艺要点

（1）系统布线

1）火灾自动报警线应穿入金属管内或金属线槽中，严禁与动力、照明、交流线、视频线或广播线等穿入同一线管内。

2）消防广播线应单独穿管敷设，不能与其他弱电线管共管，线路不宜过长，导线不能过细。

3) 从接线盒等处引到探测器底座、控制设备、扬声器的线路,当采用金属软管保护时,其长度不应大于2m。

(2) 火灾探测器的安装

火灾探测器的选用原则是根据火灾初期形成和发展特点、房间高度、环境条件等综合因素确定。

1) 火灾探测器至墙壁、梁边的水平距离不应小于0.5m;探测器周围0.5m内不应有遮挡物;探测器至空调送风口边的水平距离不应小于1.5m;至多孔送风口的水平距离不应小于0.5m。

2) 在宽度小于3m的内走道顶棚上设置探测器时,宜居中布置。感温探测器的安装间距不应超过10m;感烟探测器的安装间距不应超过15m。

3) 探测器宜水平安装,当必须倾斜安装时,倾斜角不应大于45°。探测器的确认灯,应面向便于人员观察的主要入口方向。

4) 探测器的底座应固定牢靠,其导线连接必须可靠压接或焊接。当采用焊接时,不得使用带腐蚀性的助焊剂。探测器的"+"线应为红色线,"-"线应为蓝色线,其余的线应根据不同用途采用其他颜色区分。但同一工程中相同用途的导线颜色应一致。

5) 缆式线型感温火灾探测器在电缆桥架、变压器等设备上安装时,宜采用接触式布置;在各种皮带输送装置上敷设时,宜敷设在装置的过热点附近。

6) 可燃气体探测器的安装应时,安装位置应根据探测气体密度确定。在探测器周围应适当留出更换和标定的空间。

(3) 手动火灾报警按钮

手动火灾报警按钮应安装在明显和便于操作的部位。当安装在墙上时,其底边距地(楼)面高度宜为1.3～1.5m。

(4) 输入(或控制)模块安装

同一报警区域内的模块宜集中安装在金属箱内。模块(或金属箱)应独立支撑或固定,安装牢固,并应采取防潮、防腐蚀等措施。

(5) 控制设备的安装

火灾报警控制器、消防联动控制器等设备在墙上安装时,其底边距地(楼)面高度宜为1.3～1.5m,其靠近门轴的侧面距墙不应小于0.5m,正面操作距离不应小于1.2m;落地安装时,其底边宜高出地(楼)面0.1～0.2m。

控制器的主电源应直接与消防电源连接,严禁使用电源插头。控制器与其外接备用电源之间应直接连接。控制器的接地应牢固,并有明显的永久性标志。

(6) 消防广播和警报装置安装要求

消防广播扬声器和警报装置宜在报警区域内均匀安装。警报装置应安装在安全出口附近明显处,距地面1.8m以上。警报装置与消防应急疏散指示标志不宜在同一面墙上,安装在同一面墙上时,距离应大于1m。

(7) 火灾自动报警系统的调试

1) 火灾自动报警系统的调试应在建筑内部装修和系统施工结束后进行。调试前应按设计要求查验设备的规格、型号、数量、备品备件等。对属于施工中出现的问题,应会同有关单位协商解决,并有文字记录。应按规范要求检查系统线路,对于错线、开路、虚焊和短路等应进行处理。

2) 火灾自动报警系统调试，应先分别对探测器、区域报警控制器、集中报警控制器、火灾报警装置和消防控制设备等逐个进行单机检测，正常后方可进行系统调试。

4.4.2 消防联动控制系统施工工艺

1. 消防控制设备的布置

（1）设备面盘前的操作距离：单列布置时不应小于1.5m，双列布置时不应小于2m。

（2）在值班人员经常工作的一面，设备面盘与墙的距离不应小于3m。

（3）设备面盘后的维修距离不应小于1m。

（4）控制盘的排列长度大于4m时，控制盘两端应设宽度不小于1m的通道。

（5）集中火灾报警控制器或火灾报警控制器安装在墙上时，其底边距地高度宜为1.3～1.5m，其靠近门轴的侧面距墙不应小于0.5m，正面操作距离不应小于1.2m。

2. 消防控制设备的安装

（1）消防控制设备的控制盘（箱）、柜应加装8号槽钢基础。基础应高出室内地坪100～120mm，基础型钢应接地可靠。

（2）消防控制设备应在控制盘上显示其动作信号。

（3）消防控制设备的盘、箱、柜等在搬运和安装时应采取防振、防潮、防止框架变形和漆面受损等措施，必要时可将易损元件卸下。当产品有特殊要求时，须符合其要求。

（4）设备安装用的紧固件，除地脚螺栓外应用镀锌制品。盘、柜元件及盘、柜与设备或与各构件间连接应牢固。消防报警控制盘、模拟显示盘、自动报警装置盘等不宜与基础型钢焊接固定。

（5）盘、箱、柜单独或成列安装时，其垂直度、水平度，以及盘面、柜面、平直度与盘、柜间接缝的允许偏差应小于1.5～5.0mm，即用肉眼观察，无明显偏差。

3. 消防控制设备的接线

（1）消防控制室内的进出电源线、控制线或控制电缆宜在地沟内敷设，垂直引上引下的线路应采用竖井或封闭式线槽内敷设。进入设备地沟或地坑内应留有适当的余线。

（2）消防控制盘内的配线应采用截面积不小于$1.5mm^2$、电压不低于250V的铜芯绝缘导线，对于电子元件回路、弱电回路采用锡焊连接时，在满足载流量和电压降及有足够的机械强度的情况下，可使用较小截面积的绝缘导线。

用于晶体管保护，控制逻辑回路的控制电缆，当采用屏蔽电缆时，其屏蔽层应接地；如不采用屏蔽电缆时，则其备用芯线应有一根接地。

（3）火灾自动报警、自动灭火控制、联动等的设备盘、柜的内部接线应符合以下要求：

1）按施工图进行施工，正确接线；

2）电气回路的连接（螺栓连接、插接、焊件等）应牢固可靠；

3）电缆线芯和所配导线的端部均应标明其回路的编号，编号应正确，字体清晰、美观、不易脱色；

4）配线整齐、导线绝缘良好、无损伤；

5）控制盘、柜内的导线不得有接头；

6）每个端子板的每侧接线一般为一根，不得超过两根。

(4) 消防控制设备在安装前，应进行功能检查，不合格者不得安装。

(5) 消防控制设备的外接导线，当采用金属软管作套管时，其长度不宜大于1.0m。并应采用管卡固定，其固定点间距不应大于0.5m。金属软管与消防控制设备的接线盒（箱），应采用锁母固定，并应根据配管规定接地。

(6) 消防控制设备外接导线的端部，应有明显的标志。

(7) 消防控制设备盘（柜）内不同电压等级、不同电流类别的端子，应分开，并有明显的标志。

4. 消控室通信设备的安装

(1) 消防控制室与值班室、配电室、消防水泵房、通风空调机房、电梯机房、通信机房等处，应设置固定的对讲电话。

(2) 由消防控制室内应设置向当地公安消防部门直接报警的外线电话。

5. 系统接地装置的安装

(1) 工作接地线应采用铜芯绝缘导线或电缆，不得利用镀锌扁钢或金属软管。

(2) 由消防控制室引至接地体的工作接地线，通过墙壁时，应穿入钢管或其他坚固的保护管。

(3) 工作接地线与保护接地线，必须分开，保护接地导体不得利用金属软管。

(4) 接地装置施工完毕后，应及时作隐蔽工程验收。验收应包括下列内容：

1) 测量接地电阻，并作记录；

2) 查验应提交的技术文件；

3) 审查施工质量。

4.5 建筑智能化工程

4.5.1 智能化工程施工工艺

建筑智能化工程是一个分部工程，主要由通信网络系统、计算机网络系统、建筑设备监控系统、火灾报警及消防联动系统、会议系统与信息导航系统、专业引用系统、安全防范系统、综合布线系统、智能化集成系统、电源与接地、计算机机房工程、住宅（小区）智能化系统等子系统构成。本书主要就建筑设备监控系统及安全防范系统做简要介绍。

1. 施工工艺流程

(1) 建筑设备监控系统安装工艺流程

建筑设备自动监控需求调研→监控方案设计与评审→工程承包商的确定→设备供应商的确定→施工图深化→工程施工及质量控制→工程检测→管理人员培训→工程验收开通→投入运行。

(2) 安全防范系统安装工艺流程

安全防范等级确定→方案设计与报审→工程承包商确定→施工图深化→施工及质量控制→检验检测→管理人员培训→工程验收开通→投入运行。

2. 建筑智能化工程的调试检测要求

建筑智能化工程施工完成后，要进行系统调试检测，保证系统能进入正常的运行：

（1）由工程建设单位（或工程承包方）向检测机构申请系统检测，在办理检测委托手续时，应向检测机构递交系统竣工文件（包括设备技术文件）、系统试运行报告、工程合同技术文件、系统设计文件等。

（2）建筑智能化工程中使用的设备、材料、接口和软件的功能、性能等项目的检测应按国家标准、设计要求和合同规定进行。

（3）智能化工程的检测应依据工程合同技术文件、施工图设计、设计变更说明、洽商记录、产品的技术文件进行。

（4）检测方案应符合工程施工质量验收规范的规定，并根据智能化系统的具体内容和要求，明确系统的检测项目、所在部位、技术指标、检测数量、检测方法以及时间和步骤等，并制定系统检测方案。

（5）在进行系统检测时，还应提供设备进场检验记录、隐蔽工程验收报告、安装质量和观感质量验收记录、设备及系统自检记录、系统试运行记录、工程洽商记录等。

（6）系统检测可对智能化系统集中进行，也可根据工程进度按各子系统分别进行检测；抽检的数量可依照委托方的要求，全检或抽检，但不应低于施工质量验收规范中的要求。

（7）每个工程的系统规模和功能都不相同，工程检测项目应覆盖工程设计的主要功能范围，以便对系统的主体特性做出全面检查。

（8）在检测中，如有不合格项并进行了复测，在检测报告中应注明进行复测的内容及结果。对定量检测的项目，在同一条件下每个点必须进行3次以上读值。

4.5.2 典型智能化子系统安装与调试的基本要求

1. 建筑设备监控系统的安装要求

（1）建筑设备监控工程的施工深化

1）自动监控系统的深化设计应具有开放结构，协议和接口都应标准化。首先了解建筑物的基本情况、建筑设备的位置、控制方式和技术要求等资料，然后依据监控产品进行深化设计。

2）施工深化中还应做好与建筑给排水、电气、通风空调和电梯等设备的接口确认。

（2）建筑设备监控工程实施界面的划分

建筑设备自动监控工程实施界面的确定贯彻于设备选型、系统设计、工程施工、检测验收的全过程中。在工程合同中应明确各供应商的设备、材料的供应范围、接口软件及其费用，避免施工过程中出现扯皮和影响工程进度。

1）设备、材料采购供应界面的划分

设备、材料的采购供应中要明确监控系统设备供应商和被监控设备供应商之间的界面划分。主要是明确建筑设备监控系统与其他机电工程的设备、材料、接口和软件的供应范围。

2）大型设备接口界面的确定

建筑设备监控系统与变配电设备、发电机组、冷水机组、热泵机组、锅炉和电梯等大型建筑设备实现接口方式的通信，必须预先约定所遵循的通信协议。如果建筑设备监控系统和大型设备的控制系统都具有相同的通信协议和标准接口，就可以直接进行通信。当设备的控制采用非标准通信协议时，则需要设备供应商提供数据格式，由建筑设备监控系统承包商进行转换。

3) 建筑设备监控工程施工界面的确定

确定建筑设备监控系统涉及的机电设备和各系统之间的设备安装，线管、线槽敷设及穿线和接线的工作，设备单体调试及相互的配合方式。

(3) 建筑设备监控系统产品的选择及检查

1) 建筑自动监控系统产品选择应根据管理对象的特点、监控的要求以及监控点数的分布等，确定监控系统的整体结构，然后进行产品选择。设备、材料的型号规格符合设计要求和国家标准，各系统的设备接口必须相匹配。

2) 建筑设备监控产品选择时主要考虑的因素：产品的品牌和生产地，应用实践以及供货渠道和供货周期等信息；产品支持的系统规模及监控距离；产品的网络性能及标准化程度。

3) 进口设备应提供质量合格证明、检测报告及安装、使用、维护说明书等文件资料（中文译文），还应提供原产地证明和商检证明。

(4) 监控设备的安装要求

1) 中央监控设备的安装要求

中央监控设备应在控制室装饰工程完工后进行安装。外观检查无损伤，设备完整、型号、规格和接口符合设计要求。设备之间的连接电缆型号和连接正确。

2) 现场控制器安装要求

现场控制器处于监控系统的中间层，向上连接中央监控设备，向下连接各监控点的传感器和执行器。现场控制器一般安装在弱电竖井内、冷冻机房、高低压配电房等需监控的机电设备附近。

3) 主要输入设备安装要求

① 各类传感器的安装位置应装在能正确反映其检测性能的位置，并远离有强磁场或剧烈振动的场所，而且便于调试和维护。

② 风管型传感器安装应在风管保温层完成后进行。

③ 水管型传感器开孔与焊接工作，必须在管道的压力试验、清洗、防腐和保温前进行。

④ 传感器至现场控制器之间的连接应符合设计要求。

⑤ 电磁流量计应安装在流量调节阀的上游，流量计的上游应有10倍管径长度的直管段，下游段应有4～5倍管径长度的直管段。

⑥ 涡轮式流量传感器应水平安装，流体的流动方向必须与传感器壳体上所示的流向标志一致。

⑦ 空气质量传感器的安装位置，应选择能正确反映空气质量状况的地方。

(5) 主要输出设备安装要求

1) 电磁阀、电动调节阀安装前，应按说明书规定检查线圈与阀体间的电阻，进行模拟动作试验和试压试验。阀门外壳上的箭头指向与水流方向一致。

2) 电动风阀控制器安装前，应检查线圈和阀体间的电阻、供电电压、输入信号等是否符合要求，宜进行模拟动作检查。

2. 建筑设备监控系统的调试要求

（1）通风空调设备系统调试检测

对风阀的自动调节来控制空调系统的新风量以及送风风量的大小；对水阀的自动调节来控制送风温度（回风温度）达到设定值；对加湿阀的自动调节来控制送风相对湿度（回风相对湿度）达到设定值；对过滤网的压差开关报警信号来判断是否需要清洗或更换过滤网；监控风机故障报警及相应的安全连锁控制；电气连锁以及防冻连锁控制等。

（2）变配电系统调试检测

变配电设备各高、低压开关运行状况及故障报警；电源及主供电回路电流值显示、电源电压值显示、功率因素测量、电能计量等；变压器超温报警；应急发电机组供电电流、电压及频率及储油罐液位监视，故障报警；不间断电源工作状态、蓄电池组及充电设备工作状态检测。

（3）公共照明控制系统调试检测

不同区域的照明设备分别进行开、关控制；利用计算机对公共照明开、关进行监视，满足必要的照明要求。

（4）给水排水系统调试检测

给水系统、排水系统和中水系统液位、压力参数及水泵运行状态检测；自动调节水泵转速；水泵投运切换；故障报警及保护。

（5）锅炉机组调试检测

锅炉出口热水温度、压力、流量、热源系统功能检测，热交换系统功能检测。

（6）冷冻和冷却水系统调试检测

冷水机组、冷却水泵、冷冻水泵、电动阀门和冷却塔功能检测。

3. 安全防范工程的安装要求

安全防范工程中所使用的设备、材料应符合国家标准的要求，并与设计文件、工程合同的内容相符合。

（1）探测器安装要求

1）各类探测器的安装，应根据产品的特性、警戒范围要求和环境影响等确定设备的安装点（位置和高度）。探测器底座和支架应固定牢固。

2）周界入侵探测器的安装，应保证能在防区形成交叉，避免盲区，并考虑环境的影响。

3）探测器导线连接应牢固可靠，外接部分不得外露，并留有适当余量。

（2）摄像机安装要求

1）在满足监视目标视场范围要求下，室内安装高度离地不宜低于2.5m；室外安装高度离地不宜低于3.5m。

2）摄像机及其配套装置（镜头、防护罩、支架、雨刷等）安装应牢固，运转应灵活，应注意防破坏，并与周边环境相协调。

3）信号线和电源线应分别引入，外露部分用软管保护，并不影响云台的转动。

4）电梯轿厢内的摄像机应安装在厢门上方的左、右侧顶部，以便能有效地观察电梯轿厢内乘员的面部特征。

（3）云台、解码器安装要求

1）云台的安装应牢固，转动时无晃动。

2) 根据产品技术条件和系统设计要求，检查云台的转动角度范围是否满足要求。
3) 解码器应安装在云台附近或吊顶内（须留检修孔）。
(4) 出入口控制设备安装。
1) 各类识读装置的安装高度离地不宜高于1.5m。
2) 感应式读卡机在安装时应注意可感应范围，不得靠近高频、强磁场。
3) 电控锁安装应符合产品技术要求，安装应牢固，启闭应灵活。
(5) 对讲设备（可视、非可视）安装
1) 对讲主机（门口机）可安装在单元防护门上或墙体主机预埋盒内，对讲主机操作面板的安装高度离地不宜高于1.5m，操作面板应面向访客，便于操作。
2) 调整可视对讲主机内置摄像机的方位和视角于最佳位置，对不具备逆光补偿的摄像机，宜作环境亮度处理。
3) 对讲分机（用户机）安装位置宜选择在住户室内的内墙上，其高度离地1.4～1.6m。
4) 联网型对讲系统的管理机宜安装在监控中心或小区出入口的值班室内。
(6) 电子巡查设备安装
在线巡查或离线巡查的信息采集点（巡查点）的数目应符合设计与使用要求，其安装高度离地1.3～1.5m。
(7) 停车库（场）管理设备安装
1) 读卡机（IC卡机、磁卡机、出票读卡机、验卡票机）与挡车器安装应平整、牢固，保持与水平面垂直、不得倾斜；读卡机与挡车器的中心间距应符合设计要求或产品使用要求；应考虑防水及防撞措施。
2) 感应线圈埋设位置与埋设深度应符合设计要求或产品使用要求；感应线圈至机箱处的线缆应采用金属管保护。
3) 信号指示器安装。车位状况信号指示器应安装在车道出入口的明显位置；车位引导显示器应安装在车道中央上方，便于识别与引导。
(8) 控制设备安装
1) 控制台、机柜（架）安装位置应符合设计要求，便于操作维护。
2) 监视器（屏幕）应避免外来光直射，当不可避免时，应采取避光措施。

4. 安全防范系统的调试要求
(1) 调试检测条件
1) 安全防范工程的检测，应在系统试运行后、竣工验收前进行。受检单位提出申请，并提交主要技术文件和资料。安全防范工程的检测应由法定检测机构实施。
技术文件应包括：工程合同、正式设计文件、系统配置框图、设计变更文件、更改审核单、工程合同设备清单、变更设备清单、隐蔽工程随工验收单、主要设备的检验报告或认证证书等。
2) 系统调试前，已编制完成调试大纲、设备平面布置图、线路图以及其他技术文件。调试工作应由项目责任人或具有相当于工程师资格的专业技术人员主持。
3) 调试前的检查：
① 按设计文件检查已安装的设备规格、型号等。

② 对施工中出现的问题，如错线、虚焊、开路或短路等应予以解决，并有文字记录。

③ 通电前应对系统的外部线路进行检查，检查供电设备的电压、极性、相位等。避免由于接线错误造成严重后果。

(2) 安防工程设备的调试检测

安防系统中主要设备的检测，应采用随机抽样法进行抽样；抽样率不应低于20%且不应少于3台；设备少于3台时，应100%检测。采用随机抽样法进行抽样时，抽出样机所需检验的项目如受检测条件制约，无法进行检测，可重新进行抽样，但应以相应的可实施的替代检测项目进行检测。

1) 报警系统调试检测

① 检查及调试系统所采用探测器的探测范围、灵敏度、误报警、漏报警、报警状态后的恢复、防拆保护等功能与指标，应符合设计要求。

② 检查控制器的本地、异地报警、防破坏报警、布撤防、报警优先、自检及显示等功能，应符合设计要求。

③ 检查紧急报警时系统的响应时间，应基本符合设计要求。

2) 视频安防监控系统调试检测

① 检查及调试摄像机的监控范围、聚焦、环境照度与抗逆光效果等，使图像清晰度、灰度等级达到系统设计要求。

② 检查并调整对云台、镜头等的遥控功能，排除遥控延迟和机械冲击等不良现象，使监视范围达到设计要求。

③ 检查并调整视频切换控制主机的操作程序、图像切换、字符叠加等功能，保证工作正常，满足设计要求。

④ 检查与调试监视图像与回放图像的质量，在正常工作照明环境条件下，监视图像质量不应低于现行国家标准规定或至少能辨别人的面部特征。

⑤ 当系统具有报警联动功能时，应检查与调试自动开启摄像机电源、自动切换音视频到指定监视器、自动实时录像等功能。

⑥ 系统应叠加摄像时间，摄像机位置（含电梯、楼层显示）的标识符，并显示稳定。当系统需要灯光联动时，应检查灯光打开后图质量是否达到设计要求。

3) 出入口控制系统调试检测

① 对各种读卡机在使用不同类型的卡（如通用卡、定时卡、失效卡、黑名单卡、加密卡、防劫持卡等）时，调试其开门、关门、提示、记忆、统计、打印等判别与处理功能。

② 调试出入口控制系统与报警、电子巡查等系统间的联动或集成功能。

③ 对采用各种生物识别技术装置（如指纹、掌形、视网膜、声控及其复合技术）的出入口控制系统的调试，应按系统设计文件及产品说明书进行。

4) 访客（可视）对讲系统调试检测

按相关标准及设计方案规定，检查与调试系统的选呼、通话、电控开锁、紧急呼叫等功能。对具有报警功能的复合型对讲系统，还应检查与调试安装的探测器、各种前端设备的警戒功能，并检查布防、撤防及报警信号畅通等功能。

5) 电子巡查系统调试检测

① 检查在线式信息采集点读值的可靠性、实时巡查与预置巡查的一致性，并查看记

录、存储信息以及在发生不到位时的即时报警功能。

② 检查离线式电子巡查系统，确保信息钮的信息正确，数据的采集、统计、打印等功能正常。

6）停车库（场）管理系统调试检测

要求按系统设计，检查与调试系统车位显示、行车指示、入口处出票与出口处验票、计费与收费显示、车牌或车型识别以及意外情况发生时向外报警等功能。

第 5 章　工程项目管理的基本知识

本章简要介绍施工项目管理的内容及组织，以施工项目目标控制、施工资源与现场管理为重点，阐明工程项目管理的基本要求。学员通过学习可以了解工程项目管理的基本内涵。

5.1　施工项目管理的内容及组织

5.1.1　施工项目的概念

1. 项目的内涵与特征

项目是一项特殊的将被完成的有限任务，它是一个组织为实现既定的目标，在一定的时间、人力和其他资源的约束条件下，所开展的满足一系列特定目标、有一定独特性的一次性活动。项目的基本特征有：

（1）项目的一次性

由于项目的独特性，项目作为一种任务，一旦完成即告结束，不会有完全相同的任务重复出现，即项目不会重复，这就是项目的"一次性"。但项目的一次性属性是对项目整体而言的，并不排斥在项目中存在着重复性的工作。项目的一次性也体现在以下几个方面：项目的成本管理是一次性的；项目管理的授权是一次性的；实施项目的组织机构是一次性的；项目的劳务构成是一次性的。

（2）项目的目标性

人类有组织的活动都有其目的性，项目作为一类特别设立的活动，也有其明确的目标。没有明确的目标，行动就没有方向，也就不称其为一项任务，也就不会有项目的存在。

（3）项目的整体性

项目是为实现目标而开展的多项活动的集合，它不是一项孤立的活动，而是一系列活动的有机组合，从而形成一个完整的过程。强调项目的整体性，也就是强调项目的过程性和系统性。

（4）项目的唯一性

项目的唯一性又称独特性，这一属性是"项目"得以从人类有组织的活动中分化出来的根源所在，是项目一次性属性的基础。每个项目都有其特别的地方，没有两个项目是完全相同的。

2. 建设项目的定义

所谓建设项目是指需要一定量的投资，经过决策和实施（设计、施工）的一系列程序，在一定约束条件下形成以固定资产为明确目标的一次性事业。

3. 施工项目的特征

所谓施工项目是指建筑施工企业对一个建筑产品的施工过程及成果，即生产对象。其主要特征如下：

(1) 是建设项目或其中的单项工程或单位工程的施工任务。

(2) 作为一个管理整体，以建筑施工企业为管理主体的。

(3) 该任务范围是由工程承包合同界定的。

5.1.2 施工项目管理的内容

施工项目管理是指建筑施工企业运用系统的观点、理论和科学技术对施工项目进行的计划、组织、监督、控制、协调等过程管理。项目管理的内容包括成本控制、进度控制、质量控制、职业健康安全与环境管理、合同管理、信息管理、组织协调，即"三控制、三管理、一协调"。

施工企业在进行项目管理时，需要完成的工作有：建立施工项目管理组织、编制施工项目管理规划、进行施工项目的目标控制、对施工项目的生产要素管理、施工项目合同管理、施工现场管理以及组织协调等。

1. 建立施工项目管理组织

(1) 由企业法定代表人采用适当的方式选聘称职的施工项目经理。

(2) 根据施工项目管理组织原则，结合工程规模、特点，选择合适的组织形式，建立施工项目管理组织机构，明确各部门、各岗位的责任、权限和利益。

(3) 在符合企业规章制度的前提下，根据施工项目管理的需要，制订施工项目经理部管理制度。

2. 编制施工项目管理规划

(1) 在工程投标前，由企业管理层编制施工项目管理大纲或施工组织总体设计，对施工项目管理自投标到保修期满进行全面的纲领性规划。

(2) 在工程开工前，由项目经理组织编制施工项目管理实施规划或施工组织设计，对施工项目管理从开工到交工验收进行全面的指导性规划。

3. 进行施工项目的目标控制

在施工项目实施的全过程中，应对项目的质量、进度、成本和安全目标进行控制，以实现项目的各项约束性目标。

4. 对施工项目的生产要素管理

施工项目生产要素主要包括：劳动力、材料、设备、技术和资金（即5M），生产要素管理的内容有：

(1) 分析各生产要素的特点。

(2) 按一定的原则、方法，对施工项目生产要素进行优化配置并评价。

(3) 对施工项目各生产要素进行动态管理。

5. 施工项目合同管理

合同管理的水平直接涉及项目管理及工程施工的技术组织效果和目标实现。因此，要从工程投标开始，加强工程承包合同的策划、签订、履行和管理。同时，还必须注意搞好索赔，讲究方法和技巧，提供充分的证据。

6. 施工项目信息管理

进行施工项目管理和施工项目目标控制、动态管理、必须在项目实施的全过程中，充分利用计算机对项目有关的各类信息进行收集、整理、储存和使用，提高项目管理的科学性和有效性。

7. 施工现场管理

应对施工现场进行科学有效管理，以达到文明施工，保护环境，塑造良好企业形象，提高施工管理水平之目的。

8. 组织协调

在施工项目实施过程中，应进行组织协调，沟通和处理好内部及外部的各种关系，排除种种干扰和障碍。协调为有效控制服务，协调和控制都是保证计划目标的实现。

5.1.3 施工项目管理的组织

施工项目管理组织，也称为项目经理部，是指为进行施工项目管理、实现组织职能而进行组织系统的设计与建立、组织运行和组织调整等三个方面工作的总工程。它由项目经理在企业的支持下组建并领导、进行项目管理的组织机构。组织系统的设计与建立，是指经过筹划、设计，建成一个可以完成施工项目管理任务的组织机构，建立必要的规章制度，划分并明确岗位、层次、部门的责任和权力，建立和形成管理信息系统及责任分担系统，并通过一定岗位和部门内人员规范化的活动和信息流通实现组织目标。组织运行是指在组织系统形成后，按照组织要求，由各岗位和部门实施组织行为的过程。组织调整是指在组织运行过程中，对照组织目标，检验组织系统的各个环节，并对不适应组织运行和发展的方面进行改进和完善。

1. 项目管理组织的一般规定

施工项目管理组织机构与企业管理组织机构是局部与整体的关系。组织机构设置的目的是为了进一步充分发挥项目管理功能，提高项目整体管理效率，以达到项目管理的最终目标。因此，企业在推行项目管理中合理设置项目管理组织机构是一个非常重要的问题。高效率的组织体系和组织机构的建立是施工项目管理成功的组织保证。

项目管理组织的建立应遵循下列原则：

（1）组织结构科学合理。

（2）有明确的管理目标和责任制度。

（3）组织成员具备相应的职业资格。

（4）保持相对稳定，并根据实际需要进行调整。

组织应确定各相关项目管理组织的职责、权利、利益和应承担的风险。组织管理层应按项目管理目标对项目进行协调和综合管理。组织管理层的项目管理活动应符合下列规定：

（1）制定项目管理制度。

（2）实施计划管理，保证资源的合理配置和有序流动。

（3）对项目管理层的工作进行指导、监督、检查、考核和服务。

2. 项目经理部的建立与工作职责

项目经理部是组织设置的项目管理机构，承担项目实施的管理任务和目标实现的全面责任。项目经理部由项目经理领导，接受组织职能部门的指导、监督、检查、服务和考核，并负责对项目资源进行合理使用和动态管理。项目经理部应在项目启动前建立，并在项目竣工验收、审计完成后或按合同约定解体。建立项目经理部应遵循下列步骤：

（1）根据项目管理规划大纲确定项目经理部的管理任务和组织结构。

（2）根据项目管理目标责任书进行目标分解与责任划分。

（3）确定项目经理部的组织设置。

（4）确定人员的职责、分工和权限。

（5）制定工作制度、考核制度与奖惩制度。

项目经理部的组织结构应根据项目的规模、结构、复杂程度、专业特点、人员素质和地域范围确定。项目经理部所制订的规章制度，应报上一级组织管理层批准。

3. 项目团队建设

项目组织应树立项目团队意识，并满足下列要求：

（1）围绕项目目标而形成和谐一致、高效运行的项目团队。

（2）建立协同工作的管理机制和工作模式。

（3）建立畅通的信息沟通渠道和各方共享的信息工作平台，保证信息准确、及时和有效地传递。

项目团队应有明确的目标、合理的运行程序和完善的工作制度。项目经理应对项目团队建设负责，培育团队精神，定期评估团队运作绩效，有效发挥和调动各成员的工作积极性和责任感。项目经理应通过表彰奖励、学习交流等多种方式和谐团队氛围，统一团队思想，营造集体观念，处理管理冲突，提高项目运作效率。项目团队建设应注重管理绩效，有效发挥个体成员的积极性，并充分利用成员集体的协作成果。

4. 项目经理责任制

项目经理应由法定代表人任命，并根据法定代表人授权的范围、期限和内容，履行管理职责，并对项目实施全过程、全面管理。大中型项目的项目经理必须取得工程建设类相应专业注册执业资格证书。项目经理应具备下列素质：

（1）符合项目管理要求的能力，善于进行组织协调与沟通。

（2）相应的项目管理经验和业绩。

（3）项目管理需要的专业技术、管理、经济、法律和法规知识。

（4）良好的职业道德和团队协作精神，遵纪守法、爱岗敬业、诚信尽责。

（5）身体健康。

项目经理不应同时承担两个或两个以上未完项目领导岗位的工作。在项目运行正常的情况下，组织不得随意撤换项目经理。特殊原因需要撤换项目经理时，应进行审计并按有关合同规定报告相关方。

项目经理责任制应作为项目管理工作的基本制度，是评价项目经理绩效的依据。项目经理责任制的核心是项目经理承担实现项目管理目标责任书确定的责任。项目经理与项目经理部在工程建设中应严格遵守和实行项目管理责任制度，确保项目目标全面实现。

5. 项目经理的责、权、利

（1）项目经理应履行下列职责：

1）项目管理目标责任书规定的职责。

2) 主持编制项目管理实施规划,并对项目目标进行系统管理。
3) 对资源进行动态管理。
4) 建立各种专业管理体系并组织实施。
5) 进行授权范围内的利益分配。
6) 归集工程资料,准备结算资料,参与工程竣工验收。
7) 接受审计,处理项目经理部解体的善后工作。
8) 协助组织进行项目的检查、鉴定和评奖申报工作。
(2) 项目经理应具有下列权限:
1) 参与项目招标、投标和合同签订。
2) 参与组建项目经理部。
3) 主持项目经理部工作。
4) 决定授权范围内的项目资金的投入和使用。
5) 制定内部计酬办法。
6) 参与选择并使用具有相应资质的分包人。
7) 参与选择物资供应单位。
8) 在授权范围内协调与项目有关的内、外部关系。
9) 法定代表人授予的其他权力。
(3) 项目经理的利益与奖罚:
1) 获得工资和奖励。
2) 项目完成后,按照项目管理目标责任书规定,经审计后给予奖励或处罚。
3) 获得评优表彰、记功等奖励。

6. 施工项目的组织形式

组织形式亦称组织结构的类型,是指一个组织以什么样的结构方式去处理层次、跨度、部门设置和上下级关系。施工项目组织的形式与企业的组织形式是不可分割的,通常施工项目的组织形式有以下几种。

(1) 工作队式项目组织

1) 特征

该组织形式的主要特征是:由企业各职能部门抽调人员组成项目管理机构(工作队),由项目经理指挥,独立性大;在工程施工期间,项目管理班子成员与原所在部门断绝领导与被领导关系;原单位负责人员负责业务指导及考察,但不能随意干预其工作或调回人员;项目管理组织与项目施工同寿命;项目结束后机构撤销,所有人员仍回原所在部门和岗位。

2) 适用范围

该组织机构主要适用于大型施工项目、工期要求紧迫的施工项目以及要求多部门密切配合的施工项目。

3) 优点

这种组织形式的主要有点有:项目经理从职能部门抽调或招聘的是一批专家,他们在项目管理中互相配合,协同工作,可以取长补短,有利于培养一专多能的人才并充分发挥其作用;各专业人才集中在现场办公,减少了扯皮和等待时间,工作效率高,解决问题快；项目经理权力集中，行政干扰少，决策及时，指挥得力；由于减少了项目与职能部门的结合部，项目与企业的结合部关系简化，故易于协调关系，减少了行政干预，使项目经理的工作易于开展；不打乱企业的原建制，传统的直线职能制组织仍可保留。

4）缺点

该组织形式的缺点是：组建之初各类人员来自不同部门，具有不同的专业背景，互相不熟悉，难免配合不力；各类人员在同一时期内所担负的管理工作任务可能有很大差别，因此很容易产生忙闲不均，可能导致人员浪费；特别是对稀缺专业人才，不能在更大范围内调剂余缺；职工长期离开原部门，即离开了自己熟悉的环境和工作配合对象，容易影响其积极性的发挥；由于环境变化，容易产生临时观念和不满情绪，职能部门的优势无法发挥作用；由于同一部门人员分散，交流困难，也难以进行有效的培养、指导，削弱了职能部门的工作。当人才紧缺而同时又有多个项目需要按这一形式组织时，或者对管理效率有很高要求时，不宜采用这种项目组织类型。

（2）部门控制式项目组织

1）特征

这是按职能原则建立的项目组织，其主要特征是：不打乱企业现行的建制，即由企业将项目委托给其下属某一专业部门或委托给某一施工队，由被委托的部门（施工队）领导，在本单位选人组合负责实施项目组织，项目终止后恢复原职。

2）适用范围

这种形式的项目组织一般适用于小型的、专业性较强、不涉及众多部门的施工项目。

3）优点

该组织形式的主要优点：人才作用发挥较充分，工作效率高，这是因为由熟人组合办熟悉的事，人事关系容易协调；从接受任务到组织运转启动，时间短；职责明确，职能专一，关系简单；项目经理无需专门训练便容易进入状态。

4）缺点

该组织形式的缺点是：不能适应大型项目管理的需要；不利于对计划体系下的组织体制（固定建制）进行调整；不利于精简机构。

（3）矩阵制项目组织

1）特征

该组织形式的特征是：项目组织机构与职能部门的结合部同职能部门数相同，多个项目与职能部门的结合部呈矩阵状；把职能原则和对象原则结合起来，既能发挥职能部门的纵向优势，又能发挥项目组织的横向优势，多个项目组织的横向系统与职能部门的纵向系统形成矩阵结构；专业职能部门是永久性的，项目组织是临时性的；职能部门负责人对参与项目组织的人员实行组织调配、业务指导和管理考察；项目经理将参与项目组织的职能人员在横向上有效地组织在一起，为实现项目目标协同工作；矩阵中的每个成员或部门，接受原部门负责人和项目经理的双重领导，但部门的控制力大于项目的控制力；部门负责人有权根据不同项目的需要和忙闲程度，在项目之间调配本部门人员；一个专业人员可能同时为几个项目服务，特殊人才可充分发挥作用，大大提高人才利用率；项目经理对"借"到本项目经理部来的成员，有权控制和使用；当感到人力不足或某些成员不得力时，他可以向职能部门求援或要求调换，或辞退回原部门；项目经理部的工作有多个职能部门支持，项目经理没有人员包袱；要求在水平方向和垂直方向有良好的信息沟通及良好的协调配合，对整个企业组织和项目组织的管理水平和组织渠道畅通提出了较高的要求。

2) 适用范围

该组织形式适用于同时承担多个需要进行工程项目管理的企业。在这种情况下，各项目对专业技术人才和管理人员都有需求。采用矩阵制组织可以充分利用有限的人才对多个项目进行管理，特别有利于发挥稀有人才的作用。

该组织形式也适用于大型、复杂的施工项目。因大型复杂的施工项目需要多部门、多技术、多工种配合实施，在不同阶段，对不同人员有不同数量和搭配需求。显然，部门控制式机构难以满足这种项目要求；混合工作队式组织又因人员固定而难以调配。人员使用固定化，不能满足多个项目管理的人才需求。

3) 优点

该组织形式的优点有：兼有部门控制式和工作队式两种组织的优点，将职能原则与对象原则融为一体，而实现企业长期例行性管理和项目一次性管理的一致性；能以尽可能少的人力，实现多个项目管理的高效率。通过职能部门的协调，一些项目上的闲置人才可以及时转移到需要这些人才的项目上去，防止人才短缺，项目组织因此具有弹性和应变能力；有利于人才的全面培养，可以便于不同知识背景的人在合作中相互取长补短，在实践中拓宽知识面。可以发挥纵向的专业优势，使人才成长有深厚的专业训练基础。

4) 缺点

该组织形式的缺点是：由于人员来自职能部门，且仍受职能部门控制，故凝聚在项目上的力量减弱，往往使项目组织的作用发挥受到影响；管理人员如果身兼多职，管理多个项目，难以确定管理项目的优先顺序，有时难免顾此失彼；项目组织中的成员既要接受项目经理的领导，又要接受企业中原职能部门的领导，如果领导双方意见和目标不一致甚至有矛盾时，当事人便无所适从；矩阵制组织对企业管理水平、项目管理水平、领导者的素质、组织机构的办事效率和信息沟通渠道的畅通均有较高要求，因此要精干组织，分层授权，疏通渠道，理顺关系；由于矩阵制组织的复杂性和结合部多，易造成信息沟通量膨胀和沟通渠道复杂化，致使信息梗阻和失真。

(4) 事业部制项目组织

1) 特征

该组织形式的主要特征是企业下设事业部，事业部对企业来说是职能部门，对企业外来说享有相对独立的经营权，可以是一个独立单位。事业部可以按地区设置，也可以按工程类型或经营内容设置。事业部能较迅速适应环境变化，提高企业的应变能力，调动部门的积极性。当企业向大型化、智能化发展并实行作业层和经营管理层分离时，事业部制是一种很受欢迎的选择，既可以加强经营战略管理，又可以加强项目管理。

在事业部（一般为其中的工程部或开发部，对外工程公司设海外部）下设项目经理部。项目经理由事业部选派，一般对事业部负责，经特殊授权时，也可直接对业主负责。

2) 适用范围

该组织形式适用大型经营型企业的工程承包，特别是适用于远离公司本部的施工项目。需要注意的是，一个地区只有一个项目，没有后续工程时，不宜设立地区事业部，也即它适用于在一个地区内有长期市场或一个企业有多种专业化施工力量时采用。在此情况下，事业部与地区市场同寿命。地区没有项目时，该事业部应予以撤销。

3) 优点

事业部制项目组织有利于延伸企业的经营职能，扩大企业的经营业务，便于开拓企业的业务领域。同时，还有利于迅速适应环境变化，提高公司的应变能力。既可以加强公司的经营战略管理，又可以加强项目管理。

4) 缺点

按事业部制建立项目组织，企业对项目经理部的约束力减弱，协调指导的机会减少，以致会造成企业结构松散。必须加强制度约束和规范化管理，加大企业的综合协调能力。

5.2 施工项目目标控制

5.2.1 施工项目管理的目标

由于施工方是受业主方的委托承担工程建设任务，因此施工方必须树立服务观念，为业主提供建设服务。另外，合同也规定了施工方的任务和义务。因此，施工方作为项目建设的一个重要参与方，其项目管理不仅应服务于施工方本身的利益，也必须服务于项目的整体利益。项目的整体利益和施工方本身的利益是对立统一的关系，两者有其统一的一面，也有其矛盾的一面。施工方项目管理的目标应符合合同的要求，其主要内容包括：

(1) 施工的安全、环境管理目标；

(2) 施工的成本目标；

(3) 施工的进度目标；

(4) 施工的质量目标。

如果采用工程施工总承包或工程施工总承包管理模式，施工总承包方或施工总承包管理方必须按工程合同规定的工期目标和质量目标完成建设任务。而施工总承包方或施工总承包管理方的成本目标是由施工单位根据其生产和经营的情况自行确定的。分包方则必须按工程分包合同规定的工期目标和质量目标完成建设任务，分包方的成本目标是该分包企业内部自行确定的。

施工方的项目管理工作主要在施工阶段进行，但由于设计阶段和施工阶段在时间上往往是交叉的，因此，施工方的项目管理工作也会涉及设计阶段。在动工前准备阶段和保修期施工合同尚未终止，在这期间，还有可能出现涉及工程安全、费用、质量、合同和信息等方面的问题，因此施工方的项目管理也涉及动工前准备阶段和保修期。

施工阶段项目管理的任务，就是通过施工生产要素的优化配置和动态管理，以实现施工项目的质量、成本、工期和安全的管理目标。

5.2.2 施工项目的进度控制

1. 进度控制的基本概念

施工项目进度控制是指在既定的工期内，编制出最优的施工进度计划，在执行该计划的施工中，经常检查施工实际进度情况，并将其与计划进度相比较。如有偏差，则分析产生偏差的原因，采取补救措施或调整、修改原计划，直至工程竣工。进度控制的最终目的是确保项目施工目标的实现，施工进度控制的总目标是建设工期。

组织应建立项目进度管理制度，制订进度管理目标。项目进度管理目标应按项目实施过程、专业、阶段或实施周期进行分解。项目经理部应按下列程序进行进度管理：

(1) 制定进度计划。
(2) 进行计划交底，落实责任。
(3) 实施进度计划，跟踪检查，对存在的问题分析原因并纠正偏差，必要时对进度计划进行调整。
(4) 编制进度报告，报送组织管理部门。

2. 项目进度计划编制

组织应依据合同文件、项目管理规划文件、资源条件与内外部约束条件编制项目进度计划。组织应提出项目控制性进度计划。控制性进度计划可包括下列种类：

(1) 整个项目的总进度计划。
(2) 分阶段进度计划。
(3) 子项目进度计划和单体进度计划。
(4) 年（季）度计划。

项目经理部应编制项目作业性进度计划。作业性进度计划可包括下列内容：

(1) 分部分项工程进度计划。
(2) 月（旬）作业计划。

各类进度计划应包括下列内容：

(1) 编制说明。
(2) 进度计划表。
(3) 资源需要量及供应平衡表。

编制进度计划的步骤应按下列程序：

(1) 确定进度计划的目标、性质和任务。
(2) 进行工作分解。
(3) 收集编制依据。
(4) 确定工作的起止时间及里程碑。
(5) 处理各工作之间的逻辑关系。
(6) 编制进度表。
(7) 编制进度说明书。
(8) 编制资源需要量及供应平衡表。
(9) 报有关部门批准。

编制进度计划可使用文字说明、里程碑表、工作量表、横道计划、网络计划等方法。作业性进度计划必须采用网络计划方法或横道计划方法。

3. 项目进度计划实施

经批准的进度计划，应向执行者进行交底并落实责任。进度计划执行者应制订实施计划措施。在实施进度计划的过程中应进行下列工作：

(1) 跟踪检查，收集实际进度数据。

(2) 将实际数据与进度计划进行对比。
(3) 分析计划执行的情况。
(4) 对产生的进度变化，采取措施予以纠正或调整计划。
(5) 检查措施的落实情况。
(6) 进度计划的变更必须与有关单位和部门及时沟通。

进度控制的循环过程如图 5-1 所示。

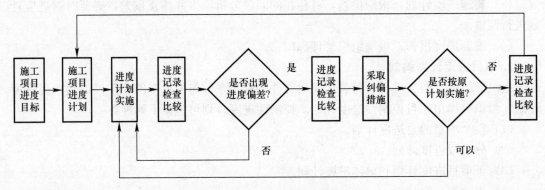

图 5-1　施工项目进度控制循环过程

4. 项目进度计划的检查与调整

对进度计划进行的检查与调整应依据其实施结果。进度计划检查应按统计周期的规定进行定期检查，并应根据需要进行不定期检查。进度计划的检查应包括下列内容：

(1) 工作量的完成情况。
(2) 工作时间的执行情况。
(3) 资源使用及与进度的匹配情况。
(4) 上次检查提出问题的处理情况。

进度计划检查后应按下列内容编制进度报告：

(1) 进度执行情况的综合描述。
(2) 实际进度与计划进度的对比资料。
(3) 进度计划的实施问题及原因分析。
(4) 进度执行情况对质量、安全和成本等的影响情况。
(5) 采取的措施和对未来计划进度的预测。

进度计划的调整应包括下列内容：

(1) 工作量。
(2) 起止时间。
(3) 工作关系。
(4) 资源供应。
(5) 必要的目标调整。

进度计划调整后应编制新的进度计划，并及时与相关单位和部门沟通。具体的过程如图 5-2 所示。

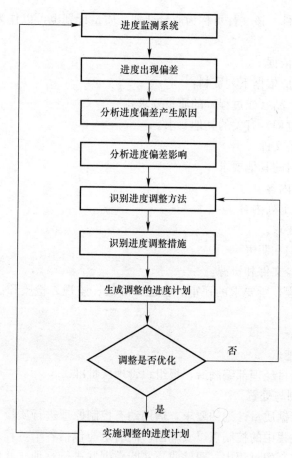

图 5-2　项目进度调整系统过程

5.2.3　施工项目的质量控制

遵照《建设工程质量管理条例》和《质量管理体系》GB/T 19000 族标准的要求，建立持续改进质量管理体系，设立专职管理部门或专职人员。质量管理应坚持预防为主的原则，按照策划、实施、检查、处置的循环方式进行系统运作。质量管理应满足发包人及其他相关方的要求以及建设工程技术标准和产品的质量要求。

1. 质量管理的实施程序

组织应通过对人员、机具、设备、材料、方法、环境等要素的过程管理，实现过程、产品和服务的质量目标。项目质量管理应按下列程序实施：

（1）进行质量策划，确定质量目标。
（2）编制质量计划。
（3）实施质量计划。
（4）总结项目质量管理工作，提出持续改进的要求。

2. 项目质量策划

组织应进行质量策划，制定质量目标，规定实施项目质量管理体系的过程和资源，编制针对项目质量的文件。该文件可称为质量计划。质量计划也可以作为项目管理实施规划的组成部分。

（1）质量计划的依据

质量计划的编制应依据下列资料：

1）合同中有关产品（或过程）的质量要求。

2）与产品（或过程）有关的其他要求。

3）质量管理体系文件。

4）组织针对项目的其他要求。

（2）质量计划的内容

质量计划应确定下列内容：

1）质量目标和要求。

2）质量管理组织和职责。

3）所需的过程、文件和资源。

4）产品（或过程）所要求的评审、验证、确认、监视、检验和试验活动，以及接收准则。

5）记录的要求。

6）所采取的措施。

质量计划应由项目经理部编制后，报组织管理层批准。

3. 项目质量控制与处置

项目经理部应依据质量计划的要求，运用动态控制原理进行质量管理。质量控制主要控制过程的输入，过程中的控制点以及输出，同时也应包括各个过程之间接口的质量。项目经理部应在质量控制的过程中，跟踪收集实际数据并进行整理。并应将项目的实际数据与质量标准和目标进行比较，分析偏差，并采取措施予以纠正和处置，必要时对处置效果和影响进行复查。质量计划需修改时，应按原批准程序报批。

设计的质量控制应包括设计策划、设计输入、设计活动、设计输出、设计评审、设计验证、设计确认和设计变更控制等过程。

采购的质量控制应包括确定采购程序、确定采购要求、选择合格供应单位以及采购合同的控制和进货检验。

对施工过程的质量控制应包括：施工目标实现策划、施工过程管理、施工改进和产品（或过程）的验证和防护。

检验和监测装置的控制应包括：确定装置的型号、数量，明确工作过程，制定质量保证措施等内容。应建立有关纠正和预防措施的程序，对质量不合格的情况进行控制。

4. 项目质量改进

项目经理部应定期对项目质量状况进行检查、分析，向组织提出质量报告，提出目前质量状况、发包人及其他相关方满意程度、产品要求的符合性以及项目经理部的质量改进措施。

组织应对项目经理部进行检查、考核，定期进行内部审核，并将审核结果作为管理评审的输入，促进项目经理部的质量改进。

组织应了解发包人及其他相关方对质量的意见，对质量管理体系进行审核，确定改进目标，提出相应措施并检查落实。

5.2.4 施工项目的成本控制

施工项目成本控制就是要在保证质量和工期满足要求的情况下，利用组织、经济、技术、合同等措施把成本控制在计划范围内，并进一步寻求最大程度的成本节约。

1. 成本管理的责任体系

组织应建立、健全项目全面成本管理责任体系，明确业务分工和职责关系，把管理目标分解到各项技术工作和管理工作中。项目全面成本管理责任体系应包括两个层次：

（1）组织管理层

负责项目全面成本管理的决策，确定项目的合同价格和成本计划，确定项目管理层的成本目标。

（2）项目经理部

负责项目成本的管理，实施成本控制，实现项目管理目标责任书中的成本目标。项目经理部的成本管理应包括成本计划、成本控制、成本核算、成本分析和成本考核。

2. 成本管理的程序

项目成本管理应遵循下列程序：

（1）掌握生产要素的市场价格和变动状态。
（2）确定项目合同价。
（3）编制成本计划，确定成本实施目标。
（4）进行成本动态控制，实现成本实施目标。
（5）进行项目成本核算和工程价款结算，及时收回工程款。
（6）进行项目成本分析。
（7）进行项目成本考核，编制成本报告。
（8）积累项目成本资料。

3. 项目成本计划

（1）成本计划的编制依据

项目经理部应依据下列文件编制项目成本计划：

1) 合同文件。
2) 项目管理实施规划。
3) 可研报告和相关设计文件。
4) 市场价格信息。
5) 相关定额。
6) 类似项目的成本资料。

（2）成本计划的编制要求

编制成本计划应满足下列要求：

1) 由项目经理部负责编制，报组织层批准。
2) 自下而上分级编制并逐层汇总。
3) 反映各成本项目指标和降低成本指标。

4. 项目成本控制

（1）成本控制的依据

项目经理部应依据下列资料进行成本控制：

1）合同文件。
2）成本计划。
3）进度报告。
4）工程变更与索赔资料。

（2）成本控制的程序

成本控制应遵循下列程序：

1）收集实际成本数据。
2）实际成本数据与成本计划目标进行比较。
3）分析成本偏差及原因。
4）采取措施纠正偏差。
5）必要时修改成本计划。
6）按照规定的时间间隔编制成本报告。

成本控制宜运用价值工程和赢得值法。

5. 项目成本核算

项目经理部应根据财务制度和会计制度的有关规定，建立项目成本核算制，明确项目成本核算的原则、范围、程序、方法、内容、责任及要求，并设置核算台账，记录原始数据。项目经理部应按规定的时间间隔进行项目成本核算。项目成本核算应坚持形象进度、产值统计、成本归集三同步的原则。项目经理部应编制定期成本报告。

6. 项目成本分析与考核

应建立和健全项目成本考核制度，对考核的目的、时间、范围、对象、方式、依据、指标、组织领导、评价与奖惩原则等做出规定。成本分析应依据会计核算、统计核算和业务核算的资料进行。成本分析应采用比较法、因素分析法、差额分析法和比率法等基本方法；也可采用分部分项成本分析、年季月（或周、旬等）度成本分析、竣工成本分析等综合成本分析方法。

应以项目成本降低额和项目成本降低率作为成本考核主要指标。项目经理部应设置成本降低额和成本降低率等考核指标。发现偏离目标时，应及时采取改进措施。组织应对项目经理部的成本和效益进行全面审核、审计、评价、考核与奖惩。

5.2.5 施工项目的职业健康安全管理

施工项目职业健康安全管理的目标是减少和消除生产过程中的事故，保护产品生产者的健康与安全，保障人民群众的生命和财产免受损失。

1. 施工项目职业健康安全管理的基本要求

（1）组织应遵照《建设工程安全生产管理条例》和《职业健康安全管理体系》GB/T 28000 标准，坚持安全第一、预防为主和防治结合的方针，建立并持续改进职业健康安全管理体系。项目经理应负责项目职业健康安全的全面管理工作。项目负责人、专职安全生产管理人员应持证上岗。

（2）组织应根据风险预防要求和项目的特点，制定职业健康安全生产技术措施计划，确定职业健康安全生产事故应急救援预案，完善应急准备措施，建立相关组织。发生事故，应按照国家有关规定，向有关部门报告。处理事故时，应防止二次伤害。

（3）在项目设计阶段应注重施工安全操作和防护的需要，采用新结构、新材料、新工艺的建设工程应提出有关安全生产的措施和建议。在施工阶段进行施工平面图设计和安排施工计划时，应充分考虑安全、防火、防爆和职业健康等因素。

（4）组织应按有关规定必须为从事危险作业的人员在现场工作期间办理意外伤害保险。

（5）项目职业健康安全管理应遵循下列程序：

1）识别并评价危险源及风险。

2）确定职业健康安全目标。

3）编制并实施项目职业健康安全技术措施计划。

4）职业健康安全技术措施计划实施结果验证。

5）持续改进相关措施和绩效。

（6）现场应将生产区与生活、办公区分离，配备紧急处理医疗设施，使现场的生活设施符合卫生防疫要求，采取防暑、降温、保暖、消毒、防毒等措施。

2. 项目职业健康安全技术措施计划

（1）项目职业健康安全技术措施计划应在项目管理实施规划中编制。

（2）编制项目职业健康安全技术措施计划应遵循下列步骤：

1）工作分类。

2）识别危险源。

3）确定风险。

4）评价风险。

5）制定风险对策。

6）评审风险对策的充分性。

（3）项目职业健康安全技术措施计划应包括工程概况、控制目标、控制程序、组织结构、职责权限、规章制度、资源配置、安全措施、检查评价和奖惩制度以及对分包的安全管理等内容。策划过程应充分考虑有关措施与项目人员能力相适宜的要求。

（4）对结构复杂、施工难度大、专业性强的项目，必须制定项目总体、单位工程或分部、分项工程的安全措施。

（5）对高空作业等非常规性的作业，应制定单项职业健康安全技术措施和预防措施，并对管理人员、操作人员的安全作业资格和身体状况进行合格审查。对危险性较大的工程作业，应编制专项施工方案，并进行安全验证。

（6）临街脚手架、临近高压电缆以及起重机臂杆的回转半径达到项目现场范围以外的，均应按要求设置安全隔离设施。

（7）项目职业健康安全技术措施计划应由项目经理主持编制，经有关部门批准后，由专职安全管理人员进行现场监督实施。

3. 项目职业健康安全技术措施计划的实施

（1）组织必须建立分级职业健康安全生产教育制度，实施公司、项目经理部和作业队三级教育，未经教育的人员不得上岗作业。

(2) 项目经理部应建立职业健康安全生产责任制，并把责任目标分解落实到人。

(3) 职业健康安全技术交底应符合下列规定：

1) 工程开工前，项目经理部的技术负责人必须向有关人员进行安全技术交底。

2) 结构复杂的分部分项工程施工前，项目经理部的技术负责人应进行安全技术交底。

3) 项目经理部应保存安全技术交底记录。

(4) 组织应定期对项目进行职业健康安全管理检查，分析影响职业健康或不安全行为与隐患存在的部位和危险程度。

(5) 职业健康的安全检查应采取随机抽样、现场观察、实地检测相结合的方法，记录检测结果，及时纠正发现的违章指挥和作业行为。检查人员应在每次检查结束后及时编写安全检查报告。

4. 项目职业健康安全隐患和事故处理

(1) 职业健康安全隐患处理应符合下列规定：

1) 区别不同的职业健康安全隐患类型，制定相应整改措施并在实施前进行风险评价。

2) 对检查出的隐患及时发出职业健康安全隐患整改通知单，限期纠正违章指挥和作业行为。

3) 跟踪检查纠正预防措施的实施过程和实施效果，保存验证记录。

(2) 项目经理部进行职业健康安全事故处理应坚持事故原因不清楚不放过，事故责任者和人员没有受到教育不放过，事故责任者没有处理不放过，没有制定纠正和预防措施不放过的原则。

(3) 处理职业健康安全事故应遵循下列程序：

1) 报告安全事故。

2) 事故处理。

3) 事故调查。

4) 处理事故责任者。

5) 编写调查报告。

5. 项目消防保安

(1) 组织应建立消防保安管理体系，制定消防保安管理制度。

(2) 项目现场应设有消防车出入口和行驶通道。消防保安设施应保持完好的备用状态。储存、使用易燃、易爆和保安器材时，应采取特殊的消防保安措施。

(3) 施工现场的通道、消防出入口、紧急疏散通道等应符合消防要求，设置明显标志。有通行高度限制的地点应设限高标志。

(4) 项目现场应有用火管理制度，使用明火时应配备监管人员和相应的安全设施，并制定安全防火措施。

(5) 需要进行爆破作业的，应向所在地有关部门办理批准手续，由具备爆破资质的专业机构实施。

(6) 项目现场应设立门卫，根据需要设置警卫，负责项目现场安全保卫工作。主要管理人员应在施工现场佩带证明其身份的标识。严格现场人员的进出管理。

5.3 施工项目的资源与环境管理

5.3.1 施工项目的资源管理

本节对《建筑工程项目管理规范》GB/T 50326—2006 中关于施工项目资源管理的相关要求进行简要介绍,以便学员在实际工作中进行应用。

1. 规范中关于项目资源管理的一般规定

(1) 组织应建立并持续改进项目资源管理体系、完善管理制度、明确管理责任、规范管理程序。

(2) 项目资源管理包括人力资源管理、材料管理、机械设备管理、技术管理和资金管理。

(3) 项目资源管理的全过程应包括项目资源计划、配置、控制和处置。

(4) 资源管理应遵循下列程序:

1) 按合同要求,编制资源配置计划,确定投入资源的数量与时间。

2) 根据资源配置计划,做好各种资源的供应工作。

3) 根据各种资源的特性,采取科学的措施,进行有效组合,合理投入,动态调控。

4) 对资源投入和使用情况定期分析,找出问题,总结经验并持续改进。

2. 项目资源管理的作用和地位

项目资源管理的目的就是节约劳动和物化劳动。具体地说,可以从四个方面来表达:

(1) 项目资源管理就是将资源进行适时、适量的优化配置,按比例配置资源并投入到施工生产中去,以满足需要。

(2) 进行资源的优化组合,即投入项目的各种资源在施工项目中搭配适当、协调,使之更有效地形成生产力。

(3) 在项目运行过程中,对资源进行动态管理。

(4) 是在施工项目运行中,合理地节约使用资源。

项目资源管理对整个施工过程来说,都具有重要意义,一个优质工程的诞生,离不开施工项目资源管理。在施工项目的全过程中,从招标签约、施工准备、施工实施、竣工验收、用户服务等五个阶段中,项目资源管理主要体现在施工实施阶段,但其他几个阶段也不同程度地涉及,如投标阶段进行方案策划、编制施工组织设计时,要考虑工程配置恰当劳动力、设备,此外,材料选择、资金筹措都离不开资源,而到了施工过程就更体现出资源管理的重要性。

从经济学的观点讲,资源属于生产要素,是形成生产力的基本要素。除科学技术是生产力第一要素外,劳动力是生产力中最具活跃的因素。人掌握了生产技术,运用劳动手段,作用于劳动对象,从而形成生产力。资金也是一种重要的生产要素,它是财产和物资的货币表现,也就是说资金是一定货币和物资的价值总和。

项目资源作为工程实施必不可少的前提条件,其费用一般占工程总费用80%以上。所以,节约资源是节约工程成本的主要途径。项目资源管理的任务,就是按照项目的实施计划,将项目所需的资源按正确的时间、数量,供应到正确的地点,并降低项目资源的成本消耗。因此，必须对资源进行计划管理。

3. 项目资源管理计划

（1）项目资源计划的编制依据：

1）合同文件。

2）现场条件。

3）项目管理实施规划。

4）项目进度计划。

5）类似项目经验。

（2）资源管理计划应包括建立资源管理制度，编制资源使用计划、供应计划和处置计划，规定控制程序和责任体系。

（3）资源管理计划应依据资源供应条件、现场条件和项目管理实施规划编制。

（4）人力资源管理计划应包括人力资源需求计划、人力资源配置计划和人力资源培训计划。

（5）材料管理计划应包括材料需求计划、材料使用计划和分阶段材料计划。

（6）机械管理计划应包括机械需求计划、机械使用计划和机械保养计划。

（7）技术管理计划应包括技术开发计划、设计技术计划和工艺技术计划。

（8）资金管理计划应包括项目资金流动计划和财务用款计划，具体可编制年、季、月度资金管理计划。

4. 项目资源管理控制

项目资源控制包括对资源利用率和使用效率的监督、闲置资源的清退、资源随项目实施任务的增减变化及时调整等。

（1）资源管理控制应包括按资源管理计划进行资源的选择、资源的组织和进场后的管理等内容。

（2）人力资源管理控制应包括人力资源的选择、订立劳务分包合同、教育培训和考核等。

（3）材料管理控制应包括材料供应单位的选择、订立采购供应合同、出厂或进场验收、储存管理、使用管理及不合格品处置等。

（4）机械设备管理控制应包括机械设备购置与租赁管理、使用管理、操作人员管理、报废和出场管理等。

（5）技术管理控制应包括技术开发管理，新产品、新材料、新工艺的应用管理，项目管理实施规划和技术方案的管理，技术档案管理，测试仪器管理等。

（6）资金管理控制应包括资金收入与支出管理、资金使用成本管理、资金风险管理等。

5. 项目资源管理考核

（1）资源管理考核

资源管理考核应通过对资源投入、使用、调整以及计划与实际的对比分析，找出管理中存在的问题，并对其进行评价的管理活动。通过考核能及时反馈信息，提高资金使用价值，持续改进。

（2）人力资源管理考核

人力资源管理考核应以有关管理目标或约定为依据，对人力资源管理方法、组织规划、制度建设、团队建设、使用效率和成本管理等进行分析和评价。

（3）材料管理考核

材料管理考核工作应对材料计划、使用、回收以及相关制度进行效果评价。材料管理考核应坚持计划管理、跟踪检查、总量控制、节超奖罚的原则。

（4）机械设备管理考核

机械设备管理考核应对项目机械设备的配置、使用、维护以及技术安全措施、设备使用效率和使用成本等进行分析和评价。

（5）项目技术管理考核

项目技术管理考核应包括对技术管理工作计划的执行、技术方案的实施、技术措施的实施、技术问题的处置，技术资料收集、整理和归档以及技术开发，新技术和新工艺应用等情况进行分析和评价。

（6）资金管理考核

资金管理考核应通过对资金分析工作，计划收支与实际收支对比，找出差异，分析原因，改进资金管理。在项目竣工后，应结合成本核算与分析工作进行资金收支情况和经济效益分析，并上报企业财务主管部门备案。组织应根据资金管理效果对有关部门或项目经理部进行奖惩。

5.3.2 施工项目的环境管理

本节对《建筑工程项目管理规范》GB/T 50326—2006 中关于施工项目环境管理的相关要求进行简要介绍，以便学员在实际工作中进行应用。

1. 规范中关于环境管理的一般规定

（1）组织应遵照《环境管理体系要求及使用指南》GB/T 24000 的要求，建立并持续改进环境管理体系。

（2）组织应根据批准的建设项目环境影响报告，通过对环境因素的识别和评估，确定管理目标及主要指标，并在各个阶段贯彻实施。

（3）项目的环境管理应遵循下列程序：

1）确定环境管理目标。

2）进行项目环境管理策划。

3）实施项目环境管理策划。

4）验证并持续改进。

（4）项目经理负责现场环境管理工作的总体策划和部署，建立项目环境管理组织机构，制定相应制度和措施，组织培训，使各级人员明确环境保护的意义和责任。

（5）项目经理部应按照分区划块原则，搞好现场的环境管理，进行定期检查，加强协调，及时解决发现的问题，实施纠正和预防措施，保持现场良好的作业环境、卫生条件和工作秩序，做到污染预防。

（6）项目经理部应对环境因素进行控制，制定应急准备和响应措施，并保证信息通畅，预防可能出现非预期的损害。在出现环境事故时，应消除污染，并应制定相应措施，防止环境二次污染。

（7）项目经理部应保存有关环境管理的工作记录。

（8）项目经理部应进行现场节能管理，有条件时应规定能源使用指标。

2. 项目文明施工

（1）文明施工应包括下列工作：

1）进行现场文化建设。

2）规范场容，保持作业环境整洁卫生。

3）创造有序生产的条件。

4）减少对居民和环境的不利影响。

（2）项目经理部应通过对现场人员进行培训教育，提高其文明意识和素质，树立良好的形象。

（3）项目经理部应按照文明施工标准，定期进行评定、考核和总结。

3. 项目现场管理

（1）项目经理部应在施工前了解经过施工现场的地下管线，标出位置，加以保护。施工时发现文物、古迹、爆炸物、电缆等，应当停止施工，保护现场，及时向有关部门报告，并按照规定处理。

（2）施工中需要停水、停电、封路而影响环境时，应经有关部门批准，事先告示。在行人、车辆通过的地方施工，应当设置沟、井、坎、洞覆盖物和标志。

（3）项目经理部应对施工现场的环境因素进行分析，对于可能产生的污水、废气、噪声、固体废弃物等污染源采取措施，进行控制。

（4）建筑垃圾和渣土应堆放在指定地点，定期进行清理。装载建筑材料、垃圾或渣土的运输机械，应采取防止尘土飞扬、洒落或流溢的有效措施。施工现场应根据需要设置机动车辆冲洗设施，冲洗污水应进行处理。

（5）除有符合规定的装置外，不得在施工现场熔化沥青和焚烧油毡、油漆，亦不得焚烧其他可产生有毒有害烟尘和恶臭气味的废弃物。项目经理部应按规定有效地处理有毒有害物质。禁止将有毒有害废弃物现场回填。

（6）施工现场的场容管理应符合施工平面图设计的合理安排和物料器具定位管理标准化的要求。

（7）项目经理部应依据施工条件，按照施工总平面图、施工方案和施工进度计划的要求，认真进行所负责区域的施工平面图的规划、设计、布置、使用和管理。

（8）现场的主要机械设备、脚手架、密封式安全网与围挡、模具、施工临时道路、各种管线、施工材料制品堆场及仓库、土方及建筑垃圾堆放区、变配电间、消火栓、警卫室、现场的办公、生产和生活临时设施等的布置，均应符合施工平面图的要求。

（9）现场入口处的醒目位置，应公示下列内容：

1）工程概况。

2）安全纪律。

3）防火须知。

4）安全生产与文明施工。

5）施工平面图。

6）项目经理部组织机构及主要管理人员名单图。

（10）施工现场周边应按当地有关要求设置围挡和相关的安全预防设施。危险品仓库附近应有明显标志及围挡设施。

（11）施工现场应设置畅通的排水沟渠系统，保持场地道路的干燥坚实。施工现场的泥浆和污水未经处理不得直接排放。地面宜做硬化处理。有条件时，可对施工现场进行绿化布置。

第 6 章　设备安装相关的力学知识

本章对设备安装工程中应用到的静力学、材料力学、流体力学的基本知识作了阐述。通过学习，能够解决安装工程施工中见到的一些简单力学问题。

6.1　平面力系

6.1.1　力的基本性质

1. 刚体

刚体是指物体在力的作用下，其内部任意两点之间的距离始终保持不变。简单说来，刚体就是在力的作用下不变形的物体。在静力学中所研究的都是刚体。

当然，绝对不变形的物体在实际中是不存在的，刚体是一种经抽象化处理后的理想物体。现实中，任何物体在受力之后，或多或少都要发生变形。假若物体的变形量相对于物体本身的尺寸极其微小，或者说物体发生的微小变形对所研究的问题如物体的平衡、运动等都不起什么作用，那么就可以将其略去不计，这样还可使所研究的问题大为简化。例如，我们在研究飞机的平衡或运动规律时，把飞机视为刚体，显然使要研究的问题变得容易些了。

2. 力的基本性质

力，就是物体间的相互机械作用，这种作用使物体的运动状态发生变化（外效应），也会使物体发生变形（内效应）。

力不能脱离物体出现，而且有力必定至少存在两个物体，有施力体也有受力体。

3. 力的三要素

力对物体的作用效果取决于三个要素：力的大小、方向、作用点。可用一个带箭头的线段来表示，如图 6-1 所示。

图中线段 AB 的长度以一定的比例来表示力的大小，线段 AB 的箭头表示力的方向，而沿力的方向画出的直线，往往又将其称为力的作用线，至于线段的始端或末端则表示力的作用点。力的三要素中任何一个如有改变，则力对物体的作用效果也将改变。

在国家标准中，为了表达力矢量符号所具有的含义，规定用黑斜体字母如用 **F** 书写。若将黑斜体 **F** 写成白斜体 F，则只表示力矢量的大小，而并不具有力矢量方向的含义。

在国际单位制（SI）中，力的单位为 N（牛顿）或 kN（千牛顿）。由于力是一个既有大小又有方向的物理量，所以力是矢量。

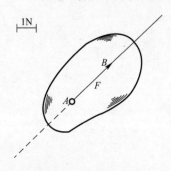

图 6-1　力的表示法

4. 力的平衡

物体相对于地球保持静止或作匀速直线运动的状态，称为平衡。例如建筑物相对于地面是静止的，输煤皮带上的煤块相对于地面是作匀速直线运动的，这些都是处于平衡状态，其运动状态没有发生变化。

5. 静力学基本公理

（1）二力平衡公理

作用在同一刚体上的两个力，使刚体处于平衡状态的必要与充分条件是：这两个力大小相等，方向相反，且作用在同一直线上（简称二力等值、反向、共线），如图 6-2 所示。

（2）加减平衡力系公理

在作用于刚体的任意力系中，加上或减去任何一个平衡力系，并不改变原力系对刚体的作用效应。

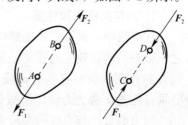

因此，平衡力系作用在刚体上，不会改变刚体的运动状态，即平衡力系对物体的运动效果为零。所以，在刚体的原力系上加上或去掉一个平衡力系，并不改变原力系对刚体的作用效应。

图 6-2 二力平衡公理示意图

（3）作用力与反作用力公理

若甲物体对乙物体有一个作用力，则同时乙物体对甲物体必有一个反作用力，这两个力大小相等、方向相反、并且沿着同一直线而相互作用。

这个定律概括了两个物体间相互作用力的关系，表明了作用力和反作用力总是成对出现的。作用力和反作用力用同一字母表示，但其中之一要在字母的右上方加"′"。

由于作用力与反作用力分别作用在两个物体上。因此，不能认为作用力与反作用力相互平衡。

6. 力的合成与分解

（1）合力与分力的概念

作用于物体上的一个力系，如果可以用一个力 F 来代替而不改变原力系对物体的作用效果，则该力 F 称为原力系的合力，而原力系中的各力称为合力 F 的分力。

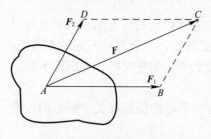

（2）力的合成法则

作用于物体上同一点的两个力可以合成为作用于该点的一个合力，合力的大小和方向由这两个力的作用线所构成的平行四边形的对角线来表示，如图 6-3 所示。这就是力的合成的平行四边形法则。图中 F 表示合力，F_1、F_2 表示分力。

图 6-3 力的合成与分解

（3）力的分解

利用力的平行四边形法则也可以把作用在物体上的一个力分解为两个相交的分力，分力和合力作用于同一点。如图 6-3 中的 F_1、F_2 可以看作是 F 分解而成的。

（4）两个推论

根据上述静力学基本原理，可以得出以下两个重要推论：

1）力的可传性原理：作用于刚体上的力，其作用点可以沿着作用线移动到该刚体上任意一点，而不改变力对刚体的作用效果。

2) 三力平衡汇交原理：若刚体在三个互不平行的力作用下处于平衡，则此三个力的作用线必在同一平面内且汇交于一点。

6.1.2 力矩、力偶的特性

力使物体产生的运动效应有两种，一是使物体移动，另一是使物体转动。在工程实际中，一个力使物体产生转动效应的强弱是用力矩来度量的，而两个力使物体产生转动效应的强弱是用力偶的力偶矩来度量的。

1. 力矩的概念和性质

在生活中，用扳手扳动螺母就是一平面力对点之矩的典型例子。而这一由平面力对点之矩带来的转动效应的强弱，不仅与手施加的力 F 大小成正比，而且与螺母转动中心 O 到力 F 作用线的垂直距离 d 成正比，物体的转动中心 O 称为矩心，力 F 作用线到矩心 O 的垂直距离 d 称为力臂，如图 6-4 所示。

用力的大小与力臂的乘积 $F \cdot d$ 再加上正号或负号来表示力 F 使物体绕 O 点转动的效应（图 6-5），称为力 F 对 O 点的矩，简称力矩，用符号 $M_O(F)$ 或 M_O 表示。力矩的单位是力与长度的单位的乘积，常用 N·m 或 kN·m。一般规定：使物体产生逆时针方向转动的力矩为正；反之为负。所以力对点的矩是代数量，即

$$M_O(F) = \pm F \cdot d \tag{6-1}$$

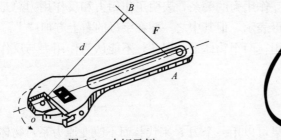
图 6-4 力矩示例

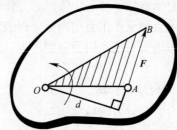
图 6-5 力矩

须指出，力矩的矩心不一定在物体上的某一固定点，它可以是物体上的一点，也可以是物体外的一点，这说明力可以对平面内任意位置的一点取矩，一个力对不同的点取矩，其力矩大小一般是不同的。若力的作用线通过矩心即力臂为零，则它对矩心之矩等于零。

根据力矩的定义，可得出力矩的性质：

(1) 力 F 对点 O 的矩，不仅决定于力的大小，同时与矩心的位置有关。矩心的位置不同，力矩随之不同。

(2) 当力的大小为零或力臂为零时，则力矩为零。

(3) 力 F 沿其作用线移动不改变它对点 O 的矩。

(4) 相互平衡的两个力对同一点的矩的代数和等于零。

【例 6-1】 已知作用钉锤手柄上的力的大小 $F=100$N，手柄 $l=300$mm，试求力 F 作用线在图 6-6 所示两种情形下力 F 对支点 O 之矩。

【解】 对于图 6-6(a) 情形，支点 O 到力 F 作用线的垂直距离，亦即力臂 h 为钉锤手柄长度 l，力 F 使钉锤手柄作逆时针转动，于是力 F 对支点 O 之矩为：

$$M_O(F) = F \cdot h = 100 \times 300 \times 10^{-3} = 30 \text{N} \cdot \text{m}$$

对于图 6-6（b）所示情形，力臂 $h = l\cos30°$，力使 F 钉锤手柄作顺时针转动，于是力 F 对支点 O 的矩为：

$$M_O(F) = -F \cdot h = -100 \times 300 \times 10^{-3} \times \cos30°$$
$$= -25.98 \text{N} \cdot \text{m}$$

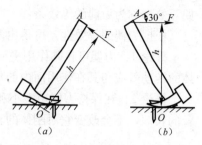

图 6-6　例 6-1

2. 合力矩定理

由于一个力系的合力产生的效应与力系中各个分力产生的总效应相同。因此，合力对平面上任一点的矩等于各分力对同一点的矩的代数和，这就是合力矩定理。即：

$$M_O(F) = M_O(F_1) + M_O(F_2) + \cdots + M_O(F_n) \tag{6-2}$$

3. 力偶的定义

在力学中，把大小相等、方向相反、作用线互相平行但不重合的一对力所组成的力系，称为力偶，写成（F，F'）。力偶两力作用线之间的垂直距离 d 称为力偶臂。

力偶对物体的作用效果，只能使物体产生转动，而不能使物体产生移动。

4. 力偶的性质

（1）力偶中的两力在任意坐标轴上的投影的代数和为零。

（2）力偶不能与力等效，只能与另一个力偶等效。

（3）力偶不能与力平衡，而只能与力偶平衡。

（4）力偶可以在它的作用平面内任意移动和转动，而不会改变它对物体的作用。因此，力偶对物体的作用完全决定于力偶矩，而与它在其作用平面内的位置无关。

5. 力偶矩

力偶矩是用来度量力偶对物体转动效果的大小。它等于力偶中的任一个力与力偶臂的乘积。以符号 $m(F、F')$ 表示，或简写为 m，即：

$$M = \pm F \cdot d \tag{6-3}$$

上式中的正负号表示力偶的转动方向，与力矩一样，使物体逆时针方向转动的力偶矩为正，使物体顺时针方向转动的力偶矩为负。

力偶矩的单位与力矩的单位相同。在国际单位制中通常用 N·m（牛顿·米）或 kN·m（千牛顿·米）。

力偶对物体的转动效果取决于力偶的三个要素，即力偶矩的大小，力偶的转向以及力偶的作用平面。

6. 力偶的性质

（1）力偶没有合力，所以力偶不能用一个力来代替，也不能与一个力来平衡。

从力偶的定义和力的合力投影定理可知，力偶中的二力在其作用面内的任意坐标轴上的投影的代数和恒为零，所以力偶没有合力，力偶对物体只能有转动效应，而一个力在一般情况下对物体有移动和转动两种效应。因此，力偶与力对物体的作用效应不同，所以其不能与一个力等效，也不能用一个力代替，也就是说力偶不能和一个力平衡，力偶只能和转向相反的力偶平衡。

（2）力偶对其作用面内任一点之矩恒等于力偶矩，且与矩心位置无关。

（3）在同一平面内的两个力偶，如果它们的力偶矩大小相等，转向相同，则这两个力偶等效，称为力偶的等效条件。

根据力偶的等效性，可得出两个推论：

推论1：力偶可在其作用平面内任意移动，而不改变对刚体的转动效果。即力偶对刚体的转动效应与其在作用面内的具体位置无关。

推论2：在保持力偶矩大小和转向不变的情况下，可任意改变力偶中力的大小和力偶臂的长短，不会改变它对刚体的转动效应。

6.1.3 平面力系的平衡条件

作用于物体上的多个力统称为力系。使物体保持平衡的力系，称为平衡力系。若作用于物体上的一个力和一个力系的作用效果相同，则这个力称为力系的合力，而这个力系中的每个力则称为这个力系的分力。一个力系等效地转化为一个力的过程，称为力系的合成；反过来，则称为力系的分解。有时候，仅仅是使一个复杂的力系等效地转化为一个简单的力系，则称为力系的简化。

按照力作用线的分布情况，通常将力系分为各种不同的类型：各力作用线在同一平面内的力系称为平面力系，各力作用线不在同一平面内的力系称为空间力系。

在平面力系中，最简单的力系是各力作用线均在同一平面内且汇交于一点的力系，称为平面汇交力系。各力作用线相互平行的力系称为平行力系，各力作用线既不相交又不完全平行的力系称为任意力系。

1. 平面汇交力系合成与平衡

（1）平面汇交力系合成的几何法

在物体上作用于一点的两个力可合成为一个力，反过来作用于一点的一个力也可分解为两个力，这就是力的合成与分解。力的合成与分解可通过力的平行四边形法则进行。但是，对于作用于一点的由多个力组成的平面汇交力系的合成究竟又是怎样进行呢？欲回答此问题，可借助这样的举例：已知在同一平面内有四个力 F_1、F_2、F_3 和 F_4 作用于一物体，这四个力的作用点分别为 A_1、A_2、A_3 和 A_4，而作用线汇交于物体上一点 O，如图 6-7 (a)。为了合成此平面汇交力系，必须利用力的可传性原理，先将力系各力分别沿其作用线平移到汇交点 O，即得到一平面汇交力系，如图 6-7 (b)。然后通过力的平行四边形法则，将 F_1 和 F_2 合成为 F_{R1}，再将第一次合成的 F_{R1} 与 F_3 合成为 F_{R2}，最后将第二次合成的 F_{R2} 与 F_4 合成为 F_R，这样经三次合成后即得到的这一个力 F_R，也就是该平面汇交力系的合力，如图 6-7 (c)。

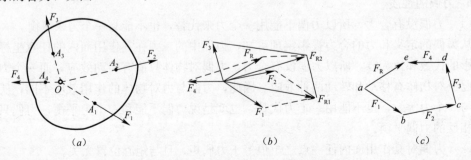

图 6-7 平面汇交力系合成的几何法

可见，利用力的平行四边形法则来合成平面汇交力系合力的过程，实际上是一个矢量几何运算的过程。由几何作图可以看出，前两次合成得到的合力 F_{R1} 和 F_{R2} 其实不必画出，也不会影响此力系最后合成的结果。这样一来，为了确定合力 F_R，完全可以从任意一点 a 开始，依次将各分力矢量首尾相连，即由各分力 F_1、F_2、F_3 和 F_4 构成一开口的力多边形 $abcde$。最后，从第一个分力 F_1 的始端 a 向最后一个分力 F_4 的末端 e 作一矢量，而这一矢量就和这四个分力矢量构成一完全封闭的力多边形，所作的这一矢量成为力多边形的封闭边，也就是力系的合力 F_R，见图 6-7（c）。

以上这种借助力多边形来求平面汇交力系合力的方法，称为力多边形法则。利用平行四边形法则求合力的方法，通常又称为力系合成的几何法。

对于由 n 个力组成的其作用线汇交于一点的平面汇交力系 F_1、F_2、…、F_n，计算该力系的合力 F_R，即写成：

$$F_R = F_1 + F_2 + \cdots + F_n = \sum_{i=1}^{n} F_i = \sum F \tag{6-4}$$

这些力矢量的合成，可通过力多边形法则得到。

（2）平面汇交力系合成的解析法

所谓力系合成的解析法，就是通过力矢量在坐标轴上的投影来表示合力与分力之间的关系的一种方法。

如图 6-8 所示，已知力 F 与平面直角坐标系之轴 x、y 正向间的夹角为 α、β。

力 F 在轴 x、y 上的投影即表示为：

$$\begin{aligned} Fx &= F\cos\alpha \\ Fy &= F\cos\beta \end{aligned} \tag{6-5}$$

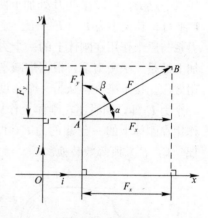

图 6-8 力的投影

即力在某一轴上的投影等于力的大小乘以力与投影轴正向间夹角的余弦。可以看出，力与投影轴正向间的夹角为锐角时，其投影为正；力与投影轴正向间的夹角为钝角时，其投影为负。这就表明了力在某一轴上的投影为代数量。若已知力 F 在平面直角坐标轴上的投影为 F_x 和 F_y，则该力的大小和方向余弦就可以表示为：

$$\left.\begin{aligned} F &= \sqrt{F_x^2 + F_y^2} \\ \cos\alpha &= \frac{Fx}{F}, \cos\beta = \frac{Fy}{F} \end{aligned}\right\} \tag{6-6}$$

须指出，力 F 在轴 x、y 上的投影 F_x、F_y 是代数量，但力沿轴 x、y 方向的分力 F_x、F_y 是矢量。在平面直角坐标系中，尽管投影 F_x、F_y 和分力 F_x、F_y 的大小一样，但二者的表示是有区别的，前者为白体表示标量，而后者为黑体表示矢量，勿将二者混淆。

（3）平面汇交力系的平衡条件

平面汇交力系平衡的必要和充分条件是该力系的合力等于零，即 $F_R = 0$。要使 $F_R = 0$，必须也只需：

$$\begin{cases} \sum F_{xi} = 0 \\ \sum F_{yi} = 0 \end{cases} \tag{6-7}$$

上式称为平面汇交力系的平衡方程。这是两个独立的方程。当物体处于平衡状态时，可以利用上述平衡方程求解两个未知量。

2. 平面一般力系的平衡条件

平面汇交力系用力的平行四边形法则可以合成为一个力，而平面一般力系合成或者向一点简化，不但要用到力的平行四边形法则，而且还要用到力的平移定理。

（1）力的平移定理

力的移动包括滑移和平移。力的滑移，即作用在刚体上的力可以沿其作用线移至任意一点，但不会改变力对刚体的作用效应。力的平移，即力离开原作用线所在位置而平行移动到其他任意一处，但会改变力对刚体的作用效应。如果要使力在平移前后对刚体的作用效应都一样，那就要用到力的平移定理：可以把作用在刚体上某一点 A 的力 F 平行移动到任意一点 B，但必须同时附加一个力偶，这个附加力偶的力偶矩等于原来的力 F 对新作用点的矩。

如在图 6-9（a）中，有一力 F 作用在刚体上的一点 A 处，欲将此力平移到刚体上的任意一点 B，可以在点 B 处加上两个等值反向的力 F' 和 F''（图 6-9（b）），并使它们与力 F 平行，其大小为 $F'=F''=F$。显然，这时作用在刚体上的由这三个力 F、F'、F'' 组成的力系与原来作用在刚体上的一个力 F 对刚体的作用效应是等效的。因为在刚体上点 B 处加上的是一平衡力系，根据加减平衡力系原理可知，这样做并未改变原来的力对刚体的作用效应。接下来，再从另一个角度看这三个力的组成情况，这时除在刚体上点 B 处作用有一个力 F' 外，同时还在刚体上作用有一个力偶（F，F''）（图 6-9（c））。由此看来，原来作用在刚体上的一点 A 的力 F，即被作用在点 B 处的一个力 F' 和作用在刚体上的一个力偶（F，F''）所等效替换。

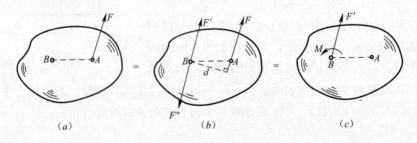

图 6-9 力的平移

换句话说，原来作用在刚体上一点 A 处的力 F 平移到了刚体上的任意一点 B，与此同时还要附加一个力偶，这个附加力偶的力偶矩即为：

$$M = Fd \tag{6-8}$$

式中 d——附加力偶的力偶臂。

由图 6-9（b）也可以看出，d 是点 B 到力 F 作用线的垂直距离。因此，Fd 即等于力 F 对点 B 的矩，也就是：

$$M = M_B(F) = M_B = Fd \tag{6-9}$$

必须说明，力的平移定理与静力学公理一样只在一个刚体上适用。力的平移定理也意味着，平面上的一个力可以分解为作用在同一平面上的一个力和一个力偶；反之，同一平面上的一个力和一个力偶也可以合成为一个力。

(2) 平面一般力系的简化结果

平面任意力系向平面内任意一点简化后，一般可得到一个力和一个力偶。根据力系简化所得到的最后结果即主矢和主矩的情况，通常将其分为三种：

1) 平面任意力系简化为一个力偶的情形，即力系的主矢等于零，而力系对于简化中心点 O 的主矩不等于零，也就是：

$$F'_R = 0, \quad M_O \neq 0 \tag{6-10}$$

在这种情形下，说明力系可合成为一个合力偶，所得到的合力偶的力偶矩与主矩相同，合力偶与简化中心位置的选择无关。

2) 平面任意力系简化为一个力的情形，即力系的主矢不等于零，而力系对简化中心点 O 的主矩等于零，也就是：

$$F'_R \neq 0, \quad M_O = 0 \tag{6-11}$$

在这种情形下，说明力系可合成为一个合力，所得到的合力的大小和方向与主矢相同，合力的作用线过简化中心点 O。

3) 平面任意力系简化为一个零力系的情形，即力系的主矢和力系对平面内任意一点简化的主矩都等于零，也就是：

$$F'_R = 0, \quad M_O = 0 \tag{6-12}$$

在这种情形下，说明力系平衡或者说力系具有了平衡的充分和必要条件。

(3) 平面一般力系的平衡条件

平面一般力系可以分解为一个平面汇交力系和一个平面力偶系。因此，平面一般力系平衡的必要和充分条件是：力系的主矢和主矩都等于零。即：

$$\begin{cases} \sum F_{xi} = 0 \\ \sum F_{yi} = 0 \\ \sum M_O(F) = 0 \end{cases} \tag{6-13}$$

上式表明，平面一般力系平衡的必要和充分条件是：力系中所有各力在 x 坐标轴上的投影的代数和等于零，力系中所有各力在 y 坐标轴上投影的代数和等于零，力系中各力对任意一点的力矩的代数和等于零。上式称为平面一般力系的平衡方程。它是三个独立的方程，利用它可以求解出三个未知量。

3. 平面平行力系的平衡条件

在平面力系中，如果各力的作用线互相平行，这种力系称为平面平行力系。平面平行力系平衡的必要和充分条件是：力系中所有各力在与力平行的轴上投影的代数和为零，力系中所有各力对任一矩心取矩的代数和为零。

6.2 杆件强度、刚度和稳定性的概念

6.2.1 杆件变形的基本形式

1. 构件及其分类

在工程结构工作时，有关构件将受到力的作用，因而会产生几何形状和尺寸的改变，

称为变形。若这种变形在外力撤除后能完全消除，则称之为弹性变形，否则称为塑性变形（或永久变形）。为保证构件能正常工作，一般需要满足3个方面的要求：

（1）构件应有足够的强度：即在一定外力使用下的构件要求不发生破坏。这里的破坏，不仅指受外力作用后构件的断裂，还指卸除外力后构件产生过大的永久变形。

（2）构件应有足够的刚度：构件在外力作用下，即使不出现永久变形，也要产生卸除外力后可以恢复的弹性变形。这里的变形是指构件的形状和尺寸的改变。对某些构件的弹性变形有时需要加以限制，如机床的主轴受外力后产生过大的弹性变形，会影响工件的加工精度。可见，在一定外力作用下，构件的弹性变形应在工程允许的范围内，也就要求构建有足够的刚度。

（3）构件应有足够的稳定性：有些构件在某种外力作用下，可能出现不能保持它原有平衡状态的现象。例如，受压的细长直杆，当压力增大到某一数值后会突然变弯。如果静定桁架中的受压杆件发生这种现象，可使桁架变成几何可变的结构而损坏。可见，在一定外力作用下的构件，必须要求维持其原有的平衡形式，这就要求构件有足够的稳定性。

根据构件的主要几何特征，可将其分成若干种类型，其中一种叫杆件，它是材料力学研究的主要对象。

杆件的几何特征是长度 l 远大于横向尺寸（高 h，宽 b 或直径 d）。其轴线（横截面形心的连线）为直线的称为直杆；轴线为曲线的称为曲杆，如图 6-10 所示。截面变化的杆称为变截面杆；截面不变化的直杆简称为等直杆。等直杆是最简单也是最常见的杆件，如图 6-10（a）所示。工程中的梁、轴、柱均属于杆件。

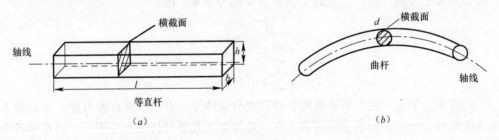

图 6-10 杆件

2. 杆件变形的基本形式

工程实际中的杆件可能受到各式各样的外力作用，故杆件的变形也可能是各种各样的。杆件变形不外乎是以下四种基本变形之一，或者几种基本变形形式的组合。

（1）拉伸和压缩：在一对方向相反、作用线与杆件轴线重合的外力作用下，杆件将发生长度上的改变。这种变形形式称为轴向拉伸或轴向压缩，如图 6-11（a）、（b）。

（2）剪切：杆的这种基本变形是由一对相距很近、方向相反的横向外力所引起的，如图 6-11（c）。

（3）扭转：杆的这种基本变形是由一对转向相反、作用在垂直于杆轴线的二平面内的力偶所引起的，如图 6-11（d）。

（4）弯曲：杆的这种基本变形是由一对方向相反、作用在杆的纵向对称平面内的力偶所引起的，如图 6-11（e）。

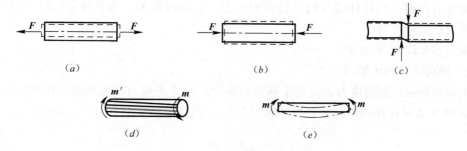

图 6-11　杆件的基本变形

6.2.2　应力、应变的概念

1. 内力

构件内部各质点之间存在着相互作用力,这种相互作用力使构件保持一定的形状。构件在外力作用下产生变形,同时也引起内部各质点间相互作用力的改变。内力是指杆件内部两相邻部分之间的相互作用力。内力是由于外力(或其他外部因素)作用而引起物体内部作用力的改变量。严格地说,它是由外部因素所引起的附加内力。

构件的强度、刚度和稳定性与内力的大小及其在构件内的分布方式密切相关。所以,内力分析是解决构件强度、刚度和稳定性问题的基础。

求解内力的方法通常采用截面法。

2. 应力、应变的概念

内力在一点处的集度称为应力。

垂直于截面的应力分量称为正应力或法向应力,用 σ 表示;相切于截面的应力分量称切应力或切向应力,用 τ 表示。

应力的单位为 Pa。

$$1\text{Pa} = 1\text{N/m}^2$$

工程实际中应力数值较大,常用 MPa 或 GPa 作单位

$$1\text{MPa} = 10^6 \text{Pa}$$

$$1\text{GPa} = 10^9 \text{Pa}$$

单位长度上的变形称为应变。单位纵向长度上的变形称纵向线应变,简称线应变,以 ε 表示。单位横向长度上的变形称横向线应变,以 ε' 表示横向应变。

6.2.3　杆件强度的概念

构件在外力作用下应具有足够的抵抗破坏的能力。在规定的载荷作用下构件不应被破坏,具有足够的强度。例如,冲床曲轴不可折断;建筑物的梁和板不应发生较大塑性变形。强度要求就是指构件在规定的使用条件下不发生意外断裂或塑性变形。

1. 轴向拉伸与压缩

(1) 轴向拉伸与压缩的内力和应力

1) 轴向拉伸与压缩的内力——轴力

与杆件轴线相重合的内力,称为轴力,用符号 N 表示。当杆件受拉时,轴力为拉力,

其指向背离截面；当杆件受压时，轴力为压力，其指向截面。通常规定：拉力用正号表示，压力用负号表示。

轴力的单位为 N 或 kN。

2) 轴向拉伸和压缩的应力

轴向拉伸和压缩的应力为垂直于截面的应力，称为正应力（或称法向应力），用 σ 表示。如用 A 表示杆件的横截面面积，轴力为 F_N，则杆件横截面上的正应力为：

$$\sigma = \frac{F_N}{A} \tag{6-14}$$

正应力的正负号规定为：拉应力为正，压应力为负。

(2) 轴向拉伸（压缩）杆件的变形

杆件受轴向力作用时，沿杆轴方向会产生伸长（或缩短），称为纵向变形；同时杆的横向尺寸将减小（或增大），称为横向变形。如图 6-12（a）、（b）所示。

1) 纵向变形

设杆件变形前长为 l，变形后长为 l_1，则杆件的纵向变形为：

$$\Delta l = l_1 - l$$

拉伸时纵向变形为正，压缩时纵向变形为负。纵向变形 Δl 的单位是 m。

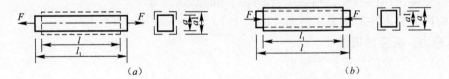

图 6-12 轴向拉伸（压缩）杆件的变形

单位长度上的变形称纵向线应变，简称线应变，以 ε 表示。对于轴力为常量的等截面直杆，其纵向变形在杆内分布均匀，故线应变为：

$$\varepsilon = \frac{\Delta l}{l} \tag{6-15}$$

拉伸时 ε 为正，压缩时 ε 为负。线应变是无量纲（无单位）的量。

2) 横向变形

拉（压）杆产生纵向变形时，横向也产生变形。设杆件变形前的横向尺寸为 a，变形后为 a_1，如图 6-12（a）、（b），则横向变形为 $\Delta a = a_1 - a$。

横向应变 ε' 为

$$\varepsilon' = \frac{\Delta a}{a} \tag{6-16}$$

杆件伸长时，横向减小，ε' 为负值；杆件压缩时，横向增大，ε' 为正值。因此，拉（压）杆的线应变 ε 与横向应变 ε' 的符号总是相反的。

3) 弹性定律

实验证明，当杆件应力不超过某一限度时，其纵向变形与杆件的轴力及杆件长度成正比，与杆件的横截面面积成反比，即：

$$\Delta l = \frac{F_{\mathrm{N}} l}{EA} \tag{6-17}$$

上式称为弹性定律，该定律也可表示为：

$$\sigma = E \cdot \varepsilon \tag{6-18}$$

它表明当应力不超过某一限度时，应力与应变成正比。

比例系数 E 称为材料的弹性模量。当其他条件相同时，材料的弹性模量越大，则变形越小，这说明弹性模量表征了材料抵抗弹性变形的能力。弹性模量的单位与应力的单位相同。

EA 称为杆件的抗拉（压）刚度，它反映了杆件抵抗拉伸（压缩）变形的能力。EA 越大，杆件的变形就越小。

（3）材料在轴向拉伸（压缩）时的力学性质

1）低碳钢在拉伸时的力学性质

材料拉伸试验要求采用标准试件，试件的工作段长度（称为标距）l 与截面直径 d 的比例规定为：$l = 5d$ 或 $l = 10d$。

根据曲线的变化情况，可以将其分为四个阶段：

① 弹性阶段（图 6-13 中 Ob 段）。拉伸初始阶段 Oa 为直线，表明 σ 与 ε 成正比。a 点对应的应力值称为比例极限，用符号 σ_{p} 表示。

② 屈服阶段（图 6-13 中的 bc 段）。当应力超过 b 点的对应值以后，应变增加得很快，而应力几乎不增加或仅在一个微小范围内上下波动，其图形近似于一条水平线，它表明材料此时丧失了抵抗变形的能力。这种现象称为屈服现象，bc 段称为屈服阶段，bc 段中的最低点所对应的应力值称为屈服极限，用符号 σ_{s} 表示。

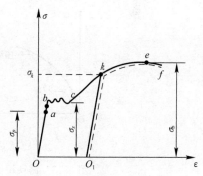

图 6-13　低碳钢拉伸时的
应力-应变曲线

③ 强化阶段（图 6-13 中的 ce 段）。经过屈服阶段后，材料内部结构进行重新调整，又产生了新的抵抗变形的能力。此时，增加荷载才会继续变形，这种现象称为材料的强化。强化阶段的最高点 e 所对应的应力值是材料所能承受的最大应力，称为强度极限，用符号 σ_{b} 表示。

④ 颈缩阶段（图 6-13 中的 ef 段）。过 e 点以后，试件在局部范围内，横截面的尺寸将急剧减小，形成颈缩现象。此时，试件继续伸长变形所需的拉力相应减少，曲线形成下降段并很快达到 f 点，试件被拉断。

2）低碳钢压缩时的力学性质

压缩试验的试件一般做成圆柱形，如图 6-14（a）所示。试件的长度 l 一般为直径 d 的 1.5～3 倍，即 $l = (1.5 \sim 3)d$。

图 6-14（b）为低碳钢压缩时的应力-应变图（其中实线为拉伸时的应力-应变图）。从图中可看出，压缩时低碳钢的比例极限 σ_{p}、屈服极限 σ_{s} 和弹性模量 E 都与拉伸时相同，但无法测定压缩时的强度极限。因为屈服阶段以后，试件越压越扁，没有颈缩阶段，不发生断裂。

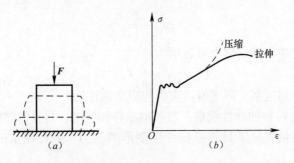

图 6-14　低碳钢压缩时的应力-应变图

3) 铸铁的拉伸和压缩试验

对于铸铁的拉伸和压缩试验，其试件及试验方法与低碳钢试验相同。

铸铁拉伸及压缩的应力-应变曲线及试件的破坏情况，如图 6-15 所示。

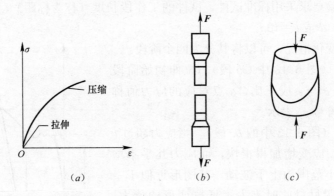

图 6-15　铸铁拉伸及压缩的应力-应变曲线及试件的破坏情况

由图 6-15 可看出，铸铁拉伸和压缩时的应力-应变曲线没有直线部分和屈服阶段，即没有比例极限和屈服极限，只有强度极限。延伸率 $\delta=0.5\%\sim0.6\%$。无颈缩现象，破坏突然发生，断口是一个近似垂直于试件轴线的横截面。

铸铁压缩时也没有明显的直线阶段，没有屈服和颈缩现象，也只有一个强度特征值，即强度极限 σ_b，其值为 600～900MPa。压缩破坏时，沿着与轴线夹角为 $(0.25\sim0.3)\pi$ 的斜截面突然破裂。

4) 两类材料力学性能的比较

低碳钢是一种典型的塑性材料，通过试验可以看出塑性材料的抗拉和抗压强度都很高，拉杆在断裂前变形明显，有屈服、颈缩等报警现象，可及时采取措施加以预防。

铸铁是一种典型的脆性材料，其特点是抗压强度很高，但抗拉强度很低，脆性材料破坏前毫无预兆，突然断裂，令人措手不及。

5) 许用应力和安全系数

任何一种构件材料都存在着一个能承受应力的固有极限，称极限应力，用 σ_0 表示。杆内应力达到此值时，杆件即告破坏。对塑性材料 $\sigma_0=\sigma_s$；对脆性材料 $\sigma_0=\sigma_b$。

为了保证构件能正常地工作，必须使构件工作时产生的实际应力不超过材料的极限应力。因此规定将极限应力 σ_0 缩小 n 倍作为衡量材料承载能力的依据，称为许用应力，以

符号 $[\sigma]$ 表示：

$$[\sigma] = \sigma_0/n \tag{6-19}$$

n 为大于 1 的数，称为安全系数

对于塑性材料，取 $\sigma_0 = \sigma_s$，$n = n_s$，则有：

$$[\sigma] = \sigma_s/n_s \tag{6-20}$$

对于脆性材料，取 $\sigma_0 = \sigma_b$，$n = n_b$，则有：

$$[\sigma] = \sigma_b/n_b \tag{6-21}$$

式中 n_s，n_b——分别为塑性材料和脆性材料的安全系数，均为大于 1 的系数。

6）轴向拉伸（压缩）的强度条件

对于轴向拉、压杆件，为了保证杆件安全正常地工作，杆内最大工作应力不得超过材料的许用应力，即：

$$\sigma_{\max} \leqslant [\sigma] \tag{6-22}$$

上式称为轴向拉压杆的强度条件。对于等截面直杆，拉压杆的强度条件由上式改写为：

$$\frac{F_{N\max}}{A} \leqslant [\sigma] \tag{6-23}$$

在不同的工程实际情况下，可根据上述强度条件对拉，压杆件进行以下三方面的计算：

① 强度校核

如已知杆件截面尺寸、承受的荷载及材料的许用应力，就可以检验杆件是否安全，称为杆件的强度校核。

② 选择截面尺寸

如已知杆件所承受的荷载和所选用的材料，要求按强度条件确定杆件横截面的面积或尺寸，则可将式（6-20）改为：

$$A \geqslant \frac{F_{N\max}}{[\sigma]} \tag{6-24}$$

③ 确定允许荷载

如已知杆件所用的材料和杆件横截面面积，要求按强度条件来确定此杆所能容许的最大轴力，并根据内力和荷载的关系，计算出杆件所允许承受的荷载。则可将式（6-24）改为：

$$F_{N\max} \leqslant A[\sigma] \tag{6-25}$$

2. 剪切

（1）剪切的概念

杆件受到一对与杆轴线垂直、大小相等、方向相反且作用线相距很近的力 F 作用时，杆件在两力之间的截面沿着力的作用方向发生相对错动，这种错动称为剪切变形。在工程实际中，许多构件的连接常采用螺栓、铆钉、键、销钉等，这类连接件的受力特点就属于剪切变形，如图 6-16 所示。

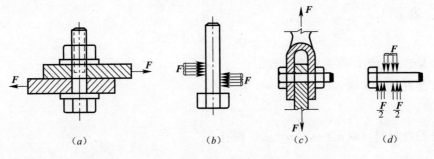

图 6-16 剪切

(2) 剪切弹性定律

实验证明，剪应力 τ 不超过材料剪切比例极限 τ_p 时，剪应力与剪应变 γ 成正比关系：

$$\tau = G \cdot \gamma \tag{6-26}$$

式中　G——剪切变形模量。

此关系为剪切弹性定律。

(3) 剪切强度计算

剪切强度条件就是使构件的实际剪应力不超过材料的许用剪应力：

$$\tau = V/A \leqslant [\tau] \tag{6-27}$$

这里 $[\tau]$ 为材料的许用剪应力，单位为 Pa 或 MPa。

一般来说，材料的剪切许用应力 $[\tau]$ 与材料的许用拉应力 $[\sigma]$ 之间，存在如下关系：

对塑性材料：　　　　$[\tau] = (0.6 \sim 0.8)[\sigma]$
对脆性材料：　　　　$[\tau] = (0.8 \sim 1.0)[\sigma]$

3. 梁的弯曲

(1) 梁的平面弯曲

1) 弯曲变形和平面弯曲

荷载的方向与梁的轴线相垂直时，梁在荷载作用下变弯，其轴线由原来的直线变成了曲线，构件的这种变形称为弯曲变形，产生弯曲变形的构件称为受弯构件。

在实际工程中常见的梁，其横截面大都具有一个对称轴，如图 6-17 所示，对称轴与梁轴线所组成的平面称为纵向对称平面，如图 6-18 所示。如果梁上的外力（包括荷载和支座反力）的作用线都位于纵向对称平面内，组成一个平衡力系。此时，梁的轴线将弯曲成一条位于纵向对称平面内的平面曲线，这样的弯曲变形称为平面弯曲。

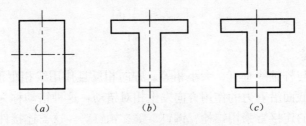

图 6-17　横截面上的对称轴

2) 梁的类型

工程中常见的单跨静定梁,按其支座情况可分为以下三种:

① 简支梁:该梁的一端为固定铰支座,另一端为可动铰支座,如图6-19(a)所示;

② 外伸梁:一端或两端向外伸出的简支梁称为外伸梁,如图6-19(b)所示;

③ 悬臂梁:该梁的一端为固定端支座,另一端为自由端,如图6-19(c)所示。

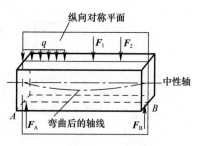

图6-18 纵向对称平面

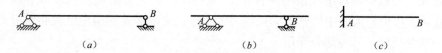

图6-19 梁的类型
(a)简支梁;(b)外伸梁;(c)悬臂梁

(2) 梁的内力

1) 剪力和弯矩

梁受外力作用后,在各个横截面上会引起与外力相当的内力。即:

① 相切于横截面的内力 F_Q,称为剪力;

② 作用面与横截面相垂直的内力偶矩 M,称为弯矩。

剪力的常用单位为 N 或 kN,弯矩的常用单位为 N·m 或 kN·m。

2) 剪力和弯矩的正负号规定

为了使从左、右两部分梁求得同一截面上的内力 F_Q 与 M 具有相同的正负号,并由它们的正负号反映变形的情况,对剪力和弯矩的正负号特作如下规定:

① 剪力的正负号:当截面上的剪力 F_Q 使所考虑的脱离体有顺时针方向转动趋势时为正(图6-20a);反之为负(图6-20b)。

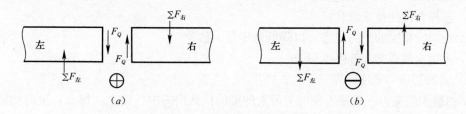

图6-20 剪力和弯矩的正负号

② 弯矩的正负号:当截面上的弯矩使所考虑的脱离体产生向下凸的变形时(即上部受压、下部受拉)为正(图6-21a);反之为负(图6-21b)。

(3) 梁的弯曲应力和强度计算

1) 正应力计算公式

$$\sigma = \frac{M \cdot y}{I_z} \tag{6-28}$$

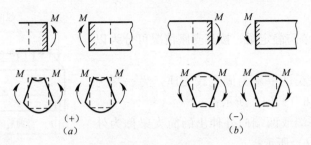

图 6-21 弯矩的正负号

上式表明：横截面上任意一点的正应力 σ 与该截面上的弯矩 M 和该点到中性轴的距离量 y 成正比，与横截面对中性轴的惯性矩 I_z 成反比。正应力沿截面高度成直线变化，离中性轴愈远正应力愈大，中性轴上的正应力等于零。梁的横截面由中性轴将其分为上下两部分，一部分受拉，另一部分受压。

2) 梁的正应力强度计算

根据强度要求，同时考虑留有一定的安全储备，梁内的最大正应力 σ_{max} 不应超过材料的弯曲许用正应力 $[\sigma]$，即：

$$\sigma_{max} = \frac{M_{max}}{W_z} \leqslant [\sigma] \tag{6-29}$$

利用公式的强度条件，可进行以下三个方面的计算：

① 强度校核

$$\frac{M_{max}}{W_z} \leqslant [\sigma] \tag{6-30}$$

② 选择截面尺寸

$$W_z \geqslant \frac{M_{max}}{[\sigma]} \tag{6-31}$$

③ 计算允许荷载

$$M_{max} \leqslant W_z [\sigma] \tag{6-32}$$

3) 提高梁抗弯强度的途径

① 选择合理的截面形状；
② 合理安排梁的受力状态，以降低弯矩最大值；
③ 采用变截面梁和等强度梁。

4) 梁的切应力强度计算

梁的最大切应力一般发生在剪力最大的梁的横截面的中性轴上，那么，梁的切应力强度条件为

$$\tau_{max} = \frac{F_{Qmax} \cdot S^*_{zmax}}{I_z \cdot b} \leqslant [\tau] \tag{6-33}$$

式中 $[\tau]$——许用切应力；

S^*_{zmax}——截面中性轴以上（或以下）的面积对中性轴的静矩。

在梁的强度计算中，必须同时满足正应力和切应力两个强度条件。

5) 提高弯曲刚度的措施

① 在截面面积不变的情况下，采用适当形状的截面使其面积尽可能分布在距中性轴

较远的地方;

② 缩小梁的跨度或增加支承;

③ 调整加载方式以减小弯矩的数值。

6.2.4 杆件刚度和压杆稳定性的概念

1. 杆件刚度的概念

构件在外力作用下应具有足够的抵抗变形的能力。在载荷作用下,构件即使有足够的强度,但若变形过大,仍不能正常工作。例如,机床主轴的变形过大,将影响加工精度;齿轮轴变形过大将造成齿轮和轴承的不均匀磨损,引起噪声。刚度要求就是指构件在规定的使用条件下不发生较大的变形。

2. 压杆稳定性的概念

杆件稳定性要求就是指构件在规定的使用条件下有足够的稳定性。它与强度的不同是稳定性要求构件应具有保持原有平衡状态的能力,在荷载作用下不至于突然丧失稳定;而强度要求构件应具有足够的抵抗破坏的能力,在荷载作用下不至于发生破坏。

在实际工程中,许多细长直杆两端受轴向压力作用时,其应力还远没有达到屈服极限或强度极限的情况下就受到破坏。压杆由于不能保持原有的直线平衡状态而丧失工作能力的现象叫作丧失稳定,简称失稳,如图 6-22 所示。

设有一等截面直杆,受有轴向压力作用,杆件处于直线形状下的平衡。为判断平衡的稳定性,可以加一横向干扰力,使杆件发生微小的弯曲变形(图 6-22a),然后撤销此横向干扰力。当轴向压力较小时,撤销横向干扰力后杆件能够恢复到原来的直线平衡状态(图 6-22b),则原有的平衡状态是稳定平衡状态;当轴向压力增大到一定值时,撤销横向干扰力后杆件不能再恢复到原来的直线平衡状态(图 6-22c),则原有的平衡状态是不稳定平衡状态。压杆由稳定平衡过渡到不稳定平衡时所受轴向压力的临界值称为临界压力,或简称临界力,用 F_{cr} 表示。

当 $F=F_{cr}$ 时,压杆处于稳定平衡与不稳定平衡的临界状态,称为临界平衡状态,这种状态的特点是:不受横向干扰时,压杆可在直线位置保持平衡;若受微小横

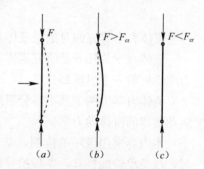

图 6-22 压杆稳定平衡与不稳定平衡

向干扰并将干扰撤销后,压杆又可在微弯位置维持平衡,因此临界平衡状态具有两重性。

压杆处于不稳定平衡状态时,称为丧失稳定性,简称为失稳。显然结构中的受压杆件绝不允许失稳。

3. 提高压杆稳定性的措施

提高压杆稳定性的中心问题,就是提高杆件的临界力或临界应力。可以从下列四方面考虑:

(1) 材料方面

在其他条件相同的情况下,选择高弹性模量的材料,可以提高压杆的稳定性。例如钢杆的临界力大于铜、铁、木杆的临界力。但应注意,对细长杆,临界应力与材料的强度指标无关,各种钢材的 E 值又大致是相等的,所以采用高强度钢材是不能提高压杆的稳定性

的，反而造成浪费。对于中长杆，临界应力与材料强度有关，采用高强度钢材，提高了屈服极限 σ_s 和比例极限 σ_p，在一定程度上可以提高临界应力。

(2) 减小杆的长度

压杆临界力的大小与杆长平方成反比，缩小杆件长度可以大大提高临界力，即提高抵抗失稳的能力。因此压杆应尽量避免细而长。在可能时，在压杆中间增加支承点，也能起到有效作用。

(3) 选择合理的截面形状

在截面积一定的情况下，要尽量增大惯性矩 I。例如，采用空心截面或组合截面，尽量使截面材料远离中性轴。当压杆在各个弯曲平面内的支承情况相同时，为避免在最小刚度平面内先发生失稳，应尽量使各个方向的惯性矩相同。例如采用圆形、方形截面。

若压杆的两个弯曲平面支承情况不同，则采用两个方向惯性矩不同的截面，与相应的支承情况对应。例如采用矩形、工字形截面。在具体确定截面尺寸时，抗弯刚度大的方向对应支承固结程度低的方向，抗弯刚度小的方向对应支承固结程度强的方向，尽可能使两个方向的柔度相等或接近，抗失稳的能力大体相同。

(4) 改善杆端的支撑条件

尽可能改善杆端的约束情况，加强杆端约束的刚性。因压杆两端支撑越牢固，临界应力就越大，稳定性越好。故采用长度系数 μ 值小的支承形式可提高压杆的稳定性。

6.3 流体力学基础

流体力学研究的对象是液体和气体，统称为流体。

流体力学的任务是研究流体静止和运动的力学规律，及其在工程技术中的应用。它是力学学科的一个组成部分。

流体力学由两个基本部分组成：一是研究流体平衡规律的流体静力学；二是研究流体运动规律的流体动力学。

本内容采用国际单位制，基本单位是 m-s-kg；但实际应用中常使用工程单位，学习时，注意单位的换算，掌握换算的基本关系 1kgf＝9.807N。

6.3.1 流体的主要力学性质

流体区别于固体的基本特征是流体具有流动性。

流体的主要力学性质有：密度、容重、压缩性和热胀性、黏滞性及汽化压强。

1. 密度和容重

和任何物质一样，流体具有质量和重量。

质量特性以密度表示。单位体积流体的质量称为流体的密度，以符号 ρ 表示，单位是 kg/m³。在连续介质假设的前提下，对于均质流体，其密度的表达式为：

$$\rho = \frac{m}{V} \tag{6-34}$$

式中　V——流体的体积，m³；

　　　m——流体的质量，kg。

流体所受地球的引力为流体的重力特性。重力特性用容重表示。单位体积流体所受引力为流体的容重，用 γ 表示，单位是 N/m^3。对于均质流体，容重的表达式为：

$$\gamma = \frac{G}{V} \tag{6-35}$$

流体处在地球引力场中，所受引力即重力为 $G=mg$，故密度与容重的关系为：

$$\gamma = \rho g \tag{6-36}$$

不同流体的密度和容重各不相同，同一种流体的密度和容重则随温度和压强而变化。一个标准大气压下，常用流体的密度和容重见表6-1。

常用流体的密度和容重（标准大气压下）　　　　表6-1

名称	水	水银	纯乙醇	煤油	空气	氧	氮
密度（kg/m³）	1000	13590	790	800～850	1.2	1.43	1.25
容重（N/m³）	9807	133318	7745	7848～8338	11.77	14.02	12.27
测定温度（℃）	4	0	15	15	20	0	0

2. 压缩性和热胀性

当温度保持不变时，流体的体积随压强增大而减小的性质称为流体的压缩性。

当压强保持不变时，流体的体积随温度升高而增大的性质称为流体的热胀性。

（1）液体的压缩性和热胀性

液体的压缩性用压缩系数或弹性模量来表示。压缩系数越大则液体的压缩性也越大。一般情况下，液体的压缩系数很小，工程上一般将液体视为不可压缩的，即认为液体的体积（或密度）与压力无关。但在瞬间压强变化很大的特殊场合（如压力管道的水击问题），则必须考虑水的压缩性。

表6-2列举了0℃时水在不同压强下的压缩系数。可见水的压缩系数是很小的。

水在不同压强下的压缩系数　　　　表6-2

压强（kPa）	500	1000	2000	4000	8000
压缩系数（m²/N）	0.538×10^{-9}	0.536×10^{-9}	0.531×10^{-9}	0.528×10^{-9}	0.515×10^{-9}

液体的热胀性用热胀系数来表示。热胀系数越大，则液体的热胀性也越大。

表6-3列举了水在一个大气压下，不同温度时的容重及密度。

一个大气压下水的容重及密度　　　　表6-3

温度（℃）	容重（N/m³）	密度（kg/m³）	温度（℃）	容重（N/m³）	密度（kg/m³）	温度（℃）	容重（N/m³）	密度（kg/m³）
0	9806	999.9	20	9790	998.2	60	9645	983.2
1	9806	999.9	25	9778	997.1	65	9617	980.6
2	9807	1000	30	9775	995.7	70	9590	977.8
3	9807	1000	35	9749	994.1	75	9561	974.9
4	9807	1000	40	9731	992.2	80	9529	971.8
5	9807	1000	45	9710	990.2	85	9500	968.7
10	9805	999.7	50	9690	988.1	90	9467	965.3
15	9799	999.1	55	9657	985.7	100	9399	958.4

表中,水的密度在 4℃时具有最大值,高于 4℃后,水的密度随温度升高而下降,液体热胀性非常小,温度升高 1℃时,水的密度降低仅为万分之几。一般工程上不考虑液体的热胀性,但在热水采暖工程中,需考虑水的膨胀性,在采暖系统中设置膨胀水箱。

(2) 气体的压缩性和热胀性

气体和液体在这方面大不相同,压强和温度的改变对气体密度的影响很大,当实际气体远离其液态时,这些气体可以近似地看作理想气体。理想气体的压力、温度、密度间的关系应服从理想气体状态方程。

$$\frac{p}{\rho} = RT \tag{6-37}$$

式中 p——绝对压强,Pa;

T——绝对温度,K;

ρ——密度,kg/m³;

R——气体常数,N·m/(kg·K),其值取决于不同的气体,$R = \frac{8314}{n}$,n 为气体的分子量,对于空气 R 为 287。

表 6-4 中,列举了标准大气压(760mmHg)下,空气在不同温度时的容重及密度。

标准大气压下空气的容重及密度 表 6-4

温度(℃)	容重(N/m³)	密度(kg/m³)	温度(℃)	容重(N/m³)	密度(kg/m³)	温度(℃)	容重(N/m³)	密度(kg/m³)
0	12.70	1.293	25	11.62	1.185	60	10.40	1.060
5	12.47	1.270	30	11.43	1.165	70	10.10	1.029
10	12.24	1.248	35	11.23	1.146	80	9.81	1.000
15	12.02	1.226	40	11.05	1.128	90	9.55	0.973
20	11.80	1.205	50	10.72	1.093	100	9.30	0.947

气体虽然是可以压缩和热胀的,但是,具体问题也要具体分析,对于气体速度较低(远小于音速)的情况,在流动过程中压强和温度的变化较小,密度仍可以看作常数,这种气体称不可压缩气体。在安装工程中,所遇到的大多数气体流动,都可当作不可压缩流体看待。

3. 黏滞性

黏滞性是流体固有的,是有别于固体的主要物理性质。当流体相对于物体运动时,流体内部质点间或流层间因相对运动而产生内摩擦力(切向力或剪切力)以反抗相对运动,从而产生了摩擦阻力。这种在流体内部产生内摩擦力以阻碍流体运动的性质称为流体的黏滞性,简称黏性。

如图 6-23 所示,为两块忽略边缘影响的无限大平板间的流体速度分布图。对于大多数流体,实验结果表明:任意两个薄平板间的切向应力为

$$\tau = \frac{F}{A} = \mu \frac{u}{\delta} = \mu \frac{du}{dy} \tag{6-38}$$

式中 μ——为流体动力黏性系数，一般又称为动力黏度，其单位为 N·s/m² 或 Pa·s。不同的流体有不同的 μ 值，μ 值愈大，表明其黏性愈强；

$\dfrac{du}{dy}$——流体在垂直流速方向上的速度梯度。

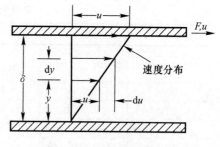

图 6-23 平板间速度分布

上式称之为牛顿内摩擦定律，是常用的黏滞力的计算公式。

工程中还经常用到动力黏度与密度的比值来表示流体的黏性，其单位是 m²/s，具有运动学的量纲，故称为运动黏滞系数，以符号 ν 表示。即：

$$\nu = \dfrac{\mu}{\rho} \tag{6-39}$$

实际使用中 μ 或 ν 都是反映流体黏滞性的参数。μ 或 ν 值愈大，表明流体的黏滞性愈强。但两个黏滞系数也是有差别的，主要表现在：工程中遇到的大多数流体的动力黏性系数与压力变化无关，只是在较高的压力下，其值略高一些。但是气体的运动黏度随压力显著变化，因为其密度随压力变化。图 6-24 反映了一般流体的黏性取决于温度的情况。当温度升高时，所有液体的黏性是下降的，而所有气体的黏性是上升的。原因是黏性取决于分子间的引力和分子间的动量交换。因此，随温度升高，分子间的引力减小而动量交换加剧。液体的黏滞力主要取决于分子间的引力，而气体的黏滞力则取决于分子间的动量交换。所以，液体与气体产生黏滞力的主要原因不同，造成截然相反的变化规律。

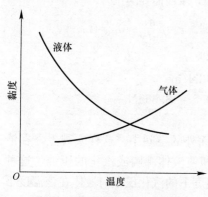

图 6-24 流体的黏性与温度曲线

表 6-5 列出了水在（一个大气压下）不同温度下的黏性系数。

水的黏滞系数（一个大气压下） 表 6-5

温度（℃）	μ(kPa·s)	ν(10^6m²/s)	温度（℃）	μ(kPa·s)	ν(10^6m²/s)
0	1.781	1.785	40	0.653	0.658
5	1.518	1.519	45	0.589	0.595
10	1.300	1.306	50	0.547	0.553
15	1.139	1.139	60	0.466	0.474
20	1.002	1.003	70	0.404	0.413
25	0.890	0.893	80	0.354	0.364
30	0.798	0.800	90	0.315	0.326
35	0.693	0.698	100	0.282	0.294

表 6-6 列出了空气在（一个大气压下）不同温度下的黏性系数。

空气的黏性系数（一个大气压下）　　　　　　　　表6-6

温度（℃）	μ(kPa·s)	$\nu(10^6 m^2/s)$	温度（℃）	μ(kPa·s)	$\nu(10^6 m^2/s)$
0	0.0172	13.7	90	0.0216	22.9
10	0.0178	14.7	100	0.0218	23.6
20	0.0183	15.7	120	0.0228	26.2
30	0.0187	16.6	140	0.0236	28.5
40	0.0192	17.6	160	0.0242	30.6
50	0.0196	18.6	180	0.0251	33.2
60	0.0201	19.6	200	0.0259	35.8
70	0.0204	20.5	250	0.0280	42.8
80	0.0210	21.7	300	0.0298	49.9

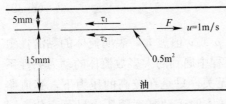

图 6-25 平板间薄板受力

【例 6-2】 如图 6-25 所示，在两块相距 20mm 的平板间充满动力黏度为 0.065N·s/m² 的油，如果以 1m/s 的速度匀速拉动距上平板 5mm 处，面积为 0.5m² 的薄板，求所需要的拉力。

【解】 根据 $\tau = \mu \dfrac{du}{dy} \approx \mu \dfrac{u}{\delta}$ 有：

$$\tau_1 = 0.065 \times 1/0.005 = 13 \text{N/m}^2$$
$$\tau_2 = 0.065 \times 1/0.015 = 4.33 \text{N/m}^2$$
$$F = (\tau_1 + \tau_2)A = (13 + 4.33) \times 0.5 = 8.665 \text{N}$$

4. 汽化压强

所有液体都会蒸发或沸腾，将它们的分子释放到表面外的空间中。这样宏观上，在液体的自由表面就会存在一种向外扩张的压强（压力），即使液体沸腾或汽化的压强，这种压强就称为汽化压强（或汽化压力）。因为液体在某一温度下的汽化压强与液体在该温度下的饱和蒸汽压所具有的压强对应相等，所以液体的汽化压强又称为液体的饱和蒸汽压强。

分子的活动能力随温度升高而增强，随压力升高而减弱，汽化压强也随温度升高而增大。水的汽化压强与温度的关系见表6-7。

水在不同温度下的汽化压强　　　　　　　　表6-7

温度（℃）	汽化压强（kPa）	温度（℃）	汽化压强（kPa）	温度（℃）	汽化压强（kPa）
0	0.61	30	4.24	70	31.16
5	0.87	40	7.38	80	47.34
10	1.23	50	12.33	90	70.10
20	2.34	60	19.92	100	101.33

在任意给定的温度下，如果液面的压力降低到低于饱和蒸汽压时，蒸发速率迅速增加，称为沸腾。因此，在给定温度下，饱和蒸汽压力又称沸腾压力，在涉及液体的工程中非常重要。

液体在流动过程中，当液体与固体的接触面处于低压区，并低于汽化压强时，液体产生汽化，在固体表面产生很多气泡；若气泡随液体的流动进入高压区，气泡中的气体便液化，这时，液化过程产生的液体将冲击固体表面。如果这种运动是周期性的，将对固体表面造成疲劳并使其剥落。这种现象称为汽蚀。汽蚀是非常有害的，在工程应用时，必须避免汽蚀。

5. 作用在流体上的力

作用在流体上的力是流体运动状态变化的重要外因，因此在研究流体运动规律时，必须分析作用在流体上的力。根据力作用方式的不同，作用在流体上的力可分为表面力和质量力。

（1）表面力

作用于流体（或分离体）表面上的力称为表面力。流体的面积可以是流体的自由表面也可以是内部截面积（如图 6-26 所示的隔离体面积 ΔA），因为流体内部几乎不能承受拉力，所以作用于流体上的表面力只可分解为垂直于表面的法向力和平行于表面的切向力。

作用于流体的法向力即为流体的压力，作用于流体的切向力即为流体内部的内摩擦力。

在流体内部，表面力的分布情况可用单位面积上的表面力，即应力来表示。单位面积上的压力称为压应力（或压强），以 p 表示；单位面积上的切向力称为切应力，以 τ 表示。

（2）质量力

作用于流体的每一质点或微团上的力称为质量力。例如重力场中地球对流体的引力所产生的重力（$G=mg$）、直线运动的惯性力（$F=ma$）和旋转运动中的离心惯性力（$F=mr\omega^2$）等（式中 ω 是角速度）。

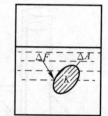

图 6-26 作用在静止液体上的表面力

质量力常用单位质量力来表示。若某均质流体的质量为 m，所受的质量力为 F。则单位质量力为：

$$f = \frac{F}{m} \tag{6-40}$$

6.3.2 流体静压强的特性和分布规律

流体静力学研究流体在静止或相对静止状态（即流体质点间没有相对运动）下的力学规律及其实际应用。静止或相对静止的流体中，不存在相对运动，无论黏滞性多大，均没有切力。又知道流体不能承受拉力，因此静止流体中只存在压力作用，所以流体静力学的主要任务是研究流体内部静压强的分布规律，并在此基础上解决一些工程实际问题。流体静力学是流体力学的基础，它总结的规律可以用于整个流体力学中。

1. 流体静压强的定义

假设有一个盛满水的水箱，如果在侧壁上开个小孔，水会立即喷出来，这就说明静止的水是有压力的。事实上处于静止状态下的流体，不仅对与之相接触的固体边壁有压力作用，而且在流体内部，相邻的流体之间也有压力作用。这种压力称为流体静压力，用 P 表示。

静止流体作用在单位面积上的流体静压力称为流体静压强，用 p 表示。

流体静压力和流体静压强都是压力的一种量度。但它们是两个不同的概念。流体静压力是作用在某一面积上的总压力；而流体静压强则是作用在某一面积上的平均压强或某一点的压强。因此它们的计量单位也不相同。

国际单位制中，压力 P 的单位是牛顿（N）或千牛顿（kN）；静压强的单位是帕斯卡，简称帕（Pa），$1Pa=1N/m^2$。有时也用千帕（kPa），或巴（bar），$1kPa=1kN/m^2=10^3Pa$，$1bar=10^5Pa$；在工程单位制中，流体静压力的单位常用千克力（kgf），流体静压强的单位常用千克力/平方厘米（kgf/cm^2）等。

2. 流体静压强的特性

（1）流体静压强的方向必然是垂直指向受压面的，即与受压面的内法线方向一致。

（2）在静止或相对静止的流体中，任一点各方向的流体静压强大小均等。

3. 流体静压强的分布规律

由于流体本身有重量和易流动性，对容器的底部和侧壁产生静压强，现在来分析静压强的分布规律。假设在容器侧壁上开三个小孔，如图 6-27 所示，容器内灌满水，然后把三个小孔的塞头打开，这时可以看到水流分别从三个小孔喷射出来，孔口愈低，水喷射愈急。这个现象说明水对容器侧壁不同深处的压强是不一样的，即压强随着水深的增加而增大，如果在容器侧壁同一深度处开几个小孔，则我们可以看到从各孔口喷射出来的水流都一样，这说明水对容器侧壁同一深度处的压强相等。

观察这些现象，可以感性的认识到流体对容器侧壁的压强，随着深度的增加而增大，且同一深度处的压强相等。

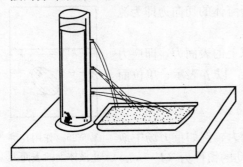

图 6-27 侧壁开有小孔的容器

（1）液体静压强的基本方程

如图 6-28 所示，敞口容器中液体内部某点压强 p 为

$$p = p_0 + \gamma h \qquad (6-41)$$

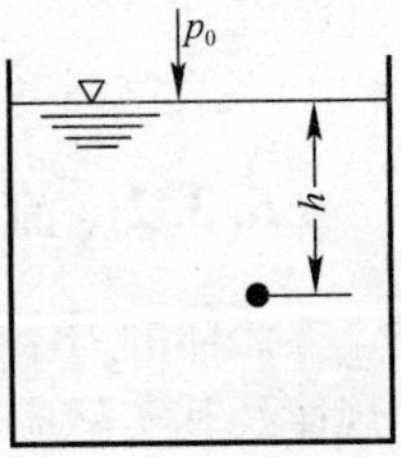

式中　p——静止液体内某点的压强，Pa；

　　　p_0——静止液体的液面压强，Pa；

　　　γ——液体的容重，N/m^3；

　　　h——该点在液面下的深度，m。

这就是液体静力学的基本方程式。它表示静止液体中，压强随深度的变化规律。

图 6-28 敞口容器

从式（6-42）可以得出以下结论：

1）静止液体中任一点的压强由液面压强 p_0 和该点在液面下的深度与容重的乘积 γh 两部分组成。压强的大小与容器的形状无关，即只要知道液面压强 p_0 和该点在液面下的深度 h，就可求出该点的压强。

2）液面压强 p_0 增大或减小时，液体内各点的流体静压强亦相应的增加或减少，即液面压强的增减将等值传递到液体内部其余各点。

3）液体中的压强的大小是随着液体深度逐渐增大的。当容重一定时，压强随水深按线性规律增大。在实际工程中修堤筑坝，愈到下面的部分愈要加厚，以便承受逐渐增大的压强，其道理也在于此。

【例 6-3】　敞口水池中盛水如图 6-29 所示。已知液面压强 $p_0=98.07kN/m^2$，求池壁

A、B 两点、C 点以及池底 D 点所受的静水压强。

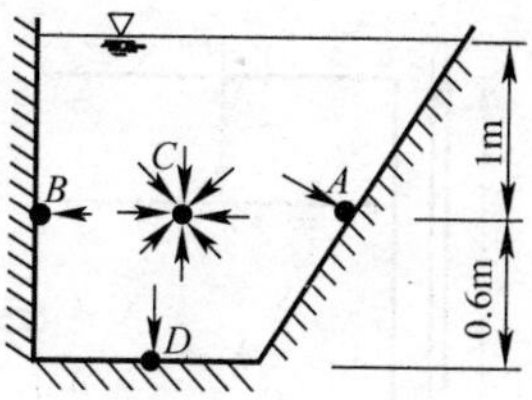

【解】 $P_C = p_0 + \gamma h = 98.07 + 9.807 \times 1 = 107.88 \text{kN/m}^2 = 107.88 \text{kPa}$

A、B、C 三点在同一水平面上，水深 h 均为 1m，所以压强相等。即：

$$P_A = P_B = P_C = 107.88 \text{kPa}$$

图 6-29 敞口水池

D 点的水深 1.6m，故：

$$P_D = p_0 + \gamma h = 98.07 + 9.807 \times 1.6 = 113.76 \text{kPa}$$

关于压强的作用方向，静压强的作用方向垂直于作用面的切平面且指向受力物体（流体或固体）系统表面的内法线方向。A、B、D 三点在容器的壁面上，液体对固体边壁的作用和方向如图 6-29 中所示，C 点在各个方向上的静压强相等。液体静力学基本方程（6-41）

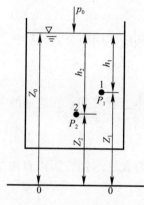

图 6-30 流体静力学方程推证

还有另一种形式，如图 6-30 所示，设水箱水面的压强为 p_0，水中 1、2 点到任选基准面 0-0 的高度为 Z_1、Z_2，压强为 p_1、p_2，将式中的深度 h_1、h_2 分别用高度差 $(Z_0 - Z_1)$ 和 $(Z_0 - Z_2)$ 表示后得：

$$p_1 = p_0 + \gamma(Z_0 - Z_1)$$
$$p_2 = p_0 + \gamma(Z_0 - Z_2)$$

上式除以容重 γ，并整理后得：

$$Z_1 + \frac{p_1}{\gamma} = Z_0 + \frac{p_0}{\gamma}$$

$$Z_2 + \frac{p_2}{\gamma} = Z_0 + \frac{p_0}{\gamma}$$

两式联立得：

$$Z_1 + \frac{p_1}{\gamma} = Z_2 + \frac{p_2}{\gamma} = Z_0 + \frac{p_0}{\gamma}$$

水中 1、2 点是任选的，故可将上述关系式推广到整个液体，得出具有普遍意义的规律，即：

$$Z + \frac{p}{\gamma} = C(常数) \tag{6-42}$$

这就是液体静力学基本方程的另一种形式，它表示在同一种静止液体中，不论哪点的 $\left(Z + \frac{p}{\gamma}\right)$ 总是一个常数。

(2) 液体静压强基本方程式的意义

方程式 $\left(z + \frac{p}{\gamma}\right) = C$ 中各项的单位都是米（m），表示某种高度，可以用几何线段来表示，流体力学上称为水头。

方程式 $\left(z + \frac{p}{\gamma}\right) = C$ 中，z 为该点的位置相对于基准面的高度，称为位置水头，$\frac{p}{\gamma}$ 是该点在压强作用下沿测压管所能上升的高度，称为压强水头，$z + \frac{p}{\gamma}$ 称为测压管水头，它

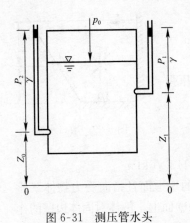

图 6-31 测压管水头

表示测压管液面相对于基准面的高度。如图 6-31 所示，$\left(z+\dfrac{p}{\gamma}\right)=C$ 表示同一容器的静止液体中，所有各点的测压管液面均相等。即使各点的位置水头和压强水头互不相同，但各点的测压管水头必然相等。因此，在同一容器的静止液体中，所有各点的测压管液面必然在同一水平面上，测压管水头中的压强 p 必须采用相对压强表示。

以上规律是在液体的基础上分析而得的，对于不可压缩气体也同样适用。只是气体的容重较小，所以在高差不是很大的时候，气体所产生的压强很小，认为 $\gamma h=0$。压强基本方程式简化为：

$$p = p_0 \tag{6-43}$$

即认为空间各点的压强相等。但是如果高差超过一定的范围，还应使用原公式计算气体压强。

4. 等压面

在静止液体中，由压强相等的点组成的面称为等压面。根据基本方程可知，在连通的同种静止液体中，深度相同的各点静水压强均相等。由此可得以下结论：

1) 在连通的同种静止液体中，水平面必然是等压面；
2) 静止液体的自由液面是水平面，该自由液面上各点压强均为大气压强，所以自由液面是等压面；
3) 两种不同液体的分界面是水平面，故该面也是等压面。

现在以图 6-32 来具体分析判断等压面。

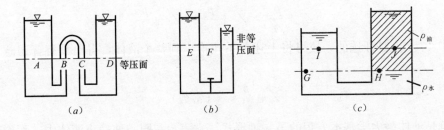

图 6-32 等压面

图 6-32（a）中，位于同一水平面上的 A、B、C、D 各点压强均相等，通过该四点的水平面为等压面。图 6-32（b）中，由于液体不连通，故位于同一水平上的 E、F 两点的静水压强不相等，因而通过 E、F 两点的水平面不是等压面。图 6-32（c）中，连通器中装有两种不同液体，且 $\rho_水 > \rho_油$，通过两种液体的分界面的水平面为等压面，位于该水平面上的 G、H 两点压强相等。而穿过两种不同液体的水平面不是等压面，位于该水平面上方的 I、J 两点压强则不等。

5. 压强的表示方法

按量度压强大小的基准（即计算的起点）的不同，压强有三种表示方法：

(1) 绝对压强：以没有气体分子存在的绝对真空状态作为零点起算的压强称为绝对压强，以符号 p' 表示。当要解决的问题涉及流体本身的性质时，采用绝对压强，例如采用气体状态方程式进行计算时。在表示某地当地大气压强时也采用绝对压强值。

(2) 相对压强：以当地大气压 p_a 作为零点起算的压强，称为相对压强，以符号 p 表示。在工程上，相对压强又称表压。采用相对压强表示时，则大气压强为零，即 $p_a=0$。相对压强、绝对压强和当地大气压强三者的关系是：

$$p = p' - p_a \tag{6-44}$$

注意，此处的 p_a 是指大气压强的绝对压强值。

(3) 真空压强：若流体某处的绝对压强小于当地大气压强时，则该处处于真空状态，其真空程度一般用真空压强 p_v 表示。

$$p_v = p_a - p' \tag{6-45}$$
$$p_v = -p \tag{6-46}$$

图 6-33 表示了上述三种压强之间的关系。在实际工程中常用相对压强。这是因为在自然界中，物体均放置处于大气压中，所感受到压强大小也是以大气压为基准的，在以后讨论问题时，如不加以说明，压强均指相对压强。

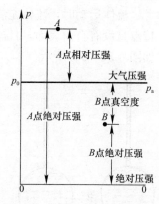

图 6-33 压强计量基准图示

6. 压强的计量单位

工程上常用的压强计量单位有三种。

(1) 压强单位

根据压强的定义，用单位面积上的力来表示压强的大小。在国际单位制中用 N/m^2，即 Pa 来表示。压强很高时，用 Pa 数值太大，这时可用 kPa 或 MPa。在工程制单位中，用 kgf/m^2 或 kgf/cm^2。

(2) 液柱单位

压强可用测压管内的液柱高度来表示。将液柱高度乘以该液体的容重即为压强。常用的液柱高度为水柱高度或汞柱高度，其单位为 mH_2O（米水柱），mmH_2O（毫米水柱）和 mmHg（毫米汞柱）。

$$1mH_2O = 9807 N/m^2 = 1000 kgf/m^2$$
$$1mmH_2O = 9.807 N/m^2 = 1 kgf/m^2$$
$$1mmHg = 133 N/m^2 = 13.6 kgf/m^2$$

(3) 大气压单位

压强的大小也常用大气压的倍数来表示，其单位为标准大气压和工程大气压。国际上规定温度为 0℃，纬度 45°处海平面上的绝对压强为标准大气压，用符号 atm 表示，其值为 101.325kPa，即 1atm=101.325kPa。而在工程上，为了计算方便，规定了工程大气压，用符号 at 表示，其值为 98.07kPa，即 1at=98.07kPa。

换算关系为：

$$1atm = 101325Pa = 10.33mH_2O = 760mmHg$$
$$1at = 98070Pa = 10mH_2O = 736mmHg$$

6.3.3 流体运动的概念、特性及其分类

在自然界或工程实际中，流体的静止、平衡状态，都是暂时的、相对的，是流体运动的特殊形式，运动才是绝对的。流体最基本的特征就是它的流动性。因此，进一步研究流体的运动规律具有更重要、更普遍的意义。

流体静力学与流体动力学的主要区别是：

一是在进行力学分析时，静力学只考虑作用在流体上的重力和压力；动力学除了考虑重力和压力外，由于流体运动，还要考虑因流体质点速度变化所产生的惯性力和流体流层与流层间、质点与质点间因流速差异而引起的黏滞力。二是在计算某点压强时，流体的静压强只与该点所处的空间位置有关，与方向无关；动力学中的压强，一般指动压强，不仅与该点所处的空间位置有关，还与方向有关。

1. 压力流与无压流

流体运动时，流体充满整个流动空间并在压力作用下的流动，称为压力流。压力流的特点是没有自由表面，且流体对固体壁面的各处包括顶部（如管壁顶部）有一定的压力，如图6-34（a）所示。

液体流动时，具有与气体相接触的自由表面，且只依靠液体自身重力作用下的流动，称为无压流。无压流的特点是具有自由表面，液体的部分周界与固体壁面相接触，如图6-34（c）所示。

在压力流中，流体的压强一般大于大气压强（水泵吸水管等局部地区可以小于大气压强），工程实际中的给水、采暖、通风等管道中的流体运动，都是压力流。在无压流中，自由表面上的压强等于大气压强，实际中的各种排水管、明渠、天然河流等液流都是无压流。在压力流与无压流之间有一种满流状态，如图6-34（b）所示。其流体的整个周界均与固体壁面相接触，但对管壁顶部没有压力。在工程中，近似地按无压流看待。

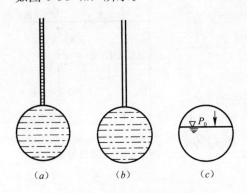

图 6-34 压力流与无压流
(a) 圆管压力流；(b) 圆管满流；(c) 圆管无压流

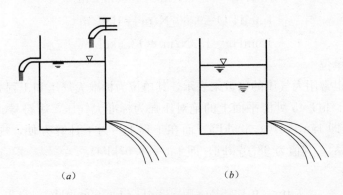

图 6-35 液体经孔口出流
(a) 恒定流；(b) 非恒定流

2. 恒定流与非恒定流

流体运动时，流体任意一点的压强、流速、密度等运动要素不随时间而发生变化的流动，称为恒定流。如图 6-35（a）所示，水从水箱侧孔出流时，由于水箱上部的水管不断充水，使水箱中水位保持不变，因此水流任意点的压强、流速均不随时间改变，所以是恒定流。

流体运动时，流体任意一点的压强、流速、密度等运动要素随时间而发生变化的流动，称为非恒定流。如图 6-35（b）所示，水从水箱侧孔出流时，由于水箱上无充水管，水箱中的水位逐渐下降，造成水流各点的压强、流速均随时间改变，所以是非恒定流。工程流体力学以恒定流为主要研究对象。水暖通风工程中的一般流体运动均按恒定流考虑。

3. 流线与迹线

流线是指同一时刻流场中一系列流体质点的流动方向线，即在流场中画出的一条曲线，在某一瞬时，该曲线上任意一点的流速矢量总是在该点与曲线相切。如图 6-36 所示，由于流体的每质点只能有一个流速方向，所以过一点只能有一条流线，或者说流线不能相交；流线只能是直线或光滑曲线，而不能是折线，否则折点上将由两个流速方向，显然是不可能的。

因此，流线可以形象地描绘出流场内的流体质点的流动状态，包括流动方向和流速的大小，流速大小可以由流线的疏密得到反映。流线是欧拉法对流动的描绘，如图 6-37 所示。

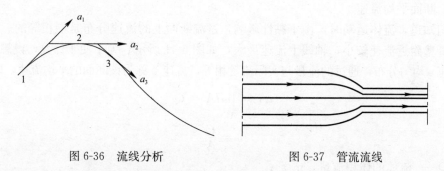

图 6-36　流线分析　　　　图 6-37　管流流线

迹线是指某一流体质点在连续时间内的运动轨迹。

流线和迹线，是两个截然不同的概念，学习时注意区别。对于恒定流，因为流速不随时间变化，流线与迹线完全重合，所以可以用迹线来反映流线。

4. 元流与总流

在流体运动的空间内，任取一封闭曲线 S，过曲线 S 上各点作流线，这些流线所构成的管状流面称为流管，充满流体的流管称为流束，把面积为 dA 的微小流束，称为元流。面积为 A 的流束则是无数元流的总和，称为总流，如图 6-38 所示。

元流横断面积无限小。其上的流速、压强等可以认为是相等的。

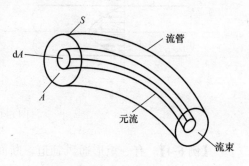

图 6-38　元流与总流

5. 过流断面、流量和断面平均流速

(1) 过流断面

在流束上作出的与流线相垂直的横断面，称为过流断面，如图 6-39 所示。流线互相平行时，过流断面为平面；流线互相不平行时，过流断面为曲面。圆管是最常用的断面形式，但工程上也常常用到非圆管的情况，如通风系统中的风道，有许多就是矩形的。

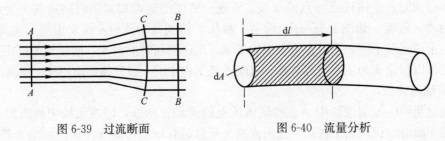

图 6-39　过流断面　　　　　　图 6-40　流量分析

(2) 流量

单位时间内通过某过流断面的流体的量称为流量，通常用流体的体积、质量和重量来计量，分别称为体积流量 $Q(\text{m}^3/\text{s})$，质量流量 $M(\text{kg/s})$，重量流量 $G(\text{N/s})$。

三种流量单位之间的换算关系：

$$M = Q \cdot \rho \tag{6-47}$$

$$G = M \cdot g \tag{6-48}$$

(3) 断面平均流速

我们知道，流体运动时，由于黏性影响，过流断面上的流速分布是不相等的。以管流为例，管壁附近流速较小，轴线上流速最大，如图 6-41 所示。为了便于计算，设想过流断面上流速 v 均匀分布，通过的流量与实际流量相等，流速 v 称为该断面的平均流速，即：

$$vA = \int_A u dA = Q$$

则

$$v = \frac{Q}{A} \tag{6-49}$$

式中　Q——流体的体积流量，m^3/s；

　　　v——断面平均流速，m/s；

　　　A——总流过流断面面积，m^2。

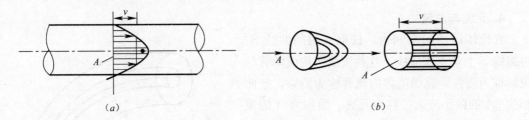

图 6-41　断面平均流速

【例 6-4】 有一矩形通风管道，断面尺寸为：高 $h=0.3\text{m}$，宽 $b=0.5\text{m}$，若管道内断面平均流速 $v=7\text{m/s}$，试求空气的体积流量及质量流量（空气的密度 $\rho=1.2\text{kg/m}^3$）。

【解】 根据公式（6-50），空气的体积流量

$$Q = vA = 7 \times 0.3 \times 0.5 = 1.05 \text{m}^3/\text{s}$$

空气的质量流量

$$M = \rho Q = 1.2 \times 1.05 = 1.26 \text{kg/s}$$

6. 均匀流与非均匀流、渐变流与急变流

均匀流是指过流断面的大小和形状沿程不变，过流断面上流速分布也不变的流动；凡不符合上述条件的流动则为非均匀流。由此可见，均匀流的特点是流线互相平行，过流断面为平面，均匀流是等速流。

实际工程中液体的流动大多数都不是均匀流，在非均匀流中，按流线沿流程变化的缓急程度又可分为渐变流和急变流。渐变流是指流速沿流向变化较缓，流线近似平行直线的流动。凡不符合上述条件的流动则为急变流，如图 6-42 所示。渐变流的特点是只受重力和压力作用，无离心力作用，过流断面近乎平面。

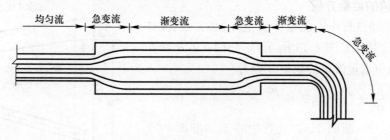

图 6-42 渐变流和急变流

7. 流体的水头损失

（1）水头

流体力学中习惯上将单位重量的流体所具有的机械能称为水头，单位是流体的柱高，如米水柱（mH₂O）。前面讨论的静止流体的位置势能 Z，压强势能 P/γ，也称作位置水头、压强水头。

对于流动的流体，所具有的机械能除上述两项势能外，单位重量流体还具有动能，即 $v^2/2g$，也称为流速水头。这样单位重量的流体所具有的机械能（总水头）为

$$H = Z + P/\gamma + v^2/2g \tag{6-50}$$

（2）沿程阻力与沿程水头损失

在长直管道或长直明渠中，流动为均匀流或渐变流，流动阻力中只包括与流程的长短有关的摩擦阻力，称其为沿程阻力。流体为克服沿程阻力而产生的水头损失称为沿程水头损失或简称沿程损失。

（3）局部阻力与局部水头损失

在流道发生突变的局部区域，如阀门、弯头、三通等管件、附件，流动属于变化较剧烈的急变流，流动结构急剧调整，流速大小、方向迅速改变，往往伴有流动分离与旋涡运动，流体内部摩擦作用增大。称这种流动急剧调整产生的流动阻力为局部阻力，流体为克服局部阻力而产生的水头损失称为局部水头损失或简称局部损失。局部损失的大小主要与流道的形状有关。在实际情况下，大多急变流产生的部位会产生局部水头损失。

将水头损失分成沿程损失与局部损失的方法能够简化水头损失计算。方便于对水头损

失变化规律的研究,在计算一段流道的总水头损失时,能够将整段流道分段来考虑。先计算每段的沿程损失或局部损失,然后将所有的沿程损失相加,所有的局部损失相加,两者之和即为总水头损失。

8. 恒定流的连续方程

流体在流动时,质量守恒定律也适用。因此,对不可压缩流体,即有:

$$Q_1 = Q_2 \tag{6-51}$$

或

$$\frac{v_1}{v_2} = \frac{A_2}{A_1} \tag{6-52}$$

式(6-53)也称为不可压缩流体恒定总流的连续性方程式。表明:不可压缩流体在管内流动时,管径越大,断面上的流速越小;反之,管径越小,断面上的流速越大。

对于可压缩流体,则其恒定总流连续性方程的表达式可写成:

$$\rho_1 A_1 v_1 = \rho_2 A_2 v_2 \tag{6-53}$$

9. 恒定流的能量方程

流体在流动过程中,能量始终是守恒的。当流体流过某一管段时(如图6-43所示),断面1-1和断面2-2之间的单位重量流量的能量方程为:

$$z_1 + \frac{p_1}{\gamma} + \frac{\alpha_1 v_1^2}{2g} = z_2 + \frac{p_2}{\gamma} + \frac{\alpha_2 v_2^2}{2g} + h_w \tag{6-54}$$

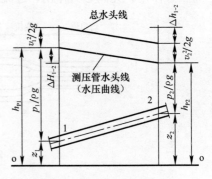

图 6-43 流体能量方程的表示

式中 z_1、z_2——断面1、2处管中心至基准面0—0的垂直距离,m;

p_1、p_2——断面1、2处的压强,Pa;

v_1、v_2——断面1、2处的断面平均流速,m/s;

ρ——水的密度,kg/m³;

g——重力加速度,$g=9.81$m/s²;

h_w——断面1、2间的水头损失,mH₂O;

α_1、α_2——断面1、2处的动能修正系数,取 $\alpha_1=\alpha_2=1.0$。

上式中各项都表示一段高度,以"m"作单位,可分别称为:

Z——位置水头;$\frac{p}{\rho g}$——压强水头;$\frac{v^2}{2g}$——流速水头。

这就是极其重要的恒定总流能量方程式,或称恒定总流的伯努利方程式。

6.3.4 孔板流量计、减压阀的基本工作原理

1. 孔板流量计

孔板流量计是按照孔口出流原理制成的,用于测量流体的流量。其工作原理是充满管道的流体,当它们流经管道内的节流装置时,流体将在节流装置的节流件处形成局部收缩,从而使流速增加,静压力低,于是在节流件前后便产生了压力降,即压差,介质流动的流量越大,在节流件前后产生的压差就越大,所以孔板流量计可以通过测量压差来衡量流体流量的大小。这种测量方法是以能量守恒定律和流动连续性定律为基准的。如图6-44所示,在管道中设置一块金属平板,平板中央开有一孔,在孔板两侧连接测压管。若两根

测压管的液面高差为 H_0，则通过孔板的流量为：

$$Q = \mu A \sqrt{2gH_0} \qquad (6-55)$$

式中　μ——为孔板流量系数，一般取 0.6～0.75；
　　　A——孔的面积，m^2；
　　　H_0——两根测压管的液面高差，m。

2. 减压阀

根据流体流动的连续性方程式可知，流体在断面缩小的地方流速大，此处动能也大，在过流断面上会产生压差。

减压阀是一个局部阻力可以变化的节流元件，即通过改变节流面积，使流速及流体的动能改变，造成不同的压力损失，从而达到减压的目的。

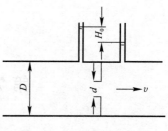

图 6-44　孔板流量计原理

第7章 建筑设备的基础知识

本章简要介绍电工学和建筑设备工程的基础知识。为学员进一步学习打下基础。

7.1 电工学基础

本节主要研究电路的功能及电磁现象的基本规律与分析方法,是学习电工专业知识必要的理论基础。通过学习,要掌握直流电路、交流电路的基本概念、基本规律和基本分析方法,了解变压器三相异步电动机等的基本结构、工作原理、特性以及三相交流异步电动机拖动的基本理论,了解二级和三级晶体管的基本结构及应用,为进一步学习专业知识打下必要的基础。

7.1.1 直流电路

1. 电路的组成及功能

(1) 电路的组成

电路是由各种电气器件按一定方式用导线连接组成的总体,它提供了电流通过的闭合路径。电气器件包括电源、开关、负载等。

电源是把其他形式的能量转换为电能的装置。负载是取用电能的装置,它把电能转换为其他形式的能量。导线和开关用来连接电源和负载,为电流提供通路,把电源的能量供给负载,并根据负载需要接通和断开电路。

(2) 电路的功能

电路功能有两类:第一类功能是进行能量的转换、传输和分配;第二类功能是进行信号的传递与处理。例如,扩音机的输入是由声音转换而来的电信号,通过晶体管组成的放大电路,输出的便是放大了的电信号,从而实现了放大功能。

2. 电路的基本物理量

(1) 电流

电流是由电荷的定向移动而形成的,其大小和方向均不随时间变化的电流叫恒定电流,简称直流。

电流的强弱用电流强度来表示,对于恒定直流,电流强度 I 用单位时间内通过导体截面的电量 Q 来表示,即:

$$I=\frac{Q}{t} \tag{7-1}$$

电流的单位是 A(安[培])。在 1s 内通过导体横截面的电荷为 1C(库仑)时,其电流则为 1A。

计算微小电流时,电流的单位用 mA(毫安)、μA(微安)或 nA(纳安),其换算关

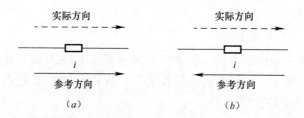

图 7-1 电流的方向

(a) 参考正方向与实际方向一致 ($i>0$); (b) 参考正方向与实际方向相反 ($i<0$)

系为: $1mA=10^{-3}A$, $1\mu A=10^{-6}A$, $1nA=10^{-9}A$。

规定正电荷的移动方向表示电流的实际方向。在外电路,电流由正极流向负极;在内电路,电流由负极流向正极。在复杂电路中,引入电流的参考正方向的概念。

(2) 电压

电场力把单位正电荷从电场中点 A 移到点 B 所做的功 W_{AB} 称为 A、B 间的电压,用 U_{AB} 表示,即

$$U_{AB}=\frac{W_{AB}}{Q} \tag{7-2}$$

电压的单位为 V (伏[特])。如果电场力把 1C 电量从点 A 移到点 B 所做的功是 1J (焦耳),则 A 与 B 两点间的电压就是 1V。

计算较大的电压时用 kV (千伏),计算较小的电压时用 mV (毫伏)。其换算关系为: $1kV=10^3V$, $1mV=10^{-3}V$。

电压的实际方向规定为:从高电位点指向低电位点,即由"+"极指向"-"极,因此,在电压的方向上电位是逐渐降低的。

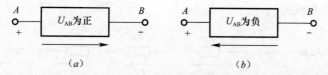

图 7-2 电压的正负与实际方向

(a) 参考正方向与实际方向一致;(b) 参考正方向与实际方向相反

(3) 电阻及欧姆定律

电阻是一个限流元件,将电阻接在电路中后,电阻器的阻值是固定的,一般是两个引脚,它可限制通过它所连支路的电流大小。阻值不能改变的称为固定电阻器。阻值可变的称为电位器或可变电阻器,可以用于分压。理想的电阻器是线性的,即通过电阻器的瞬时电流与外加瞬时电压成正比。可变电阻器是在裸露的电阻体上,紧压着一至两个可移金属触点,触点位置确定电阻体任一端与触点间的阻值。

通常流过电阻的电流与电阻两端的电压成正比,这就是欧姆定律。欧姆定律可用式 (7-3) 表示:

$$U/R=I \tag{7-3}$$

由上式可见,当所加电压 U 一定时,电阻 R 愈大,则电流 I 愈小。显然,电阻具有对电流起阻碍作用的物理性质。式中 R 即为该段电路的电阻。在国际单位制中,电阻的单

位是欧姆（Ω）。

（4）电动势

外力克服电场力把单位正电荷由低电位 B 端移到高电位 A 端，所做的功称为电动势，用 E 表示，如图 7-3 所示。电动势的单位也是 V。如果外力把 1C 的电量从点 B 移到点 A，所做的功是 1J，则电动势就等于 1V。

电动势的方向规定为从低电位指向高电位，即由"－"极指向"＋"极。

（5）电功率

在直流电路中，根据电压的定义，电场力所做的功是 $W=QU$。把单位时间内电场力所做的功称为电功率，则：有

$$P=\frac{QU}{t}=UI \tag{7-4}$$

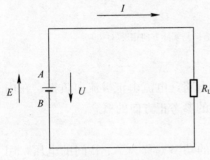

图 7-3　电动势

功率的单位是 W（瓦［特］）。

对于大功率，采用 kW（千瓦）或 MW（兆瓦）作单位，对于小功率则用 mW（毫瓦）或 μW（微瓦）作单位。

在电源内部，外力做功，正电荷由低电位移向高电位，电流逆着电场方向流动，将其他能量转变为电能，其电功率为：$P=EI$。若计算结果 $P>0$，说明该元件是耗能元件；若 $P<0$，则该元件为供能元件。

3. 电路的连接

（1）电阻的串联

由若干个电阻顺序地连接成一条无分支的电路，称为串联电路。如图 7-4 所示，电路是由三个电阻串联组成的。

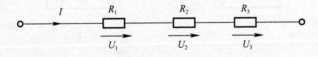

图 7-4　串联电路

串联电路的基本特点：

1）流过串联各元件的电流相等，即 $I_1=I_2=I_3$；
2）等效电阻 $R=R_1+R_2+R_3$；
3）总电压 $U=U_1+U_2+U_3$；
4）总功率 $P=P_1+P_2+P_3$；
5）电阻串联具有分压作用，即：

$$U_1=\frac{R_1U}{R},\ U_2=\frac{R_2U}{R},\ U_3=\frac{R_3U}{R} \tag{7-5}$$

（2）电阻的并联

将几个电阻元件都接在两个共同端点之间的连接方式称为并联。并联电路的基本特点是：

1) 并联电阻承受同一电压,即 $U=U_1=U_2=U_3$;

2) 总电流 $I=I_1+I_2+I_3$;

3) 总电阻的倒数 $1/R=1/R_1+1/R_2+1/R_3$,即总电导 $G=G_1+G_2+G_3$;

若只有两个电阻并联,其等效电阻 R 可用下式计算:

$$R=R_1//R_2=\frac{R_1\times R_2}{R_1+R_2} \tag{7-6}$$

其中,符号"//"表示电阻并联。

4) 总功率 $P=P_1+P_2+P_3$;

5) 电阻的并联具有分流作用,即

$$I_1=\frac{RI}{R_1},\ I_2=\frac{RI}{R_2},\ I_3=\frac{RI}{R_3} \tag{7-7}$$

4. 电器设备的额定值

电气设备的额定值,通常有如下几项:

(1) 额定电流(I_N):电气设备长时间运行以致稳定温度达到最高允许温度时的电流,称为额定电流。

(2) 额定电压(U_N):为了限制电气设备的电流并考虑绝缘材料的绝缘性能等因素,允许加在电气化设备上的电压限值,称为额定电压。

(3) 额定功率(P_N):在直流电路中,额定电压与额定电流的乘积就是额定功率,即 $P_N=U_N \cdot I_N$。

电气设备的额定值都标在铭牌上,使用时必须遵守。

5. 电路的三种状态

电路在工作时有三种工作状态,分别是通路、短路、断路。

(1) 通路(有载工作状态)

1) 如图 7-5 所示,当开关 S 闭合,使电源与负载接成闭合回路,电路便处于通路状态。在实际电路中,负载都是并联的,R_L 代表等效负载电阻。可见,所谓负载增大或负载减小,是指增大或减小负载电流,而不是增大或减小电阻值。

2) 根据负载大小,电路在通路时又分为三种工作状态:当电气设备的电流等于额定电流时,称为满载工作状态;当电气设备的电流小于额定电流时,称为轻载工作状态;当电气设备的电流大于额定电流时,称为过载工作状态。

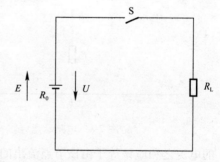

图 7-5 有载工作状态示意

(2) 断路

所谓断路,就是电源与负载没有构成闭合回路,即 $R=\infty$,$I=0$。

断路时,电源内阻消耗功率 $P_E=0$,负载消耗功率 $P_L=0$,路端电压 $U_0=E$,此种情况,称为电源的空载。

(3) 短路

所谓短路,就是电源未经负载而直接由导线接通成闭合回路,短路的特征是:负载电阻 $R=0$;负载的端电压 $U=0$;短路电流 $I_S=E/R_0$,其中 R_0 为电源内阻;负载消耗功率

$P_L=0$；电源内阻消耗功率 $P_E=I_S^2 R_0$。

因电源内阻 R_0 一般很小，短路电流 I_S 很大。电源短路是一种严重事故，应严加防止。为了防止发生短路事故，以免损坏电源，常在电路中串接熔断器。熔断器的符号如图 7-6 所示，熔断器在电路中的接法如图 7-7 所示。

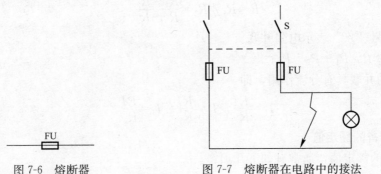

图 7-6　熔断器　　　　图 7-7　熔断器在电路中的接法

6. 基尔霍夫定律

(1) 基本概念

分析与计算电路的基本定律，除了欧姆定律外，还有基尔霍夫电流定律和电压定律。基尔霍夫电流定律应用于节点，电压定律应用于回路。电路中任一闭合路径，称为回路，例如，图 7-8 中 ABEFA、BCDEB、ABCDEFA 等都是回路。电路中的每一分支称为支路，如图 7-8 中，BAF、BCD、BE 等都是支路。一条支路流过一个电流，称为支路电流。电路中三条或三条以上的支路相连接的点称为节点。例如，图 7-8 中的 B、E 都是节点。

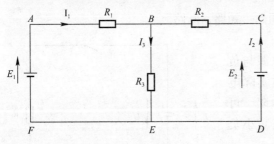

图 7-8　电路示意

(2) 基尔霍夫第一定律

基尔霍夫第一定律也称为节点电流定律，于 1845 年由古斯塔夫·基尔霍夫所发现（又简写为 KCL）。基尔霍夫第一定律是用来确定连接在同一结点上的各支路电流间关系的。由于电流的连续性，电路中任何一点（包括节点在内）均不能堆积电荷。因此，在任一瞬时，流向某一节点的电流之和应该等于由该节点流出的电流之和，即

$$\sum I_i = \sum I_o \tag{7-8}$$

在图 7-8 中，对节点 B 有 $I_1+I_2=I_3$。

(3) 基尔霍夫第二定律——回路电压定律（KVL）

基尔霍夫第二定律又称为回路电压定律（简称为 KVL）。基尔霍夫第二定律是用来确定回路中各段电压间关系的。如果从回路中任意一点出发，以顺时针方向或逆时针方向沿回路循行一周，则在这个方向上的电位降之和应该等于电位升之和。回到原来的出发点时，该点的电位是不会发生变化的。此即电路中任意一点的瞬时电位具有单值性的结果。

在任何一个闭合回路中，各段电阻上的电压降的代数和等于电动势的代数和，即

$$\sum IR = \sum E \tag{7-9}$$

从一点出发绕回路一周回到该点时，各段电压的代数和恒等于零，即
$$\sum U = 0 \qquad (7\text{-}10)$$

7.1.2 单相交流电路

1. 正弦交流电的基本概念

所谓交流电，是指大小和方向随时间作周期性变化的电流、电压和电动势。而大小和方向随时间按正弦规律变化的交流电，则称为正弦交流电，简称交流电，也称为正弦量。

正弦交流电可用三角函数式或波形图来表示。其中三角函数式表达了它每一瞬时的取值，称为瞬时值表达式，简称瞬时式。如正弦交流电流的瞬时式可写为：
$$i = I_m \sin(\omega t + \varphi) \qquad (7\text{-}11)$$

式中 　I_m——交流电的最大值；

　　　ω——交流电的角频率；

　　　φ——交流电的初相。

正弦交流电的波形图如图 7-9 所示。图中横轴表示时间，纵轴表示电流值大小。

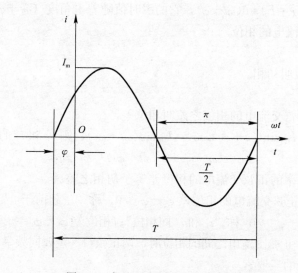

图 7-9　表示正弦交流电的波形图

（1）周期、频率和角频率

1）周期

把正弦交流电变化一周所需的时间叫周期，用 T 表示。周期的单位是 s（秒）。

2）频率

1s 内交流电变化的周数，称为交流电的频率，用 f 表示。频率的单位是 Hz（赫[兹]）。1Hz=1s^{-1}。

3）角频率

每秒钟经过的电角度叫角频率，用 ω 表示。角频率与频率、周期之间的关系：
$$\omega = \frac{2\pi}{T} = 2\pi f \qquad (7\text{-}12)$$

(2) 瞬时值、最大值和有效值

1) 瞬时值

交流电在变化过程中，每一时刻的值都不同，该值称为瞬时值。瞬时值是时间的函数，瞬时值规定用小写字母表示。

2) 最大值

它表示在一周内，数值最大的瞬时值。最大值规定用大写字母加脚标 m 表示，例如 I_m、E_m、U_m 等。

3) 有效值

正弦交流电的瞬时值是随时间变化的，计量时用正弦交流电的有效值来表示。交流电表的指示值和交流电器上标示的电流、电压数值一般都是有效值。正弦交流电的有效值是最大值的 $\sqrt{2}$ 倍。对正弦交流电动势和电压亦有同样的关系：

$$I_m=\sqrt{2}I,\ U_m=\sqrt{2}U,\ E_m=\sqrt{2}E \tag{7-13}$$

(3) 正弦交流电的相位和相位差

1) 相位

正弦交变电动势 $e=E_m\sin(\omega t+\varphi)$，它的瞬时值随着电角度 $(\omega t+\varphi)$ 而变化。电角度 $(\omega t+\varphi)$ 叫做正弦交流电的相位。

2) 初相

当 $t=0$ 时的相位叫初相。

3) 相位差

两个同频率的正弦交流电的相位之差叫相位差。

例如，已知 $i_1=I_{1m}\sin(\omega t+\varphi_1)$，$i_2=I_{2m}\sin(\omega t+\varphi_2)$，则 i_1 和 i_2 的相位差为：

$$\Delta\varphi=(\omega t+\varphi_1)-(\omega t+\varphi_2)=\varphi_1-\varphi_2 \tag{7-14}$$

这表明两个同频率的正弦交流电的相位差等于初相之差。

若两个同频率的正弦交流电的相位差 $\varphi_1-\varphi_2>0$，称"i_1 超前于 i_2"；若 $\varphi_1-\varphi_2<0$，称"i_1 滞后于 i_2"；若 $\varphi_1-\varphi_2=0$，称"i_1 和 i_2 同相位"；相位差 $\varphi_1-\varphi_2=\pm180°$，则称"$i_1$ 和 i_2 反相位"。在比较两个正弦交流电之间的相位时，两正弦量一定要同频率才有意义。

(4) 正弦交流电的三要素

最大值、频率和初相角叫作正弦交流电的三要素。它们描述了大小、变化快慢和起始状态。

2. 单一负载的交流电路

在交流电路中，只要有电流流动，电路就会对电流产生一定的阻碍作用，即有电阻作用。另外，因交流电不断变化，使其周围产生不断变化的磁场和电场，在变化的磁场作用下，线圈会产生感应电动势，即电路中有电感作用。同时，变化的电场要引起电路中电荷分布的改变，即电路中有电容的作用。因此，在对交流电路进行分析计算时，必须同时考虑电阻 R、电感 L、电容 C 三个参数的影响。由电阻、电感、电容单一参数电路元件组成的正弦交流电路是最简单的交流电路。

(1) 负载为电阻元件

1) 电压与电流的关系

如图 7-10 (a) 所示，设加在电阻两端的正弦电压为 $u_R=U_{Rm}\sin\omega t$，实验证明，交流电流与电压的瞬时值仍符合欧姆定律，即：

$$i = \frac{u_R}{R} = \frac{U_{Rm}}{R}\sin\omega t = I_m\sin\omega t \tag{7-15}$$

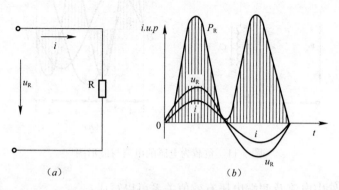

图 7-10　负载为电阻的电路与波形图

可见在电阻元件中，电流 i 与电压 u_R 是同频率、同相位的正弦量，如图 7-10（b）所示。用有效值表示，则有

$$I = \frac{U_R}{R} \text{ 或 } U_R = IR \tag{7-16}$$

2）电路的功率

在交流电路中，电压和电流是不断变化的，我们把电压瞬时值 u 和电流瞬时值 i 的乘积称为瞬时功率，用 p_R 表示，即

$$p_R = u_R i = U_{Rm} I_m \sin^2\omega t = 2U_R I \sin^2\omega t = U_R I - U_R I\cos2\omega t \tag{7-17}$$

瞬时功率的变化曲线如图 7-10（b）所示，由于电流与电压同相位，所以瞬时功率总是正值（或为零），表明电阻总是在消耗功率。为反映电阻所消耗功率的大小，用平均功率来表示瞬时功率在一个周期内的平均值，称为有功功率，用 P_R 表示。

$$P_R = \frac{1}{T}\int_0^T p_R dt = U_R I = I^2 R = U_R^2/R \tag{7-18}$$

(2) 负载为电感元件

1）电压与电流的关系

如图 7-11（a）所示电路，设电流 i 与电感元件两端感应电压 u_L 参考方向一致，且设 $i=\sqrt{2}I\sin\omega t$，则根据电感的定义有：

$$u_L = L\frac{di}{dt} = \sqrt{2}I\omega L\cos\omega t = \sqrt{2}I\omega L\sin\left(\omega t + \frac{\pi}{2}\right) \tag{7-19}$$

可以看出，u_L 和 i 是同频率的正弦函数，两者互相正交，且 u_L 超前 i 90°，如图 7-11（b）所示。

可以证明，电感元件中电流与电压有效值之间的关系为：

$$U_L = \omega L I \text{ 或 } I = \frac{U_L}{\omega L} \tag{7-20}$$

其中 ωL 称为感抗，单位为欧姆。用 X_L 表示，即：

$$X_L = \omega L = 2\pi f L \tag{7-21}$$

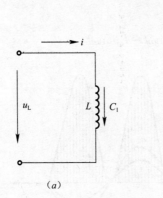 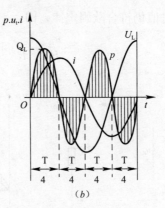

图 7-11 负载为电感的电路与波形图

所以电感元件中电流及两端电压有效值关系可以写成：

$$I=\frac{U_L}{X_L} \tag{7-22}$$

当电流的频率越高，感抗越大，其对电流的阻碍作用也越强，所以高频电流不易通过电感元件，但对直流电，$X_L=0$，电感元件相当于短路，可见电感元件有"通直阻交"的性质，在电工和电子技术中有广泛的应用。例如高频扼流圈就是利用感抗随频率增高而增大的特性制成的，被用在整流后的滤波器上。

2）电路的功率

电感电流的瞬时功率为：

$$p_L=u_L i=2U_L I\sin\left(\omega t+\frac{\pi}{2}\right)\sin\omega t=U_L I\sin 2\omega t \tag{7-23}$$

在一个周期内的平均功率为：

$$P_L=\frac{1}{T}\int_0^T p_L dt=\frac{1}{T}\int_0^T U_L I\sin 2\omega t\, dt=0 \tag{7-24}$$

即平均功率等于零。但瞬时功率并不恒为零，而是时正时负，如图 7-11（b）所示，说明电感元件本身并不消耗电能，而是与电源之间进行能量交换。为了反映交换规模的大小，把瞬时功率的最大值称为无功功率，单位是乏（var），用符合 Q 表示，电感元件无功功率的表达式为：

$$Q_L=U_L I=I^2 X_L=\frac{U_L^2}{X_L} \tag{7-25}$$

(3) 负载为电容元件

1) 电压与电流的关系

如图 7-12（a）所示电路，设 $u_C=\sqrt{2}U_C\sin\omega t$，取电容元件电流 i 与电压 u_C 参考方向一致，则根据电容的定义有：

$$i=C\frac{du_C}{dt}=\sqrt{2}\omega CU_C\sin\left(\omega t+\frac{\pi}{2}\right) \tag{7-26}$$

可以看出，i 和 u_C 是同频率的正弦函数，两者互相正交，且 i 超前 u_C 90°，如图 7-12（b）所示。可以证明，电容元件电流与电压有效值的关系为：

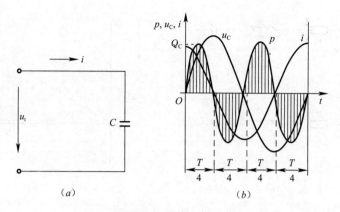

图 7-12 负载为电容的电路与波形图

$$I=\omega CU_C=\frac{U_C}{\frac{1}{\omega C}} \text{ 或 } U_C=\frac{I}{\omega C} \tag{7-27}$$

其中 $\frac{1}{\omega C}$ 称为容抗，用 X_C 表示，单位为欧姆，即：

$$X_C=\frac{1}{\omega C}=\frac{1}{2\pi f C} \tag{7-28}$$

所以电容元件中电流及两端电压有效值关系可以写成：

$$I=\frac{U_C}{X_C} \tag{7-29}$$

当 $\omega=0$ 时，$X_C\to\infty$，即对于直流稳态来说电容元件相当于开路。当 $\omega\to\infty$ 时，$X_C\to0$，即对于极高频率的电路来说，电容元件相当于短路，因此在电子线路中常用电容 C 来隔离直流或作高频旁通电路。

2）电路的功率

电感电流的瞬时功率为：

$$p_L=u_C i=2U_C I\sin\omega t\sin\left(\omega t+\frac{\pi}{2}\right)=U_C I\sin2\omega t \tag{7-30}$$

在一个周期内的平均功率为：

$$P_C=\frac{1}{T}\int_0^T p_C dt=\frac{1}{T}\int_0^T U_C I\sin2\omega t dt=0 \tag{7-31}$$

即电容元件和电感元件一样，本身并不消耗电能，只与电源间进行能量交换，其无功功率的表达式为：

$$Q_C=U_C I=I^2 X_C=\frac{U_C^2}{X_C} \tag{7-32}$$

3. RLC 串联电路及电路谐振

(1) RLC 串联电路

由电阻、电感和电容组成的串联电路称为 RLC 串联电路。如图 7-13 所示。

电路元件对交流电的阻碍作用称为阻抗。图 7-13 的电路的阻抗为：

$$Z=R+j(X_L+X_C) \tag{7-33}$$

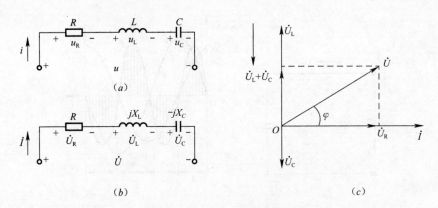

图 7-13 RLC 串联电路图
(a) RLC 串联回路电压电流瞬时值标注图;(b) RLC 串联回路电流电压有效值标注图;
(c) RLC 串联回路相量的表示图

$X=X_L+X_C$ 的正负决定阻抗角 φ 的正负,而阻抗角 φ 的正负反映了总电压与电流的相位关系。因此,可以根据阻抗角 φ 为正、为负、为零的 3 种情况,将电路分为 3 种性质。

1) 感性电路:当 $X>0$ 时,即 $X_L>X_C$,$\varphi>0$,$U_L>U_C$,总电压 u 比电流 i 超前 φ,表明电感的作用大于电容的作用,阻抗是电感性的,称为感性电路;

2) 容性电路:当 $X<0$ 时,即 $X_L<X_C$,$\varphi<0$,$U_L<U_C$,总电压 u 比电流 i 滞后 $|\varphi|$,电抗是电容性的,称为容性电路;

3) 电阻性电路:当 $X=0$ 时,即 $X_L=X_C$,$\varphi=0$,$U_L=U_C$,总电压 u 与电流 i 同相,表明电感的作用等于电容的作用,达到平衡,电路阻抗是电阻性的,称为电阻性电路。当电路处于这种状态时,又叫作谐振状态。

RLC 串联电路中电压有效值等于电流与阻抗的乘积。各元件上的电压可以比总电压大,这是交流电路与直流电路特性的不同之处。电路中的电压与电流同频率。

RLC 中的功率有视在功率、有功功率和无功功率三种。

1) 视在功率

视在功率 (S) 又称表观功率,在交流电路中,平均功率一般不等于电压与电流有效值的乘积,如将两者的有效值相乘,则得出所谓视在功率。单位为伏安 (VA) 或千伏安 (kVA)。其值为电路两端电压与电流的乘积,它表示电源提供的总功率,反映了交流电源容量的大小。

2) 有功功率

有功功率 (P) 等于电阻两端电压与电流的乘积,也等于视在功率×功率因数。

3) 无功功率

为建立交变磁场和感应磁通量而需要的电功率称为无功功率 (Q),无功功率单位为乏 (var)。

(2) 电路谐振

在具有电阻 R、电感 L 和电容 C 元件的交流电路中,电路两端的电压与其中电流位相一般是不同的。当电路元件 (L 或 C) 的参数或电源频率,可以使它们位相相同,整个电路呈现为纯电阻性,电路达到这种状态称为谐振。在谐振状态下,电路的总阻抗达到极值或近似达到极值。按电路连接的不同，有串联谐振和并联谐振两种。

1) 串联谐振

电路中电阻、电感和电容元器件串联产生的谐振称为串联谐振。电感和电容元件串联组成的一端口网络如图 7-14 所示。当感抗等于容抗电路处于谐振状态。

图 7-14 电路的等效阻抗为 $Z=R+j(X_L-X_C)$ 是电源频率的函数。当该网络发生谐振时，其端口电压与电流同相位，即：

$$\omega L - 1/\omega C = 0 \qquad (7\text{-}34)$$

得到谐振角频率 $\omega_0 = 1/\sqrt{LC}$。

定义谐振时的感抗 ωL 或容抗 $1/\omega C$ 为特性阻抗 ρ，特性阻抗 ρ 与电阻 R 的比值为品质因数 Q，即

$$Q = \rho/R = \omega_0 L/R = \sqrt{L/C}/R \qquad (7\text{-}35)$$

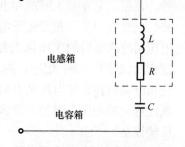

图 7-14 R、L、C 串联电路图

串联谐振特点：电流与电压同相位，电路呈电阻性；阻抗最小，电流最大；电感电压与电容电压大小相等，相位相反，电阻电压等于总电压；电感电压与电容电压有可能大大超过总电压。故串联谐振又称电压谐振。

2) 并联谐振

谐振条件：并联谐振电路的谐振条件和谐振频率与串联谐振相同。

并联谐振特点：电流与电压同相位，电路呈电阻性；阻抗最大，电流最小；电感电流与电容电流大小相等，相位相反；电感电流或电容电流有可能大大超过总电流。故并联谐振又称电流谐振。

供电系统中不允许电路发生谐振，以免产生高压引起设备损坏或造成人身伤亡等。

4. 功率因数的提高

直流电路的功率等于电流与电压的乘积，但交流电路则不然。在计算交流电路的平均功率时还要考虑电压与电流间的相位差 φ，即 $P=UI\cos\varphi$。$\cos\varphi$ 是电路的功率因数。电压与电流间的相位差或电路的功率因数决定于电路（负载）的参数。只有在电阻负载（例如白炽灯、电阻炉等）的情况下，电压和电流才同相，其功率因数为 1。对其他负载来说，其功率因数均介于 0 与 1 之间。

(1) 提高功率因数的意义

1) 使电源设备得到充分利用

负载的功率因数越高，发电机发出的有功功率就越大，电源的利用率就越高。

2) 降低线路损耗和线路压降

要求输送的有功功率一定时，功率因数越低，线路的电流就越大。电流越大，线路的电压和功率损耗越大，输电效率也就越低。

(2) 提高功率因数的方法

电力系统的大多数负载是感性负载（例如电动机、变压器等），这类负载的功率因数较低。为了提高电力系统的功率因数，常在负载两端并联电容器，叫并联补偿。感性负载和电容器并联后，线路上的总电流比未补偿时减小，总电流和电源电压之间的相角也减小了，这就提高了线路的功率因数。

7.1.3 三相交流电路

1. 三相交流电路概念

三相交流电路是由三相交流供电的电路,即由三个频率相同、最大值(或有效值)相等,在相位上互差120°的单相交流电动势组成的电路,这三个电动势称为三相对称电动势。最常用的是三相交流发电机。三相发电机的各相电压的相位互差120°。它们之间各相电压超前或滞后的次序称为相序。若a相电压超前b相电压,b相电压又超前c相电压,这样的相序是a-b-c相序,称为正序;反之,若是c-b-a相序,则称为负序(又称逆序)。三相电动机在正序电压供电时正转,改成负序电压供电则反转。因此,使用三相电源时必须注意它的相序。但是,许多需要正反转的生产设备可利用改变相序来实现三相电动机正反转控制。

(1)三相电源连接方式

常用的有星形连接(即Y形)和三角形连接(即△形)。星形连接有一个公共点,称为中性点;三角形连接时线电压与相电压相等,且3个电源形成一个回路,只有三相电源对称且连接正确时,电源内部才没有环流。

(2)三相电源的输电方式

三相五线制,由三根火线、一根地线和一根零线组成;三相四线制,由三根火线和一根地线组成,通常在低压配电系统中采用;由三根火线所组成的输电方式称三相三线制。

(3)三相电源星形联结时的电压关系

三相电源星形联结时,线电压是相电压的$\sqrt{3}$倍。

(4)三相电源三角形联结时的电压关系

三相电源三角形联结时,线电压的大小与相电压的大小相等。

(5)三相交流电较单相交流电的优点

三相交流电较单相交流电,它在发电、输配电以及电能转换为机械能方面都有明显的优越性。

2. 三相四线制-电源星形连接

在低压配电网中,输电线路一般采用三相四线制,其中三条线路分别代表A、B、C三相,不分裂,另一条是中性线N(区别于零线,在进入用户的单相输电线路中,有两条线,一条我们称为火线,另一条我们称为零线,零线正常情况下要通过电流以构成单相线路中电流的回路,而三相系统中,三相自成回路,正常情况下中性线是无电流的),故称三相四线制(如图7-15所示)。

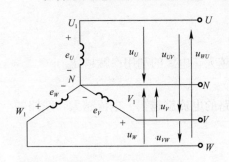

图7-15 三相四线制电路

在380V低压配电网中,为了从380V线间电压中获得220V相间电压而设N线,有的场合也可以用来进行零序电流检测,以及三相供电平衡的监控。

标准、规范的导线颜色:A相用黄色,B相用绿色,C相用红色,N线用蓝色,PE线用黄绿双色。

三相五线制是指 A、B、C、N 和 PE 线，其中，PE 线是保护地线，也叫安全线，是专门用于接到诸如设备外壳等保证用电安全。PE 线在供电变压器侧和 N 线接到一起，但进入用户侧后绝不能当作零线使用，否则，容易发生触电事故。现在民用住宅供电已经规定要使用三相五线制。

中性线是三相电路的公共回线。中性线能保证三相负载成为三个互不影响的独立回路，不论各相负载是否平衡，各相负载均可承受对称的相电压，无论哪一相发生故障，都可保证其他两相正常工作。中性线如果断开，就相当于中性点与负载之间的阻抗为无限大，这时中性点位移最大，此时用电功率多的相，负载实际承受的电压低于额定相电压，用电功率少的相，负载实际承受的电压高于额定电压，因此，中性线要安装牢固，不允许在中性线上装开关和保险丝，防止断路。

不论 N 线还是 PE 线，在用户侧都要采用重复接地，以提高可靠性。但是，重复接地只能在接地点或靠近接地的位置接到一起，但绝不可以在任意位置特别是户内接到一起。

3. 三相负载的星形连接

通常把各相负载相同的三相负载称为对称三相负载，如三相电动机、三相电炉等。如果各相负载不同，称为不对称的三相负载，如三相照明电路中的负载。

根据不同要求，三相负载既可作星形（即Y形）连接，也可做三角形（即△形）连接。

把三相负载分别接在三相电源的一根端线和中线之间的接法，称为三相负载的星形连接，如图 7-16 所示。

对于三相电路中的每一相来说，就是一单相电路，所以各相电流与电压间的相位关系及数量关系都与单相电路的原理相同。

在对称三相电压作用下，流过对称三相负载中每相负载的电流应相等。

三相对称负载作星形连接时的中线电流为零。此时取消中线也不影响三相电路的工作，三相四线制就变成三相三线制。通常在高压输电时，一般都采用三相三线制输电。

当负载不对称时，这时中线电流不为零。但通常中线电流比相电流小得多，所以中线的截面积可小些。当中线存在时，它能平衡各相电压，保证三相负载成为三个互不影响的独立电路，此时各相负载电压对称。但是当中线断开后，各相电压就不再相等了。所以在三相负载不对称的低压供电系统中，不允许在中线上安装熔断器或开关，以免中线断开引起事故。

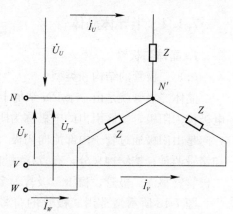

图 7-16 三相负载星形连接

在对称三相负载的星形连接中，线电流就等于相电流，线电压是每相负载相电压的$\sqrt{3}$倍。

4. 三相负载的三角形连接

把三相负载分别接在三相电源的每两根端线之间，称为三相负载的三角形连接，如图 7-17 所示。

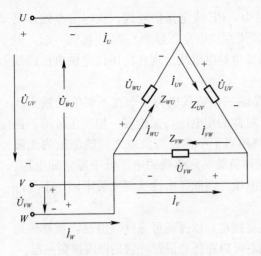

图 7-17 负载三角形连接

对于三角形连接的每相负载来说,也是单相交流电路,所以各相电流、电压和阻抗三者的关系仍与单相电路相同。

由于作三角形连接的各相负载是接在两根端线之间,因此负载的相电压就是电源的线电压。在对称三相电压作用下,流过对称三相负载中每相负载的电流应相等,而各相电流间的相位差仍为120°,而线电流是相电流的$\sqrt{3}$倍。

负载作三角形连接时的相电压是作星形连接时的相电压的$\sqrt{3}$倍。因此,三相负载接到三相电源中,应作△形连接还是Y形连接,要根据三相负载的额定电压而定。若各相负载的额定电压等于电源的线电压,则应作△形连接;若各相负载的额定电压是电源线电压的,则应作Y形连接。

5. 三相负载的电功率

在三相交流电路中,三相负载消耗的总电功率为各相负载消耗功率之和。

在实际工作中,测量线电流比测量相电流要方便些,三相功率的计算式常用线电流和线电压来表示。在对称三相电路中,三相负载的有功功率是线电压、线电流和功率因数三者乘积的$\sqrt{3}$倍。视在功率是线电压和线电流乘积的$\sqrt{3}$倍。

7.1.4 半导体晶体管

1. 晶体二极管

(1)二极管的结构和类型

晶体二极管就是由一个PN结加上相应的电极引线及管壳封装而成的。由P区引出的电极称为阳极,N区引出的电极称为阴极。因为PN结的单向导电性,二极管导通时电流方向是由阳极通过管子内部流向阴极。二极管的种类很多,按材料来分,最常用的有硅管和锗管两种;按结构来分,有点接触型,面接触型和硅平面型3种;按用途来分,有普通二极管、整流二极管、稳压二极管等多种。

图 7-18 所示是常用二极管的符号、结构及外形的示意图。二极管的符号如图 7-18 (a) 所示。箭头表示正向电流的方向。一般在二极管的管壳表面标有这个符号或色点、色圈来表示二极管的极性,左边实心箭头的符号是工程上常用的符号,右边的符号为新规定的符号。从工艺结构来看,点接触型二极管(一般为锗管)如图 7-18 (b) 所示,其特点是结面积小,因此结电容小,允许通过的电流也小,适用高频电路的检波或小电流的整流,也可用作数字电路里的开关元件;面接触型二极管(一般为硅管)如图 7-18 (c) 所示,其特点是PN结面积大,允许通过的电流较大,适用于低频整流。硅平面型二极管如图 7-18 (d) 所示,PN结面积大的可用于大功率整流。

(2)二极管的伏安特性

二极管的伏安特性是指半导体二极管两端电压U和流过的电流I之间的关系。二极管

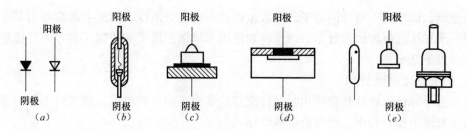

图 7-18 常用二极管的符号、结构和外形示意图
(a) 符号；(b) 点接触型；(c) 面接触型；(d) 硅平面型；(e) 外形示意图

的伏安特性曲线如图 7-19 所示。

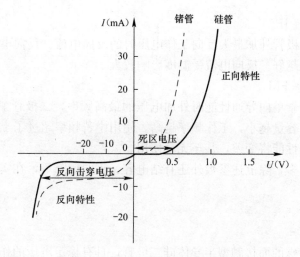

图 7-19 半导体二极管的伏安特性曲线

1）正向特性

在外加正向电压较小时，外电场不足以克服内电场对多数载流子扩散运动所造成的阻力，电路中的正向电流几乎为零，这个范围称为死区，相应的电压称为死区电压。锗管死区电压约为 0.1V，硅管死区电压约为 0.5V。当外加正向电压超过死区电压时，电流随电压增加而快速上升，半导体二极管处于导通状态。锗管的正向导通压降为 0.2～0.3V，硅管的正向导通压降为 0.6～0.7V。

2）反向特性

在反向电压作用下，少数载流子漂移形成的反向电流很小，在反向电压不超过某一范围时，反向电流基本恒定，通常称之为反向饱和电流。在同样的温度下，硅管的反向电流比锗管小，硅管为 1μA 至几十 μA，锗管可达几百 μA，此时半导体二极管处于截止状态。当反向电压继续增加到某一电压时，反向电流剧增，半导体二极管失去了单向导电性，称为反向击穿，该电压称为反向击穿电压。半导体二极管正常工作时，不允许出现这种情况。

(3) 二极管的主要参数

二极管的特性除用伏安特性曲线表示外，参数同样能反映出二极管的电性能，器件的参数是正确选择和使用器件的依据。各种器件的参数由厂家产品手册给出，由于制造工艺方面的原因，即使同一型号的管子，参数也存在一定的分散性，因此手册常给出某个参数的范围。半导体二极管的参数是合理选择和使用半导体二极管的依据。半导体二极管的主要参数有以下几个。

1) 最大整流电流 IFM

它是指半导体二极管长期使用时允许流过的最大正向平均电流。使用时工作电流不能超过最大整流电流，否则二极管会过热烧坏。

2) 最大反向工作电压 URM

它是指半导体二极管使用时允许承受的最大反向电压，使用时半导体二极管的实际反向电压不能超过规定的最大反向工作电压。为了安全起见，最大反向工作电压为击穿电压的一半左右。

3) 最大反向电流 IRM

它是指半导体二极管外加最大反向工作电压时的反向电流。反向电流越小，半导体二极管的单向导电性能越好。反向电流受温度影响较大。

4) 最高工作频率 FM

它是指保持二极管单向导通性能时外加电压的最高频率，二极管工作频率与 PN 结的极间电容大小有关，容量越小，工作频率越高。使用中若频率超过了半导体二极管的最高工作频率，单向导电性能将变差，甚至无法使用。

二极管的参数很多，除上述参数外还有结电容、正向压降等，在实际应用时，可查阅半导体器件手册。

(4) 特殊二极管

1) 稳压二极管

稳压管是一种特殊的面接触型半导体硅二极管，具有稳定电压的作用。稳压管与普通二极管的主要区别在于，稳压管是工作在 PN 结的反向击穿状态。通过在制造过程中的工艺措施和使用时限制反向电流的大小，能保证稳压管在反向击穿状态下不会因过热而损坏。稳压管的伏安特性曲线及符号如图 7-19 所示。从稳压管的反向特性曲线可以看出，当反向电压较小时，反向电流几乎为零，当反向电压增高到击穿电压（也是稳压管的工作电压）时，反向电流（稳压管的工作电流）会急剧增加，稳压管反向击穿。在特性曲线 AB 段，当在较大范围内变化时，稳压管两端电压基本不变，具有恒压特性，利用这一特性可以起到稳定电压的作用。

稳压管正常工作的条件有两条：一是工作在反向击穿状态；二是稳压管中的电流要在稳定电流和最大允许电流之间。当稳压管正偏时，它相当于一个普通二极管。

2) 发光二极管

发光二极管是一种将电能直接转换成光能的半导体固体显示器件，简称 LED（Light Emitting Diode）。和普通二极管相似，发光二极管也是由一个 PN 结构成。发光二极管的 PN 结封装在透明塑料壳内，外形有方形、矩形和圆形等。发光二极管的符号如图 7-20 所示。它的伏安特性和普通二极管相似，死区电压为 0.9~1.1V，正向工作电压为 1.5~2.5V，工作电流为 5~15mA。反向击穿电压较低，一般小于 10V。

3) 光电二极管

光电二极管又称光敏二极管。它的管壳上备有一个玻璃窗口，以便于接受光照。其特点是，当光线照射于它的 PN 结时，可以成对地产生自由电子和空穴，使半导体中少数载流子的浓度提高。这些载流子在一定的反向偏置电压作用下可以产生漂移电流，使反向电流增加。因此它的反向电流随光照强度的增加而线性增加，这时光电二极管等效于一个恒流源。当无光照时，光电二极管的伏安特性与普通二极管一样。光电二极管的等效电路如图 7-21（a）所示，图 7-21（b）所示为光电二极管的符号。

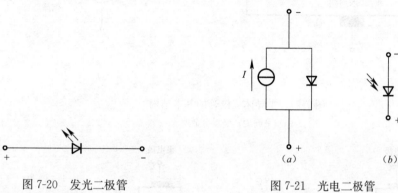

图 7-20　发光二极管　　　　图 7-21　光电二极管
　　　　　　　　　　（a）光电二极管的等效电路；（b）光电二极管的符号

2. 晶体三极管

晶体三极管是组成放大电路的主要元件，是最重要的一种半导体器件，常用的一些半导体三极管外形如图 7-22 所示。

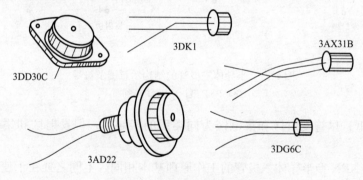

图 7-22　半导体三极管外形图

（1）三极管的基本结构

最常见的三极管结构有平面型和合金型两类，如图 7-23 所示。图 7-23（a）所示为平面型（主要是硅管），图 7-23（b）所示为合金型（主要为锗管）。

不论是平面型还是合金型的半导体三极管，内部都由 PNP 或 NPN 这 3 层半导体材料构成，因此又把半导体三极管分为 PNP 型和 NPN 型两类，图 7-24 所示为半导体三极管的结构示意图及符号。半导体三极管有 3 个区、两个 PN 结和 3 个电极。3 个区分别为发射区、基区、集电区。基区与发射区之间的 PN 结称为发射结，基区与集电区之间的 PN 结称为集电结。从基区、发射区和集电区各引出一个电极，基区引出的是基极（B），发射区引出的是发射极（E），集电区引出的是集电极（C）。

半导体三极管的基区很薄，集电区的几何尺寸比发射区大；发射区杂质浓度最高，基

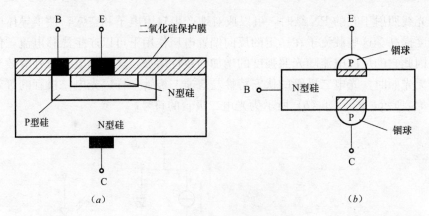

图 7-23 半导体三极管的基本结构
(a) 平面型；(b) 合金型

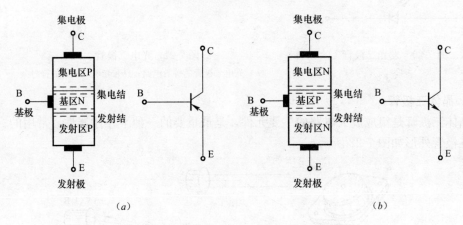

图 7-24 半导体三极管的结构示意图及符号
(a) PNP 型；(b) NPN 型

区杂质浓度最低；尽管发射区和集电区为同类型的半导体，但发射区和集电区不能互换使用。

PNP 型和 NPN 型半导体三极管的工作原理基本相同，不同之处在于使用时电源连接极性不同，电流方向相反。

半导体三极管根据基片的材料不同，可以分为锗管和硅管两大类，目前国内生产的硅管多为 NPN 型（3D 系列），锗管多为 PNP 型（3A 系列）；根据频率特性可以分为高频管和低频管；根据功率大小可以分为大功率管、中功率管和小功率管等。实际应用中采用 NPN 型半导体三极管较多，下面以 NPN 型半导体三极管为例进行讨论，其结论对于 PNP 型半导体三极管同样适用。

(2) 三极管的电流分配和放大作用

上面介绍了 NPN 三极管具有电流放大用的内部条件。为实现晶体三极管的电流放大作用还必须具有一定的外部条件，这就是要给三极管的发射结加上正向电压，集电结加上反向电压。如图 7-25 所示，E_B 为基极电源，与基极电阻 R_B 及三极管的基极 B、发射极 E 组成基极-发射极回路（称作输入回路），E_b 使发射结正偏，E_c 为集电极电源，与集电极电阻 R_c 及三极管的集电极 C、发射极 E 组成集电极—发射极回路（称作输出回路），E_c 使集电结反偏。图中，发射极 E 是输入输出回路的公共端，因此称这种接法为共发射极放大电路，改变可变电阻 R_B，测基极电流 I_B，集电极电流 I_C 和发射结电流 I_E 的测试结果见表 7-1。

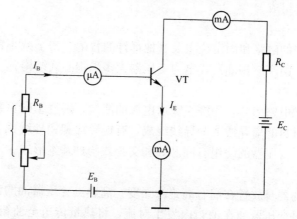

图 7-25　共发射极放大实验电路

三极管电流测试数据　　　　　　　　　　　　　　　　表 7-1

I_B （μA）	0	20	40	60	80	100
I_C （mA）	0.005	0.99	2.08	3.17	4.26	5.40
I_E （mA）	0.005	1.001	2.12	3.23	4.34	5.50

结果表明，微小的基极电流变化，可以控制比之大数十倍至数百倍的集电极电流的变化，这就是三极管的电流放大作用。$\bar{\beta}$、β 分别称为三极管的直流、交流电流放大系数。

7.1.5　变压器和三相异步电动机

1. 变压器的工作原理及基本结构

（1）工作原理

变压器是依据电磁感应原理工作的如图 7-26 所示。单相变压器是由一个闭合的铁芯和套在其上的两个绕组构成。这两个绕组彼此绝缘，同心套在一个铁芯柱上，但是为了分析问题的方便，将这两个绕组分别画在两个不同的铁芯柱上。与电源相连的称为原绕组（或称初级绕组、一次绕组），与负载相连的称为副绕组（或称次级绕组、二次绕组），原、副绕组的匝数分别为 N_1 和 N_2，当原绕组接上交流电压时，原绕组中便有电流通过。原绕组的磁通势产生的磁通绝大部分通过铁芯而闭合，从而在原、副绕组中感应出电动势 e_1、e_2。

若略去漏磁通的影响，不考虑绕组电阻上的压降，则有原、副边的电动势和电压分别相等。且原、副绕组上的电压的比值等于两者的匝数比，比值 K 称为变压器的变比。

综上所述，变压器是利用电磁感应原理，将原绕组吸收的电能传送给副绕组所连接的负载，实现能量的传送；使匝数不同的原、副绕组中分

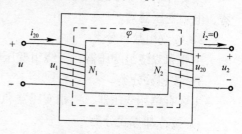

图 7-26　变压器工作原理

别感应出大小不等的电动势，实现电压等级变换。

(2) 基本结构

以工程中常用的三相油浸式电力变压器为例说明。三相油浸式电力变压器主要由铁芯、绕组及其他部件组成。

1) 铁芯

铁芯构成变压器的磁路和固定绕组及其他部件的骨架。为了减小铁损，铁芯大多采用薄硅钢片叠装而成。国产三相油浸式电力变压器大多采用心式结构。

2) 绕组

绕组是变压器的电路部分，原绕组吸取电源的能量，副绕组向负载提供电能。变压器的绕组由包有绝缘材料的扁导线或圆导线绕成，有铜导线和铝导线两种。按照高、低压绕组之间的安排方式，变压器的绕组有同芯式和交叠式两种基本形式。

3) 其他部件

油箱：变压器的器身放置在灌有高绝缘强度、高燃点变压器油的油箱内。变压器运行时产生的热量，通过变压器油在油箱内发生对流，将热量传送至油箱壁及壁上的散热器，再利用周围的空气或冷却水达到散热的目的。

储油柜：又称为油枕，设置在油箱上方，通过连通管与油箱连通，起到保护变压器油的作用。

气体继电器：又称为瓦斯继电器，设置在油箱与储油柜的连通管道中，对变压器的短路、过载、漏油等故障起到保护的作用。

安全气道：又称为防爆管，设置在较大容量变压器油箱顶上的一个钢质长筒，下筒口与油箱连通，上筒口以玻璃板封口。当变压器内部发生严重故障时，避免油箱受力变形或爆炸。

绝缘套管：绝缘套管是装置在变压器油箱盖上面的绝缘套管，以确保变压器的引出线与油箱绝缘。

分接开关：分接开关装置在变压器油箱盖上面，通过调节分接开关来改变原绕组的匝数，从而使副绕组的输出电压可以调节。分接开关有无载分接开关和有载分接开关两种。

(3) 变压器的分类

变压器是一种静止的电气设备，利用电磁感应原理将一种形态（电压、电流、相数）的交流电能转换成另一种形态的交流电能。变压器可以按照用途、绕组数目、相数、冷却方式和调压方式分类。

1) 按用途分类

主要有电力变压器、调压变压器、仪用互感器和供特殊电源用的变压器（如整流变压器、电炉变压器）。

2) 按绕组数目分类

主要有双绕组变压器、三绕组变压器、多绕组变压器和自耦变压器。

3) 按相数分类

主要有单相变压器、三相变压器和多相变压器。

4) 按冷却方式分类

主要有干式变压器、充气式变压器和油浸式变压器。

5) 按调压方式分类

主要有无载调压变压器、有载调压变压器和自动调压变压器。

(4) 变压器的特性参数

1) 工作频率

变压器铁芯损耗与频率关系很大，故应根据使用频率来设计和使用，这种频率称工作频率。

2) 额定功率

在规定的频率和电压下，变压器能长期工作，而不超过规定温升的输出功率。

3) 额定电压

指在变压器的线圈上所允许施加的电压，工作时不得大于规定值。

4) 电压比

指变压器初级电压和次级电压的比值，有空载电压比和负载电压比的区别。

5) 空载电流

变压器次级开路时，初级仍有一定的电流，这部分电流称为空载电流。空载电流由磁化电流（产生磁通）和铁损电流（由铁芯损耗引起）组成。对于50Hz电源变压器而言，空载电流基本上等于磁化电流。

6) 空载损耗

指变压器次级开路时，在初级测得功率损耗。主要损耗是铁芯损耗，其次是空载电流在初级线圈铜阻上产生的损耗（铜损），这部分损耗很小。

7) 效率

指次级功率 P_2 与初级功率 P_1 比值的百分比。通常变压器的额定功率越大，效率就越高。

8) 绝缘电阻

表示变压器各线圈之间、各线圈与铁芯之间的绝缘性能。绝缘电阻的高低与所使用的绝缘材料的性能、温度高低和潮湿程度有关。

(5) 变压器的额定值和运行特性

变压器的油箱表面都镶嵌有铭牌，铭牌上标明了变压器的型号、额定数据及其他一些数据。

1) 变压器的型号

按照国家标准规定，变压器的型号由汉语拼音字母和几位数字组成，表明变压器的系列和规格。

2) 变压器的额定值

额定容量：指变压器的额定视在功率，单位为 VA 或 kVA。

额定电压：指保证变压器原绕组安全的外加电压最大值，单位为 V 或 kV。对三相变压器，额定电压指线电压值。

额定电流：指变压器原、副绕组允许长期通过的最大电流值，单位为 A。对三相变压器，额定电流指线电流值。

额定频率：我国工业的供用电频率标准规定为 50Hz。

除了上述特性参数以外，变压器的铭牌上还标明效率、温升等额定值以及短路电压或短路阻抗百分值、连接组别、使用条件、冷却方式、重量、尺寸等。

3）运行特性

变压器的运行特性主要指外特性和效率特性。

当变压器的一次绕组电压和负载功率因数一定时，二次电压随负载电流变化的曲线称为变压器的外特性。对于电阻性和感性负载来说，外特性曲线是稍向下倾斜的，而且功率因数越低，下降得越快。

变压器的效率特性是指变压器的传输效率与负载电流的关系，如图 7-27 所示。图中 β 是负载电流与额定电流的比值，称为负载系数。变压器的效率总是小于 1，变压器的效率与负载有关。空载时，效率 $\eta=0$，随着负载增大，开始时效率 η 也增大，但后来因铜损增加很快，在不到额定负载时出现 η 的最大值，其后开始下降。

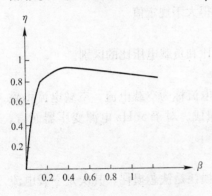

图 7-27　变压器工作特性

(6) 其他常用变压器

1）仪用变压器

仪用变压器是在测量高电压、大电流时使用的一种特殊的变压器，也称为仪用互感器，有电流互感器和电压互感器两种形式。

仪用变压器用于电力系统中，作为测量、控制、指示、继电保护等电路的信号源。使用仪用变压器，可以使仪表、继电器等与高电压、大电流的被测电路绝缘；可以使仪表、继电器等的规格比直接测量高电压、大电流电路时所用的仪表、继电器规格小得多；可以使仪表、继电器的规格统一，以便于制造且可减小备用容量。

2）电焊变压器

交流电弧焊在生产实践中应用很广泛，其主要部件就是电焊变压器。电焊变压器实际上是一台特殊的变压器，为了满足电焊工艺的要求，电焊变压器应该具有以下特点：具有 60～75V 的空载起弧电压；具有陡降的外特性；工作电流稳定且可调；短路电流被限制在两倍额定电流以内。

要具备以上特点，电焊变压器必须比普通变压器具有更大的电抗值，而且其电抗值可以调节。电焊变压器的原、副绕组通常分绕在不同的两个铁芯柱上，以便获得较大的电抗值。电抗值通常采用磁分路法和串联可变电抗法来进行调节。

2. 三相异步的工作原理及基本结构

电动机的作用是将电能转换为机械能。现代各种生产机械都广泛应用电动机来驱动。电动机可分为交流电动机和直流电动机两大类。交流电动机又分为异步电动机（或称感应电动机）和同步电动机。直流电动机按照励磁方式的不同分为他励、并励、串励和复励四种。

同步电动机主要应用于功率较大、不需调速、长期工作的各种生产机械，如压缩机、水泵、通风机等。单相异步电动机常用于功率不大的电动工具和某些家用电器中。除上述动力用电动机外，在自动控制系统和计算装置中还用到各种控制电机。

(1) 三相异步电动机的构造

三相异步电动机分成两个基本部分：定子（固定部分）和转子（旋转部分）。图 7-28 所示的是三相异步电动机的构造。

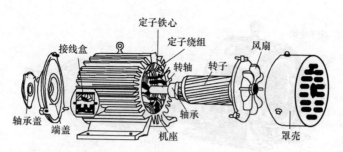

图 7-28 三相异步电动机的构造

三相异步电动机的定子由机座和装在机座内的圆筒形铁心以及其中的三相定子绕组组成。机座是用铸铁或铸钢制成的，铁心是由互相绝缘的硅钢片叠成的。铁心的内圆周表面冲有槽（图 7-29），用以放置对称三相绕组 U_1U_2，V_1V_2，W_1W_2，有的接成星形，有的接成三角形。

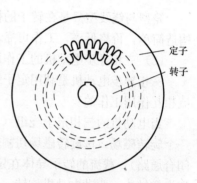

图 7-29 定子和转子的铁心片

三相异步电动机的转子根据构造上的不同分为两种形式：笼型和绕线型。转子铁心是圆柱状，也用硅钢片叠成，表面冲有槽（图 7-29）。铁心装在转轴上，轴上加机械负载。

笼型的转子绕组做成鼠笼状，就是在转子铁心的槽中放铜条，其两端用端环连接（图 7-30）。或者在槽中浇铸铝液，铸成一鼠笼（图 7-31），这样便可以用比较便宜的铝来代替铜，同时制造也快。因此，目前中小型笼型电动机的转子很多是铸铝的。笼型异步电动机的"鼠笼"是它的构造特点，易于识别。

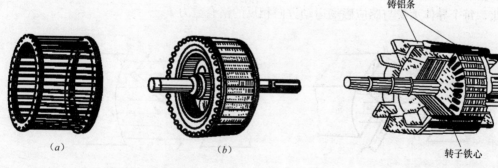

图 7-30 笼型转子
(a) 笼型绕组；(b) 转子外形

图 7-31 铸铝的笼型转子

绕线型异步电动机的构造如图 7-32 所示，它的转子绕组同定子绕组一样，也是三相的，作星形联结。它每相的始端连接在三个铜制的滑环上，滑环固定在转轴上。环与环，环与转轴都互相绝缘。在环上用弹簧压着碳质电刷。起动电阻和调速电阻是借助于电刷同滑环和转子绕组连接的，通常就是根据绕线型异步电动机具有三个滑环的构造特点来辨认它的。

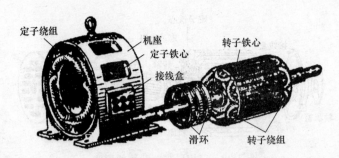

图 7-32 绕线型异步电动机的构造

笼型与绕线型只是在转子的构造上不同，它们的工作原理是一样的。笼型电动机由于构造简单，价格低廉，工作可靠，使用方便，就成为生产上应用得最广泛的一种电动机。

(2) 三相异步电动机的工作原理

三相异步电动机是利用定子绕组中三相交流电产生的旋转磁场和转子绕组内的感生电流相互作用工作的。

当电动机的三相定子绕组（各相差 120°的电角度），通入三相对称交流电后，将产生一个旋转磁场，该旋转磁场切割转子绕组，从而在转子绕组中产生感应电流（转子绕组是闭合通路），载流的转子导体在定子旋转磁场作用下将产生电磁力，从而在电机转轴上形成电磁转矩，驱动电动机旋转，并且电机旋转方向与旋转磁场方向相同。

当导体在磁场内切割磁力线时，在导体内产生感应电流，"感应电机"的名称由此而来。

感应电流和磁场的联合作用向电机转子施加驱动力。

让闭合线圈 ABCD 在磁场 B 内围绕轴 xy 旋转。如果沿顺时针方向转动磁场，闭合线圈经受可变磁通量，产生感应电动势，该电动势会产生感应电流（法拉第定律），如图 7-33 所示。根据楞次定律，电流的方向为：感应电流产生的效果总是要阻碍引起感应电流的原因。因此，每个导体承受与感应磁场运动方向相反的洛仑兹力 **F**。

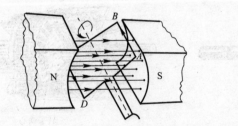 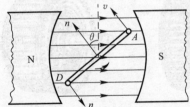

图 7-33 法拉第定律

确定每个导体力 **F** 方向的一个简单的方法是采用右手三手指定则将拇指置于感应磁场的方向，食指为力的方向，将中指置于感应电流的方向。这样一来，闭合线圈承受一定的转矩，从而沿与感应子磁场相同方向旋转，该磁场称为旋转磁场。闭合线圈旋转所产生的电动转矩平衡了负载转矩。

1) 旋转磁场的产生

三组绕组间彼此相差 120°，每一组绕组都由三相交流电源中的一相供电，绕组与具有相同电相位移的交流电流相互交叉，每组产生一个交流正弦波磁场。此磁场总是沿相同的轴，当绕组的电流位于峰值时，磁场也位于峰值。每组绕组产生的磁场是两个磁场以相反方向旋转的结果，这两个磁场值都是恒定的，相当于峰值磁场的一半。此磁场在供电期内完成旋转，其速度取决于电源频率（f）和磁极对数（P）。这称作"同步转速"。

2）转差率

只有当闭合线圈有感应电流时，才存在驱动转矩。转矩由闭合线圈的电流确定，且只有当环内的磁通量发生变化时才存在。因此，闭合线圈和旋转磁场之间必须有速度差。因而，遵照上述原理工作的电机被称作"异步电机"。

同步转速（n_s）和闭合线圈速度（n）之间的差值称作"转差"，用同步转速的百分比表示：

$$s=[(n_s-n)/n_s]\times100\%$$

运行过程中，转子电流频率为电源频率乘以转差率。当电动机启动时，转子电流频率处于最大值，等于定子电流频率。

转子电流频率随着电机转速的增加而逐步降低。处于恒稳态的转差率与电机负载有关系。它受电源电压的影响，如果负载较低，则转差率较小，如果电机供电电压低于额定值，则转差率增大。

同步转速三相异步电动机的同步转速与电源频率成正比，与定子的对数成反比。

$$n_s=60f/P$$

式中　n_s——同步转速，r/min；

　　　f——频率，Hz；

　　　P——磁极对数。

若要改变电动机的旋转方向，则改变电源的相序便可实现，即将通入到电机的三相电压接到电机端子中任意两相就行。

3）铭牌数据

每台电动机的外壳上都附有一块铭牌，上面有这台电动机的基本数据。铭牌数据的含义如下：

型号：例如"Y160L-4"，其中：Y——表示（笼型）异步电动机；160——表示机座中心高为160mm；L——表示长机座（S表示短机座，M表示中机座）；4——表示4极电动机。

额定电压：指电动机定子绕组应加的线电压有效值，即电动机的额定电压。

额定频率：指电动机所用交流电源的频率，我国电力系统规定为50Hz。

额定功率：指在额定电压、额定频率下满载运行时电动机轴上输出的机械功率，即额定功率。

额定电流：指电动机在额定运行（即在额定电压、额定频率下输出额定功率）时定子绕组的线电流有效值，即额定电流。

接法：指电动机在额定电压下，三相定子绕组应采用的连接方法（三角形连接和星形连接）。

绝缘等级：按电动机所用绝缘材料允许的最高温度来分级的。目前一般电动机采用较多的是E级绝缘和B级绝缘。

7.2 建筑设备工程的基本知识

7.2.1 建筑给水和排水系统的分类、应用及常用器材的选用

1. 建筑给水系统

建筑给水系统是将市政给水管网（或自备水源）中的水引入一幢建筑或一个建筑群体，供人们生活、生产和消防之用，并满足各类用水对水质、水量和水压要求的冷水供应系统。

建筑给水系统按供水对象可分为生活、生产、消防三类基本的给水系统。

（1）生活给水系统。为满足民用建筑和工业建筑内的饮用、盥洗、洗涤、淋浴等日常生活用水需要所设的给水系统称为生活给水系统，其水质必须满足国家规定的生活饮用水水质标准。生活给水系统的主要特点是用水量不均匀、用水有规律性。

（2）生产给水系统。为满足工业企业生产过程用水需要所设的给水系统称为生产给水系统，如锅炉用水、原料产品的洗涤用水、生产设备的冷却用水、食品的加工用水、混凝土加工用水等。生产给水系统的水质、水压因生产工艺不同而异，应满足生产工艺的要求。生产给水系统的主要特点是用水量均匀、用水有规律性、水质要求差异大。

（3）消防给水系统。为满足建筑物扑灭火灾用水需要而设置的给水系统称为消防给水系统。消防给水系统对水质的要不高，但必须根据建筑设计防火规范要求，保证足够的水量和水压。消防给水系统的主要特点是对水质无特殊要求、短时间内用水量大、压力要求高。

生活、生产和消防这三种给水系统在实际工程中可以单独设置，也可以组成共用给水系统，如生活-生产共用的系统，生活-消防共用的给水系统，生活-生产-消防共用的给水系统等。采用何种系统，通常根据建筑物内生活、生产、消防等各项用水对水质、水量、水压、水温的要求及室外给水系统的情况，经技术经济比较后分析确定。

建筑内部给水系统一般由以下各部分组成：引入管，水表节点，给水管道，配水装置和附件，增压、贮水设备，给水局部处理设施等。

（1）引入管又称进户管，是市政给水管网和建筑内部给水管网之间的连接管道，从市政给水管网引水至建筑内部给水管网。

（2）水表节点是指引入管上装设的水表及其前后设置的阀门及泄水装置等的总称。水表用来计量建筑物的总用水量，阀门用于水表检修、更换时关闭管路，泄水阀用于系统检修时排空之用，止回阀用于防止水流倒流。

（3）给水管道是指建筑内给水水平干管、立管和支管。

（4）配水装置和附件是指配水龙头、各类阀门、消火栓、喷头等。

（5）增压、贮水设备是指当室外给水管网的水压、水量不能满足建筑给水要求时，或要求供水压力稳定、确保供水安全可靠时，应根据需要在给水系统中设置水泵、气压给水设备和水池、水箱等增压、贮水设备。

（6）给水局部处理设施是指当有些建筑对给水水质要求很高，超出生活饮用水卫生标准或其他原因造成水质不能满足要求时，就需设置一些设备、构筑物进行给水深度处理。

2. 建筑排水系统

建筑排水系统的任务，就是将建筑物内卫生器具和生产设备产生的污废水、降落在屋面上的雨雪水加以收集后，顺畅地排放到室外排水管道系统中，便于排入污水处理厂或综合利用。

(1) 建筑排水系统的分类

根据系统接纳的污废水类型，建筑排水系统可分为三大类：

1) 生活排水系统。该系统用于排除居住建筑、公共建筑及工厂生活间人们日常生活产生的盥洗、洗浴和冲洗便器等污废水。为有效利用水资源，可进一步分为生活污水排水系统和生活废水排水系统。生活污水含有大量的有机杂质和细菌，污染程度较重，需排至城市污水处理厂进行处理，然后排放至河流或加以综合利用；生活废水污染程度较轻，经过适当处理后可以回用于建筑物或居住小区，用来冲洗便器、浇洒道路、绿化草坪植被等，可减轻水环境的污染，增加可利用的水资源。

2) 工业废水排水系统。该系统用于排除生产过程中产生的污废水。由于工业生产种类繁多，生产工艺存在着不同，所排水质极为复杂，为有效利用水资源，根据其污染程度又可分为生产污水排水系统和生产废水排水系统。生产污水污染较重，需要经过工厂自身处理，达到排放标准后再排至室外排水系统。生产废水污染较轻，可经简单处理后回收利用或排入河流。

3) 雨水排水系统。该系统用于收集排除建筑屋面上的雨水和融化的雪水。

(2) 建筑排水系统组成

建筑排水系统一般由污废水受水器、排水管道、通气管、清通构筑物、提升设备、污水局部处理构筑物等组成。

1) 污废水受水器。污废水受水器是排水系统的起端，用来承受用水和将使用后的废水、废物排泄到排水系统中的容器。主要指各种卫生器具、收集和排除工业废水的设备等。

2) 排水管。排水管由器具排水管、排水横支管、排水立管、埋设在地下的排水干管和排出到室外的排出管等组成，其作用是将污（废）水能迅速安全地排除到室外。

3) 通气管。通气管是指在排水管系中设置的与大气相通的管道。通气管的作用是：卫生器具排水时，需向排水管系补给空气，减小其内部气压的变化，防止卫生器具水封破坏，使水流畅通；将排水管系中的臭气和有害气体排到大气中去；使管系内经常有新鲜空气和废气之间对流，减轻管道内废气造成的锈蚀。如图 7-34 所示，通气管道有以下几种类型：

伸顶通气管：污水立管顶端延伸出屋面的管段称为伸顶通气管，作为通气及排除臭气用，为排水管系最基本的通气方式。生活排水管道或散发有害气体的生产污水管道均应设置伸顶通气管。伸顶通气管应高出屋面 0.3m 以上，如果有人停留的平屋面，应大于 2m，且应大于最大积雪厚度。伸顶通气管不允许或不可能单独伸出屋面时，可设置汇合通气管。

专用通气管：指仅与排水立管连接，为污水立管内空气流通而设置的垂直管道。当生活排水立管所承担的卫生器具排水设计流量超过排水立管最大排水能力时，应设专用通气立管。建筑标准要求较高的多层住宅、公共建筑、10 层及以上高层建筑宜设专用通气立管。

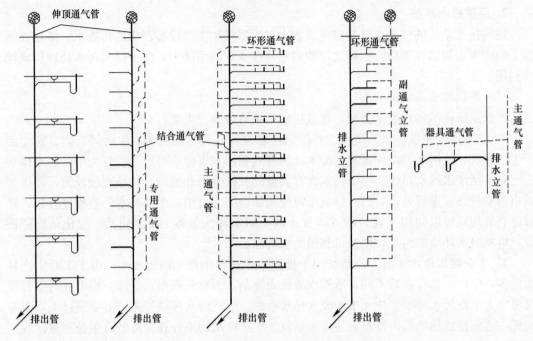

图 7-34 建筑排水系统通气方式示意图

环形通气管：指在多个卫生器具的排水横支管上，从最始端两个卫生器具之间接至通气立管的管段。在连接4个及4个以上卫生器具且长度大于12m的排水横支管、连接6个及6个以上大便器的污水横支管上均应设置环形通气管。

主通气立管：指与环形通气管和排水立管相连接，为使排水横支管和排水立管内空气流通而设置的垂直管道。

副通气立管：指仅与环形通气管连接，为使排水横支管内空气流通而设的垂直管道。

器具通气管：指卫生器具存水弯出口端一定高度处接至主通气立管的管段，可防止卫生器具产生自虹吸现象和噪声。对卫生安静要求高的建筑物，生活污水管宜设器具通气管。

结合通气管：指排水立管与通气立管的连接管段。其作用是，当上部横支管排水，水流沿立管向下流动，水流前方空气被压缩，通过它释放被压缩的空气至通气立管。设有专用通气立管或主通气立管时，应设置结合通气管。

汇合通气管：连接数根通气立管或排水立管顶端通气部分，并延伸至室外大气的通气管段。不允许设置伸顶通气管或不可能单独伸出屋面时，可设置将数根伸顶通气管连接后排到室外的汇合通气管。

4）清通设备。污水中含有杂质，容易堵塞管道，为了清通建筑内部排水管道，保障排水畅通，需在排水系统中设置清扫口、检查口、室内埋地横干管上的检查井等清通构筑物。

清扫口：清扫口一般设在排水横管上，用于单向清通排水管道，尤其是各层横支管连接卫生器具较多时，横支管起点均应装置清扫口。当连接2个及2个以上的大便器或3个及3个以上的卫生器具的污水横管、水流转角小于135°的污水横管，均应设置清扫口。清扫口安装不应高出地面，必须与地面平齐。

检查口：检查口是一个带盖板的短管，拆开盖板可清通管道。检查口通常设置在排水立管上及较长的水平管段上，在建筑物的底层和设有卫生器具的二层以上建筑的最高层排水立管上必须设置，其他各层可每隔两层设置一个；立管如装有乙字管，则应在该层乙字管上部装设检查口；检查口设置高度一般从地面至检查口中心 1m 为宜。

室内检查井：对于不散发有害气体或大量蒸汽的工业废水排水管道，在管道转弯、变径、坡度改变、连接支管处，可在建筑物内设检查井。对于生活污水管道，因建筑物通常设有地下室，故在室内不宜设置检查井。

5) 提升设备。民用建筑的地下室、人防建筑、工业建筑等建筑物内的污废水不能自流排至室外时，需设置污水提升设备，污水提升设备设置在污水泵房（泵组间）内。建筑内部污废水提升包括污水泵的选择、污水集水池（进水间）容积的确定和污水泵房设计，常用的污水泵有潜水泵、液下泵和卧式离心泵。

6) 局部处理构筑物。当室内污水未经处理不允许直接排入城市排水系统或水体时需设置局部处理构筑物。常用的局部水处理构筑物有化粪池、隔油井和降温池。

化粪池：化粪池是一种利用沉淀和厌氧发酵原理去除生活污水中悬浮性有机物的最初级处理构筑物，由于目前我国许多小城镇还没有生活污水处理厂，所以建筑物卫生间内所排出的生活污水必须经过化粪池处理后才能排入合流制排水管道。

隔油井：隔油井可使含油污水流速降低，并使水流方向改变，使油类浮在水面上，然后将其收集排除，适用于食品加工车间、餐饮业的厨房排水、由汽车库排出的汽车冲洗污水和其他一些生产污水的除油处理。

降温池：一般城市排水管道允许排入的污水温度规定不大于 40℃，所以当室内排水温度高于 40℃（如锅炉排污水）时，首先应尽可能将其热量回收利用。如不可能回收时，在排入城市管道前应采取降温措施，一般可在室外设降温池加以冷却。

7.2.2 建筑电气工程的分类、组成及常用器材的选用

众所周知，电能是世界上最环保的能源之一，是现代工农业生产、国防建设、建筑中的主要能源和动力。电能的输送和分配既简单经济，又便于控制、调节和测量，有利于实现生产过程自动化，而且现代社会的信息技术和其他高新技术无一不是建立在电能应用的基础之上的。由各级电压的电力线路将一些发电厂、变电所和电力用户联系起来的一个发电、输电、变电、配电和用电的整体，称为电力系统。

建筑电气工程按照电能转换的特点以及相互间相对独立的功能来分，可分为变配电系统和用电系统，其中用电系统包括照明系统、动力系统以及防雷接地系统等。其组成主要包括电气装置、布线系统和用电设备电气部分等。本节主要介绍建筑供配电系统、建筑电气照明系统以及建筑防雷接地系统。

1. 建筑供配电系统

建筑供配电系统的组成是指从电力电源进入建筑物变配电起，到所有用电设备入端止的整个电路。

供配电系统中，高低压线路的接线方式均有放射式、树干式和环形接线三种方式。与建筑供配电系统相关的是低压线路的接线方式。

(1) 低压放射式接线

低压放射式接线的特点是其引出线发生故障时互不影响，供电可靠性较高。但其有色金属消耗较多，采用的开关设备较多。当用电设备为大容量或负荷性质重要或在有特殊要求的车间、建筑物内，宜采用放射式接线。

(2) 低压树干式接线

低压树干式接线有三种形式，即低压母线放射式配电的树干式接线、低压"变压器-干线组"的树干式接线、链式接线。

低压母线放射式配电的树干式接线，这种配电方式引出配电干线较少，采用的开关设备较少，有色金属消耗也较少，但当干线发生故障时，影响范围大，供电可靠性较低。适用于用电容量较小而分布均匀的场所，如照明配电线路。

"变压器-干线组"的树干式接线，该接线省去了变电所低压侧整套低压配电装置，从而使变电所结构大为简化，大大减少了投资。为提高供电干线可靠性，一般接出的分支回路数不超过10条，且不适于频繁启动、容量较大的冲击性负荷和对电压质量要求较高的设备。

链式接线，它是一种变形的树干式接线。链式接线的特点与树干式基本相同，适于用电设备彼此相距很近而容量均较小的次要用电设备。链式相连的用电设备一般不宜超过5台，链式相连的配电箱不宜超过3台，且总容量不宜超过10kW。缺点是供电的可靠性差。

(3) 低压环形接线

工厂内的一些车间变电所的低压侧，可通过低压联络线相互连接成为环形。任一段线路发生故障或检修时，都不致造成供电中断，经切换操作后即可恢复供电。环形接线的供电可靠性较高。

2. 电力负荷的分级

电力负荷简称负荷，可以指用电设备或用电单位，也可以指用电设备或用电单位的功率或电流的大小。按其用途可分为动力用电设备（如电动机等）、工艺用电设备（如电解、电焊设备等）、电热用电设备（如电炉等）和照明用电设备等（如灯具等）。工厂的电力负荷，按《供配电系统设计规范》GB 50052-2009规定，根据其对供电可靠性的要求及中断供电造成的损失或影响的程度进行分级。

(1) 一级负荷

符合下列情况之一的应为一级负荷：

1) 中断供电将造成人身伤亡。

2) 中断供电将在政治、经济上造成重大损失。如重大设备损坏、重大产品报废、用重要原料生产的产品大量报废、国民经济中重点企业的连续生产过程被打乱需要长时间才能恢复等。

3) 中断供电将发生中毒、爆炸和火灾等情况的负荷，以及特别重要场所不允许中断供电的负荷，应视为特别重要的负荷。如保证安全生产的应急照明、通信系统等。

一级负荷要求有两个独立电源供电，对于特别重要的负荷还应增设应急电源如柴油发电机组、蓄电池等。

(2) 二级负荷

符合下列情况之一的应为二级负荷：

1) 中断供电将在政治、经济上造成较大损失,如主要设备损坏、大量产品报废、连续生产过程被打乱需较长时间才能恢复、重点企业大量减产等。

2) 中断供电将影响重要用电单位的正常工作或造成公共场所秩序混乱。例如,交通枢纽、通信枢纽等用电单位的重要电力负荷。大型影剧院、大型商场等较多人员集中的公共场所的电力负荷。

二级负荷宜由两回路供电,供电变压器一般也有两台。在负荷较小或地区供电条件困难时,可由一回 6kV 及以上专用线路供电。

(3) 三级负荷

所有不属于上述一、二级负荷者均属三级负荷。

各类建筑物主要用电负荷的分级可查阅《民用建筑电气设计规范》JGJ 16—2008。由于三级负荷短时中断供电造成的损失不大,用一般单路电源供电即可。

3. 变配电所主要设备

常用的高压和低压设备均位于变配电所中,其主要的作用是变换与分配电能,是建筑供配电与照明系统的枢纽。中小型民用建筑变配电所电压等级主要为 10kV。

变配电所中常用的设备分高压设备和低压设备。高压设备有高压熔断器、高压隔离开关、高压负荷开关、高压断路器、高压开关柜。低压设备有低压熔断器、低压刀开关、低压断路器、和低压配电屏和配电箱等。这里只介绍低压设备。

(1) 低压熔断器 (FU)

熔断器俗称保险丝,其结构简单、安装方便,在低压电路中作短路和过载保护之用,熔断器是串联在电路中工作的。

(2) 低压刀开关 (QS)

刀开关用于分断电流不大的电路,在低压配电柜内有时也起隔离电压的作用。刀开关由手柄、动触头、静触头和底座等组成。刀开关的操作顺序是:合闸时应先合刀开关,再合断路器;分闸时应先分断断路器,再分断刀开关。

(3) 低压断路器 (QF)

低压断路器是建筑低压供配电与照明系统中的主要元件之一,使建筑物内应用最广泛的开关设备。低压断路器又称低压自动开关或者空气开关,它既能带负荷通断电路,又能在短路、过载和失压或欠压等非正常情况下能自动分断电路。

(4) 低压配电屏(柜)和配电箱

为了便于统一控制和管理供配电系统,前边所讲的变配电所内的电气设备,通常分路集中布置在一起,形成了成套配电装置。建筑变配电所常用户内成套配电装置。包括低压配电屏(柜)和配电箱。

低压配电屏(柜)的类型有固定式(所有电器元件都为固定安装、固定接线)和抽屉式(电器元件是安装在各个抽屉内,再按一、二次线路方案将有关功能单元的抽屉叠装在封闭的金属柜体内,可按需要推入或抽出)。

低压配电箱是直接向低压用电设备分配电能的控制、计量盘,低压配电箱的类型有动力配电箱和照明配电箱,是供配电系统中对用电设备的最后一级控制和保护设备。从低压配电屏引出的低压配电线路一般经动力或照明配电箱接至各用电设备。动力配电箱通常具有配电和控制两种功能,主要用于动力配电和控制,但也可用于照明配电与控制。照明配电箱主要用于照明和小型动力线路的控制、过负荷和短路保护。

4. 照明技术的有关概念

电气照明是以光学为基础的，光是物质的一种形态，它是以电磁波的形式进行传播。将各电磁波按照波长（或频率）依次排列，得到电磁波波谱图。其中波长为380～780nm范围很小的一部分，能够引起人的视觉的称为可见光，将可见光展开，依次呈现红、橙、黄、绿、青、蓝和紫等7种单色光。人眼对各种波长的可见光，具有不同的敏感性。

（1）光通量（Φ）

光源在单位时间内，向周围空间辐射出使人眼产生光感的能量称为光通量，符号为Φ，单位为流明（lm）。光通量是表征光源发光能力大小的物理量，不同型号光源的额定光通量大小不同。

（2）光强（I）

光源在某一特定方向上单位立体角内（每球面度）辐射的光通量，称为光源在该方向上的发光强度，简称光强。它是表征光源（物体）发光能力大小的物理量，符号为I，单位为坎德拉（cd）。

（3）照度（E）

当光通量投射到物体表面时，即可把物体表面照亮，因此对于被照面，常用落在它上面的光通量多少来衡量它被照射的程度。照度就是受照物体表面单位面积投射的光通量，称为照度，符号为E，单位为勒克斯（lx）。

（4）亮度（L）

被视物体表面在某一视线方向或给定方向单位投影面上的发射或反射的光强称为亮度，用符号L表示，单位为尼特（nt），cd/m^2（坎德拉每平方米）。

（5）色温（K）

当光源的发光颜色与黑体（能吸收全部光能的物体）加热到某一个温度所发出的光的颜色相同时，称该温度为光源的颜色温度，简称色温，用符号K表示，单位为开尔文（K）。

（6）色表

观察光源本身给人的颜色印象。根据色温的大小可以将光源色表分为三类：暖色、中间色和冷色。色温、色表与环境照度有一定关系，研究表明：低色温下的暖光在低照度下使人感觉舒适，高色温下的冷光在高照度水平时较受欢迎。

（7）显色性、显色指数（R_a）

同一颜色的物体在具有不同光谱功率分布的光源照射下，会显示出不同的颜色。显色性是指在某种光源照射下，与作为标准光源的照明相比，各种颜色在视觉上的失真程度，用显色指数R_a来表示。一般将日光作为标准光源，显色指数定义为100。

（8）反射比（ρ）

当光通量投射到被照物体表面时，一部分光通量从物体表面反射回去，一部分光通量被物体所吸收，而余下的一部分光通量则透过物体。这就是在相同照度下，不同物体有不同亮度的原因。

反射比又称反射系数，是反射光通量与总投射光通之比，照明技术中特别注重反射比这一参数，因为它直接影响到工作面上的照度。反射比与被照面的颜色和光洁度有关，如果被照面的颜色深暗、表面粗糙或有灰尘，则反射的光通量少，反射比小。

5. 照明方式和种类

（1）照明方式

由于建筑物功能以及生产工艺流程的要求不同，对照度的要求也会不同，在进行照明设计时，分以下三种：

1) 一般照明

一般照明是指在整个场所或场所的某部分照度基本均匀的照明。一般照明可以获得均匀的照度。适宜用在工作位置密度很大而对光照方向无特殊要求或工艺上不适宜安装局部照明的场所。一般照明的优点是在工作表面和整个视界范围里，具有较佳的亮度对比；可以采用较大功率的灯泡，光效较高；使用照明装置数量少，投资费用小。

2) 局部照明

增加某些固定的或移动的工作部位的照度而设置的照明。对于局部地点需要高照度并对照射方向有要求时，宜采用局部照明。但在整个照明场所不应该单独使用局部照明。

3) 混合照明

由一般照明和局部照明共同组成的照明方式。对于工作位置需要较高照度并对照射方向有特殊要求的场所，宜采用混合照明。混合照明中一般照明的照度不应该低于混合照明总照度值的5%～10%，并且其最低照度不应低于20lx，否则会因为一般照明和局部照明对比过大和亮度分布不均匀而产生眩光。混合照明的优点是可以在工作平面、垂直或倾斜表面上，甚至工作的内腔里，获得高的照度，易于改善光色，减少装置功率，节约运行费用。

（2）照明种类

按照明的功能，可以分为工作照明、事故照明、值班照明、警卫照明、障碍照明和景观照明。

1) 工作照明

正常工作时使用的室内、室外照明。属于永久性人工照明，必须满足正常活动时视觉所需的必要照明条件。

2) 事故照明

当电气照明因故断电后，供事故状态下暂时继续工作或从房间内疏散人员而设置的照明称为事故照明。事故照明又可分为备用照明、安全照明和疏散照明。

3) 值班照明

在非生产时间内供值班人员使用的照明。一般在重要车间、仓库、大型商场、银行等处设置。值班照明应该利用正常照明的一部分或利用事故照明的一部分或全部。

4) 警卫照明

用于警卫地区周边附近的照明。警卫照明应尽量与室内或厂区的照明结合。

5) 障碍照明

是指装设在高层建筑尖顶上作为飞机飞行障碍标志用的或者有船舶通行的两侧建筑物上做障碍标志的照明，具体应按照民航和交通部门的有关规定装设。

6) 景观照明

用于满足建筑规划、市容美化以及建筑物装饰要求的照明。

6. 常用照明光源

照明光源根据发光机理将其分成热辐射光源、气体放电光源和半导体发光光源三大类。热辐射光源是利用物体加热时辐射发光的原理所制造的光源，如白炽灯、卤钨灯。气体放电光源是利用气体放电时发光的原理所制造的光源，如荧光灯、高压汞灯、高压钠灯、金属卤化物灯和氙灯。

半导体发光光源是电致发光的半导体材料，如 LED 灯。

7. 防雷装置

防雷装置的作用是将雷击电荷或建筑物感应电荷迅速引入大地，以保护建筑物、电气设备及人身不受损害。一个完整的防雷装置都是由接闪器、引下线和接地装置三部分组成的。

(1) 接闪器

接闪器是专门用来接受直击雷的金属物体。接闪的金属杆称为避雷针；接闪的金属线称为避雷线，或称为架空地线；接闪的金属带、网称为避雷带、避雷网。

1) 避雷针一般采用镀锌圆钢（针长 1m 以下时，直径不小于 12mm；针长 1～2m 时，直径不小于 16mm），或镀锌钢管（针长 1m 以下时，直径不小于 20mm，针长 1～2m 时，直径不小于 25mm）制成。它的下端通过引下线与接地装置可靠连接。它通常安装在电杆、构架或建筑物上。

避雷针的功能实质是引雷作用。它能对雷电场产生一个附加电场（该附加电场是由于雷云对避雷针产生静电感应引起的），使雷电场畸变，从而改变雷云放电的通道。雷电流经避雷针、引下线和接地装置，泄放到大地中去，使被保护物免受雷击。避雷针的保护范围，一般采用 IEC 推荐的"滚球法"来确定。

2) 避雷线一般用截面不小于 35mm^2 的镀锌钢绞线，架设在架空线或建筑物的上面，以保护架空线或建筑物免遭直击雷击。由于避雷线既是架空的又是接地的，也称为架空地线。架设避雷线是防雷的有效措施，但造价高，因此只在 66kV 及以上的架空线路上才全线架设；35kV 的架空线路上，一般只进出变配电所的一段线路上装设；而 10kV 及以下的架空线路上一般不装设。

3) 避雷网和避雷带主要用来保护高层建筑物免遭直击雷击和感应雷击。

避雷网和避雷带宜采用圆钢和扁钢，优先采用圆钢。圆钢直径不小于 8mm，扁钢截面不小于 48mm^2，其厚度不小于 4mm。当烟囱上采用避雷环时，其圆钢直径不小于 12mm，扁钢截面不小于 100mm^2，其厚度不小于 4mm。避雷网的网格尺寸按建筑物防雷等级要求不同。

(2) 引下线

引下线是敷设在房顶和房屋墙壁上的导线，它把接闪器"接"来的雷电流引入接地装置。引下线一般用圆钢或扁钢制成，其截面大小应能承受大的雷电流，保证雷电流通过不被熔化；引下线也可以利用建筑物钢筋混凝土屋面板、梁、柱、基础内的钢筋，必须保证焊接成可靠的电气通路。

引下线可分明装和暗装两种。明装时一般采用直径 8mm 的圆钢或截面 12mm×4mm 的扁钢。在易受腐蚀部位，截面适当加大。引下线应沿建筑物外墙敷设，应敷设于人们不易触及之处，敷设时应保持一定的松紧度。从接闪器到接地装置，引下线的敷设应尽量短而直；若必需弯曲时，弯角应大于 90°。由地下 0.3m 到地上 1.7m 的一段引下线应加保护设施，以避免机械损伤。暗装引下线利用钢筋混凝土中的钢筋作引下线时，最少应利用四根柱子，每柱中至少用到两根主筋。

（3）接地装置

接地装置可迅速使雷电流在大地中泄放，其冲击接地电阻值必须满足相应规定的大小。

（4）避雷器

避雷器是用来防止雷电产生的过电压波沿线路侵入变配电所或其他建筑物内，以免危及被保护设备。避雷器主要有阀式避雷器、氧化锌避雷器等。

8. 建筑供配电系统防雷

建筑物内部防雷主要是防高电压的侵入。高电压侵入是指雷电过电压通过金属线引导到室内或其他地方造成破坏的雷害现象。现代建筑中除上述外部防雷措施外，内部还采取了安装防雷器 SPD 和等电位连接等措施。

（1）安装电涌保护器（SPD）

SPD 中文简称电涌保护器，又称浪涌保护器。根据 IEC 标准规定，电涌保护器主要是指抑制传导来的线路过电压和过电流的装置。它的组成器件主要包括放电间隙、压敏电阻、二极管、滤波器等。根据构成组件和使用部位的不同，电涌保护器可分为电压开关型 SPD、限压型 SPD 和组合型 SPD。而根据应用场合分类，电涌保护器又可分成电力系统 SPD 和信息系统 SPD。

（2）等电位连接

等电位联结是建筑物内电气装置的一项基本安全措施，可以消除自建筑物外从电源线路或金属管道引入建筑物的危险电压。等电位连接是为减小在需要防雷的空间内发生火灾、爆炸、生命危险的一项很重要的措施，特别是在建筑物内部防雷空间防止发生生命危险的最重要的措施。

建筑物的等电位连接设计主要有以下几种：

1）总等电位连接和局部等电位连接

总等电位连接（MEB）的作用在于降低建筑物内间接接触电压和不同金属部件间的电位差，并消除自建筑物外经电气线路和各种金属管道引入的危险故障电压的危害，它主要通过进线配电箱近旁的总等电位联结端子板（接地母排）将下列导电部分互相连通：进线配电箱的 PE（PEN）母排；公用设施的金属管道（除可燃气体管道外），如上、下水等管道；建筑物金属结构；如果做了人工接地，也包括其接地极引线。

局部等电位连接（LEB）是指当电气装置或电气装置的某一部分的接地故障保护不能满足切断故障回路的时间要求时，应在局部范围内做的等电位连接。它包括 PE 母线或 PE 干线；公用设施的金属管道（除可燃气体管道外）；如果可能，也包括建筑物金属结构。

2）建筑物内部导电部件的等电位连接

等电位连接不仅仅是针对雷电暂态过电压的，还包括其他如工作过电压、操作过电压等暂态过电压的防护，特别是在有过电压的瞬间对人身和设备的安全防护。因此，有必要将建筑物内的设备外壳、水管、暖气片、金属梯、金属构架和其他金属外露部分与共用接地系统做等电位连接。而且需要注意的是，绝不能因检修等原因切断这些连接。

3）信息系统的等电位连接

对信息系统的各个外露可导电部件也要建立等电位连接网络，并与共用接地系统相连。接至共用接地系统的等电位连接网络有两种结构，S 型（星型）结构和 M 型（网格型）结构。对于工作频率小于 0.1MHz 的电子设备，一般采用 S 型（星型）结构；对于频率大于 10MHz 的电路，一般采用 M 型（网格型）结构。

4）各楼层的等电位连接

将每个楼层的等电位连接与建筑物内的主钢筋相连，并在每个房间或区域设置接地子，由于每层的所有接地端子彼此相连，而且又与建筑物主钢筋相连，这就使每个楼层成了等电位面。再将建筑物所有接地极、接地端子连接形成等电位空间。最后，将屋顶上的设备和避雷针等与避雷带连接形成屋面上的等电位。

5）接地网的等电位连接

在某种意义上说，建筑物的共用接地系统在大范围内即为等电位连接，比如我们常见的计算机房的工作接地、屏蔽接地和防雷接地等采用同一接地系统的原理，就是避免各接地间产生的瞬态过电压差对设备造成影响，因此，钢筋混凝土结构建筑物利用基础钢筋网做接地体，一般要围绕建筑物四周增设环形接地体，并与建筑物柱内被用作引下线的柱筋焊接，这样就大大降低了接地网由于雷电流造成地电位不均衡的概率。

7.2.3 采暖系统的分类、应用及常用器材的选用

1. 采暖系统的组成

所有采暖系统都是由热源、供热管道、散热设备三个主要部分组成的。

(1) 热源

使燃料燃烧产生热，将热媒加热成热水或蒸汽的部分，如锅炉房、热交换站（又称热力站）、地热供热站等，还可以采用燃气炉、热泵机组、废热、太阳能等。

(2) 供热管道

供热管道是指热源和散热设备之间的管道，将热媒输送到各个散热设备。包括供水、回水循环管道。

(3) 散热设备

将热量传至所需空间的设备，如散热器、暖风机、热水辐射管等。

2. 采暖系统的分类

(1) 按设备相对位置分类

1）局部采暖系统

热源、供暖管道、散热设备三部分在构造上合在一起的采暖系统，如火炉采暖、简易散热器采暖、煤气采暖和电热采暖。

2）集中采暖系统

热源和散热设备分别设置，以集中供热或分散锅炉房作热源向各房间或建筑物供给热量的采暖系统。

3）区域采暖系统

区域采暖系统是指以城市某一区域性锅炉房作为热源，供一个区域的许多建筑物采暖的供暖系统。这种供暖方式的作用范围大、高效节能，是未来的发展方向。

(2) 按热媒种类分类

1）热水采暖系统

以热水作为热媒的采暖系统称为热水采暖系统，主要应用于民用建筑。热水采暖系统

的热能利用率高,输送时无效热损失较小,散热设备不易腐蚀,使用周期长,且散热设备表面温度低,符合卫生要求;系统操作方便,运行安全,易于实现供水温度的集中调节,系统蓄热能力高,散热均匀,适于远距离输送。

热水采暖系统按系统循环动力可分为自然(重力)循环系统和机械循环系统。前者是靠水的密度差进行循环的系统,由于作用压力小,目前在集中式采暖中很少采用;后者是靠机械(水泵)进行循环的系统。

热水采暖系统按热媒温度的不同可分为低温系统和高温系统。低温热水采暖系统的供水温度为95℃,回水温度为70℃;高温热水采暖系统的供水温度多采用120~130℃,回水温度为70~80℃。

2) 蒸汽采暖系统

水蒸气作为热媒的采暖系统称为蒸汽采暖系统,主要应用于工业建筑。水在锅炉中被加热成具有一定压力和温度的蒸汽,蒸汽靠自身压力作用通过管道流入散热器内,在散热器内放热后,蒸汽变成凝结水,凝结水经过疏水器后沿凝结水管道返回凝结水箱内,再由凝结水泵送入锅炉重新被加热变成蒸汽。

蒸汽采暖系统的凝结水回收方式,应根据二次蒸汽利用的可能性及室外地形,管道敷设方式等决定,可采用以下几种回水方式:闭式满管回水、开式水箱自流或机械回水和余压回水。

3) 热风采暖系统

以热空气为热媒的采暖系统,把空气加热至30~50℃,直接送入房间。主要应用于大型工业车间。例如暖风机、热风幕等就是热风供暖的典型设备。热风供暖以空气作为热媒,它的密度小,比热容与导热系数均很小,因此加热和冷却比较迅速。但比容大,所需管道断面积比较大。

4) 烟气采暖

以燃料燃烧产生的高温烟气为热媒,把热量带给散热设备。如火炉、火墙、火坑、火地等形式在我国北方广大村镇中应用比较普遍。烟气供暖虽然简便且实用,但由于大多属于在简易的燃烧设备中就地燃烧燃料,不能合理地使用燃料,燃烧不充分,热损失大,热效率低,燃料消耗多,而且温度高,卫生条件不够好,火灾的危险性大。

3. 自然循环热水采暖系统

采暖系统按照系统中水的循环动力不同,热水采暖系统分为自然(重力)循环热水采暖系统和机械循环热水采暖系统。以供回水密度差作动力进行循环的系统称自然(重力)循环热水采暖系统,以机械(水泵)动力进行循环的系统,成为机械循环热水采暖系统。

(1) 自然(重力)循环热水采暖系统的工作原理及其作用压力

在系统工作之前,先将系统中充满冷水。当水在锅炉内被加热后,它的密度减小,同时受着从散热器流回来密度较大的回水的驱动,使热水沿着供水干管上升,流入散热器。在散热器内水被冷却,再沿回水干管流回锅炉。

(2) 自然循环热水采暖系统的主要形式

1) 双管上供下回式

双管上供下回式系统其特点是各层散热器都并联在供、回水立水管上,水经回水立管、干管直接流回锅炉。如不考虑水在管道中的冷却,则进入各层散热器的水温相同。

2) 单管上供下回式

单管系统的特点是热水送入立管后由上向下顺序流过各层散热器,水温逐层降低,各组散热器串联在立管上。每根立管(包括立管上各层散热器)与锅炉、供回水干管形成一个循环环路,各立管环路是并联关系。

4. 机械循环热水采暖系统

自然循环热水供暖系统虽然维护管理简单,不需要耗费电能,但由于作用压力小,管中水流动速度不大,所以管径就相对要大一些,作用半径也受到限制。如果系统作用半径较大,自然循环往往难以满足系统的工作要求。这时,应采用机械循环热水供暖系统。

机械循环热水采暖系统与自然循环热水采暖系统的主要区别是在系统中设置了循环水泵,靠水泵提供的机械能使水在系统中循环。系统中的循环水在锅炉中被加热,通过总立管、干管、支管到达散热器。水沿途散热有一定的温降,在散热器中放出大部分所需热量,沿回水支管、立管、干管重新回到锅炉被加热。

机械循环热水采暖系统有以下几种主要形式:

(1) 机械循环双管上供下回式热水采暖系统

机械循环双管上供下回式热水采暖系统与每组散热器连接的立管均为两根,热水平行地分配给所有散热器,散热器流出的回水直接流回热水锅炉。供水干管布置在所有散热器上方,而回水干管在所有散热器下方,所以叫上供下回式。

(2) 机械循环下供下回式双管系统

系统的供水和回水干管都敷设在底层散热器下面。与上供下回式系统相比,它有如下特点:

1) 在地下室布置供水干管,管路直接散热给地下室,无效热损失小。

2) 在施工中,每安装好一层散热器即可采暖,给冬期施工带来很大方便。免得为了冬期施工的需要,特别装置临时供暖设备。

3) 排除空气比较困难。

(3) 机械循环中供式热水采暖系统

从系统总立管引出的水平供水干管敷设在系统的中部,下部系统为上供下回式,上部系统可采用下供下回式,也可采用上供下回式。中供式系统可用于原有建筑物加建楼层或上部建筑面积小于下部建筑面积的场合。

(4) 机械循环下供上回式(倒流式)采暖系统

该系统的供水干管设在所有散热器设备的上面,回水干管设在所有散热器下面,膨胀水箱连接在回水干管上。回水经膨胀水箱流回锅炉房,再被循环水泵送入锅炉。倒流式系统具有如下特点:

1) 水在系统内的流动方向是自下而上流动,与空气流动方向一致,可通过顺流式膨胀水箱排除空气,无需设置集中排气罐等排气装置。

2) 对热损失大的底层房间,由于底层供水温度高,底层散热器的面积减小,便于布置。

3) 当采用高温水采暖系统时,由于供水干管设在底层,这样可降低防止高温水汽化所需的水箱标高,减少布置高架水箱的困难。

4）供水干管在下部，回水干管在上部，无效热损失小。

这种系统的缺点是散热器的放热系数比上供下回式低，散热器的平均温度几乎等于散热器的出口温度，这样就增加了散热器的面积。但用于高温水供暖时，这一特点却有利于满足散热器表面温度不致过高的卫生要求。

（5）异程式系统与同程式系统

在采暖系统中按热媒在供水干管和回水干管中循环路程的异同分为同程式和异程式。循环环路是指热水从锅炉流出，经供水管到散热器，再由回水管流回到锅炉的环路。如果一个热水采暖系统中各循环环路的热水流程长短基本相等，称为同程式热水采暖系统，在较大的建筑物内宜采用同程系统。热水流程相差很多时，称为异程式热水系统。

5. 蒸气采暖系统

水在锅炉中被加热成具有一定压力和温度的蒸汽，蒸汽靠自身压力作用通过管道流入散热器内，在散热器内放出热量后，蒸汽变成凝结水，凝结水靠重力经疏水器后沿凝结水管道返回凝结水池内，再由凝结水泵送入锅炉重新被加热变成蒸汽。

蒸汽采暖系统按照供汽压力的大小，可以分为三类：

（1）供汽的表压力等于或低于 70kPa 时，称为低压蒸汽采暖；

（2）供汽的表压力高于 70kPa 时，称为高压蒸汽采暖；

（3）当系统中的压力低于大气压力时，称为真空蒸汽采暖。

6. 辐射采暖系统

根据辐射体表面温度的不同，可以将辐射采暖分为低温辐射采暖、中温辐射采暖和高温辐射采暖。

（1）当辐射表面温度小于 80℃时称为低温辐射采暖。

（2）当辐射采暖温度在 80～200℃时称为中温辐射采暖。

（3）当辐射体表面温度高于 500℃时称为高温辐射采暖。

低温辐射采暖的结构形式是把加热管（或其他发热体）直接埋设在建筑构件内而形成散热面。中温辐射采暖通常是用钢板和小管径的钢管制成矩形块状或带状散热板。燃气红外辐射器、电红外线辐射器等，均为高温辐射散热设备。

7. 采暖系统主要设备

（1）散热器

散热器是安装在采暖房间内的散热设备，热水或蒸汽在散热器内流过，它们所携带的热量便通过散热器以对流、辐射方式不断地传给室内空气，达到供暖的目的。

1）铸铁散热器

铸铁散热器是由铸铁浇铸而成，结构简单，具有耐腐蚀、使用寿命长、热稳定性好等优点，因而被广泛应用。其缺点主要是金属耗量大，承压能力低（0.4～0.5MPa）。工程中常用的铸铁散热器有翼形和柱形两种。

2）钢制散热器

钢制散热器主要类型有：闭式钢串片式散热器、板型散热器、柱型散热器、扁管散热器和光排管散热器。钢制散热器与铸铁散热器相比具有金属耗量小；承压能力高（0.8～1.2MPa）；外形美观整洁、规格尺寸多；占有空间少、便于布置等优点。缺点主要是热稳定性差（除柱式外）、易腐蚀、寿命短，如果不采取内防腐工艺，会发生散热器腐蚀漏水。

3) 铝制散热器

铝制散热器具有结构紧凑、重量轻、造型美观、装饰性强、散热快、热工性能好、承压高，使用寿命长的优点。缺点是铝制散热器的缺点：在碱性水中会产生碱性腐蚀。因此，必须在酸性水中使用（pH值<7），而多数锅炉用水pH值均大于7，不利于铝制散热器的使用。

4) 复合型散热器

以钢管、铜管等为内芯，以铝合金翼片为散热元件的钢铝、铜铝复合散热器，结合了钢管、铜管承压高、耐腐蚀和铝合金外表美观、散热效果好的优点。

5) 铜制散热器

铜制散热器具有一般金属的高强度；同时又不易裂缝、不易折断；并具有一定的抗冻胀和抗冲击能力；铜制散热器之所以有如此优良稳定的性能是由于铜在化学排序中的序位很低，仅高于银、铂、金，性能稳定，不易被腐蚀。由于铜管件很强的耐腐蚀性，不会有杂质溶入水中，能使水保持清洁卫生。铜质散热器的缺点：价格较高。

(2) 暖风机

暖风机是由吸风口、风机、空气加热器和送风口等联合构成的通风供暖联合机组。

在风机的作用下，室内空气由吸风口进入机体，经空气加热器加热变成热风，然后经送风口送至室内，以维持室内一定的温度。

暖风机分为轴流式与离心式两种，常称小型暖风机和大型暖风机。根据暖风机的结构特点及适用热媒的不同，可分为蒸汽暖风机、热水暖风机、蒸汽热水两用暖风机及冷热水两用的冷暖风机等。

(3) 钢制辐射板

散热器主要以对流散热为主，对流散热占总散热量的75％左右；用暖风机供暖时，对流散热几乎占100％；而辐射板主要是依靠辐射传热的方式，尽量放出辐射热（还伴随着一部分对流热），使一定的空间里有足够的辐射强度，以达到供暖的目的。根据辐射散热设备的构造不同可分为单体式的（块状、带状辐射板，红外线辐射器）和与建筑物构造相结合的辐射板（顶棚式、墙面式、地板式等）。

8. 热水采暖系统的辅助设备

(1) 膨胀水箱

膨胀水箱的作用是用来贮存热水采暖系统加热的膨胀水量，在自然循环上供下回式系统中还起着排气作用。膨胀水箱的另一个作用是恒定采暖系统的压力。膨胀水箱一般用钢板制成，通常是圆形或矩形。箱上连有膨胀管、溢流管、信号管、排水管及循环管等管路。

1) 膨胀管。膨胀水箱设在系统最高处，系统的膨胀水通过膨胀管进入膨胀水箱。自然循环系统膨胀管接在供水总立管的上部；机械循环系统膨胀管接在回水干管循环水泵入口前。膨胀管不允许设置阀门，以免偶然关断使系统内压力增高而发生事故。

2) 循环管。为了防止水箱内的水冻结，膨胀水箱需设置循环管。在机械循环系统中，连接点与定压点应保持1.5～3.0m的距离，以使热水能缓慢地在循环管、膨胀管和水箱之间流动。循环管上也不应设置阀门，以免水箱内的水冻结。

3) 溢流管。用于控制系统的最高水位，当水的膨胀体积超过溢流管口时，水溢出就近排入排水设施中。溢流管上也不允许设置阀门，以免偶然关闭而使水从入孔处溢出。

4) 信号管。用于检查膨胀水箱水位，决定系统是否需要补水。信号管控制系统的最低水位应接至锅炉房内或人们容易观察的地方，信号管末端应设置阀门。

5) 放空管。用于清洗、检修时放空水箱用，可与溢流管一起就近接入排水设施，其上应安装阀门。

（2）集气罐

集气罐一般是用直径 $\phi100\sim\phi250$ 的钢管焊制而成的，分为立式和卧式两种。

集气罐一般设于系统供水干管末端的最高处，供水干管应向集气罐方向设上升坡度以使管中水流方向与空气气泡的浮升方向一致，以有利于空气聚集到集气罐的上部，定期排除。系统运行期间，应定期打开排气阀排除空气。

（3）自动排气罐

铸铁自动排气罐的工作原理是依靠罐内水的浮力自动打开排气阀。罐内无空气时，系统中的水流入罐体将浮漂浮起。浮漂上的耐热橡皮垫将排气口封闭，使水流不出去。当系统中的气体汇集到罐体上部时，罐内水位下降使浮漂离开排气口将空气排出。空气排出后，水位和浮漂重又上升将排气口关闭。

（4）手动排气阀

手动排气阀适用于（公称压力 $P\leqslant600kPa$，工作温度 $t\leqslant100℃$）的热水采暖系统的散热器上。多用于水平式和下供下回式系统中，旋紧在散热器上部专设的丝孔上，以手动方式排除空气。

（5）除污器

除污器是一种钢制筒体，它可用来截流、过滤管路中的杂质和污物，以保证系统内水质洁净，减少阻力，防止堵塞压板及管路。除污器一般应设置于采暖系统入口调压装置前、锅炉房循环水泵的吸入口前和热交换设备入口前。

（6）散热器温控阀

散热器温控阀是一种自动控制散热器散热量的设备，它由阀体部分和感温元件部分组成。当室内温度高于给定的温度值时，感温元件受热，其顶杆压缩阀杆，将阀口关小，进入散热器的水流量会减小，散热器的散热量也会减小，室温随之降低；当室温下降到设置的低限值时，感温元件开始收缩，阀杆靠弹簧的作用抬起，阀孔开大，水流量增大，散热器散热量也随之增加，室温开始升高。控温范围在 $13\sim28℃$，温控误差为 $\pm1℃$。

9. 蒸汽采暖系统的设备

（1）疏水器

蒸汽疏水器的作用是自动而且迅速地排出用热设备及管道中的凝水，并能阻止蒸汽逸漏。在排出凝水的同时，排出系统中积留的空气和其他非凝性气体。

（2）减压阀

减压阀靠启闭阀孔对蒸汽进行节流达到减压的目的。减压阀应能自动地将阀后压力维持在一定范围内，工作时无振动，完全关闭后不漏气。目前国产减压阀有活塞式、波纹管式和薄片式等几种形式。

（3）其他凝水回收设备

1) 水箱

水箱用以收集凝水，有开式（无压）和闭式（有压）两种。水箱容积一般应按各用户的 0.5～1.5h 最大小时凝水量设计。

2）二次蒸发箱

二次蒸发箱的作用是将用户内各用气设备排出的凝水在较低的压力下分离出一部分二次蒸汽，并靠箱内一定的蒸汽压力输送二次蒸汽至低压用户。

7.2.4 通风与空调系统的分类、应用及常用器材的选用

1. 通风系统的分类

通风的目的就在于通过控制空气传播污染物，以保证室内环境具有良好的空气品质，满足人们生活或生产过程要求的工程技术。

通风的主要目的是为了置换室内的空气，改善室内空气品质，是以建筑物内的污染物为主要控制对象的。根据换气方法不同可分为排风和送风。排风是在局部地点或整个房间把不符合卫生标准的污染空气直接或经过处理后排至室外；送风是把新鲜或经过处理的空气送入室内。对于为排风和送风设置的管道及设备等装置分别称为排风系统和送风系统，统称为通风系统。在有可能突然释放大量有害气体或有爆炸危险生产厂房内还应设置事故通风装置。

通风方法按照空气流动的作用动力可分为自然通风和机械通风两种。

（1）自然通风

自然通风是在自然压差（风压或热压）作用下，使室内外空气通过建筑物围护结构的孔口流动的通风换气形式。自然通风具有经济、节能、简便易行、不需专人管理、无噪声的优点，在选择通风措施时应优先采用，但自然通风受自然条件的影响，通风量不宜控制，通风效果不易保证。自然通风最主要的缺点就是不易控制。在采暖或制冷季节，建筑门窗被人为开启后没有及时关闭，造成室内大量冷、热量流失。所以，采用自然通风系统时，我们需要建筑的使用者有良好的行为方式才能确保建筑的节能。同时由于窗户的开启，室外噪声、汽车尾气和污染物也会进入室内，这种现象在城市化进程越来越高的今天尤显突出，因此，传统的开窗通风面临着挑战。根据压差形成的机理，可以分为风压作用下的自然通风、热压作用下的自然通风以及热压和风压共同作用下的自然通风。自然通风在一般工业厂房中应采用有组织的自然通风方式用以改善工作区的劳动条件；在民用建筑中多采用窗扇作为有组织或无组织自然通风的设施。

1）风压作用下的自然通风

具有一定速度的风由建筑物迎风面的门窗进入房间内，同时把房间内原有的空气从背风面的门窗压出去，形成一种由于室外风力引起的自然通风，以改善房间的空气环境。

2）热压作用下的自然通风

在房间内有热源的情况下，因此房间内空气温度高，密度小，产生一种向上的升力。空气上升后从上部窗孔排出，同时室外冷空气就会从下部门窗或门缝进入室内，形成一种由室内外温差引起的自然通风，以改善房间内的空气环境。

空气从建筑物上部的孔洞（如天窗等）处排出，同时在建筑下部压力变小，室外较冷而密度较大的空气不断地从建筑物下部的门、窗补充进来。这种以室内外温度差引起的压力差为动力的自然通风，称为热压差作用下的自然通风。

热压作用产生的通风效应又称为"烟囱效应"。"烟囱效应"的强度与建筑高度和室内

外温差有关。一般情况下，建筑物越高，室内外温差越大，"烟囱效应"越强烈。

3) 热压和风压共同作用下的自然通风

在多数工程中，建筑物是在热压与风压共同作用下的自然通风可以简单地认为它们是效果叠加的。

(2) 机械通风

机械通风是依靠通风机提供的动力来迫使空气流通来进行室内外空气交换的方式。机械通风包括机械送风和机械排风。与自然通风相比，机械通风具有以下优点：

1) 送入车间或工作房间内的空气可以经过加热或冷却，加湿或减湿的处理。

2) 从车间排除的空气，可以进行净化除尘，保证工厂附近的空气不被污染。

3) 按能够满足卫生和生产上所要求造成房间内人为的气象条件。

4) 可以将吸入的新鲜空气按照需要送到车间或工作房间内各个地点，同时也可以将室内污浊的空气和有害气体从产生地点直接排除到室外去。

5) 通风量在一年四季中都可以保持平衡，不受外界气候的影响，必要时，根据车间或工作房间内生产与工作情况，还可以任意调节换气量。

机械通风可根据有害物分布的状况，按照系统作用范围大小分为局部通风和全面通风两类。局部通风包括局部送风系统和局部排风系统；全面通风包括全面送风系统和全面排风系统。

1) 局部排风系统

局部排风就是在局部地点把不符合卫生标准的污浊的空气经过处理达到排放标准后排至室外，以改善局部空间的空气质量。局部排风系统是由局部排风罩、风管、净化设备和风机等组成。

2) 局部送风系统

在一些大型的车间中，尤其是有大量余热的高温车间，采用全面通风已经无法保证室内所有地方都达到适宜的程度。局部送风是把新鲜的空气经过净化、冷却或加热等处理后送入室内的指定地点，以改善局部空间的空气质量。局部送风系统对于面积很大，工作人数较少的车间，没有必要对整个车间降温，只需向少数的局部工作地点送风，在局部地点形成良好的空气环境。局部送风又分系统式送风和分散式送风两种。

3) 全面通风

全面通风也称稀释通风，它一方面用清洁的空气稀释室内空气中的有害物质浓度，同时不断地把污染空气排至室外，使室内空气中有害物浓度不超过卫生标准规定的最高浓度。全面通风的效果与通风量和通风气流组织有关。不能采用局部通风或采用局部通风后室内空气环境仍然不符合卫生和生产要求时，可以采用全面通风。全面通风适用于：有害物产生位置不固定的地方，面积较大或局部通风装置影响操作，有害物扩散不受限制的房间或一定的区段内。

2. 通风风管材质

通风与空调工程的风管和部、配件所用材料，一般可分为金属材料和非金属材料两种。金属材料主要有普通酸洗薄钢板（俗称黑铁皮）、镀锌薄钢板和型钢等黑色金属材料。当有特殊要求（如防腐、防火等要求）时，可用铝板、不锈钢板等材料。非金属材料有硬聚氯乙烯板（硬塑板）、玻璃钢等。

(1) 金属薄板

1) 普通薄钢板

普通薄钢板由碳素软钢经热轧或冷轧制成。

2) 镀锌薄钢板

镀锌薄钢板是用普通薄钢板表面镀锌制成，俗称"白铁皮"。常用的厚度为0.5～1.5mm，其规格尺寸与普通薄钢板相同。

3) 塑料复合钢板

塑料复合钢板是在Q215、Q235钢板表面上喷涂一层厚度为0.2～0.4mm的软质或半软质聚氯乙烯塑料膜制成，有单面覆层和双面覆层两种。

4) 不锈钢板

耐大气腐蚀的镍铬钢叫不锈钢。不锈钢板按其化学成分来分，品种甚多；按其金相组织可分为铁素体钢（Cr13型）和奥氏体钢（18-8型）。18-8型不锈钢中含碳0.14%以下，含铬（Cr）18%，含镍（Ni）8%。18-8型不锈钢在常温下无磁性，耐热性较好，能在较高温度下不起氧化皮和保持较高的强度。18-8型不锈钢的缺点是加热至1100℃以后缓慢冷却或在450～850℃下长期加热时，铬的碳化物自固体中沿晶粒边界析出，从而使它的耐腐蚀性和机械性能大大降低。

5) 铝及铝合金板

使用铝板制作风管，一般以纯铝为主。铝板具有良好的导电、导热性能，并且在许多介质中有较高的稳定性。纯铝的产品有迟火和冷作硬化两种。迟火的塑性较好，强度较低，而冷作硬化的强度较高。为了改变铝的性能，在铝中加入一种或几种其他元素（如铜、镁等）制成铝合金板，其强度比铝板大幅度增加，但化学耐蚀性不及铝板。

(2) 非金属材料

1) 硬聚氯乙烯塑料板

硬聚氯乙烯塑料（硬PVC）是由聚氯乙烯树脂加入稳定剂、增塑剂、填料、着色剂及润滑剂等压制（或压铸）而成。它具有表面平整光滑，耐酸碱腐蚀性强（对强氧化剂如浓硝酸、发烟硫酸和芳香族碳氢化合物以及氯化碳氢化合物是不稳定的），物理机械性能良好，易于二次加工成型等特点。

2) 玻璃钢（玻璃纤维增强塑料）

玻璃钢是以玻璃纤维制品（如玻璃布）为增强材料，以树脂为粘结剂，经过一定的成型工艺制作而成的一种轻质高强度的复合材料。它具有较好的耐腐蚀性、耐火性和成型工艺简单等优点。

由于玻璃钢质轻、强度高、耐热性及耐蚀性优良、电绝缘性好及加工成型方便，在纺织、印染、化工等行业常用于排除腐蚀性气体的通风系统中。

(3) 辅助材料

通风空调常用的辅助性材料有垫料、紧固件及其他材料等。

1) 垫料。垫料主要用于风管之间、风管与设备之间的连接，用以保证接口的密封性。

2) 紧固件。紧固件是指螺栓、螺母、铆钉、垫圈等。

3) 其他材料。通风空调工程中还常用到一些辅助性消耗材料，如氧气、乙炔、煤气、焊条、锯条等。

3. 风管配件

（1）送风口

送风口又称为空气分布器。由于送风口的送风气流形成的气流流形、射程对空调房间的气流组织和空气参数控制影响最大，送风口通常又设置在顶棚或侧墙等目力所及的显著位置，而且外观还应达到与室内装饰的艺术配合要求，因此使得送风口的形式种类繁多。

按风口形式分类，可分为百叶风口、散流器、喷口、条缝风口、旋流风口、孔板风口和专用风口（如椅子风口、灯具风口等）。

按风口送出气流的形式，可分为送出气流形式呈辐射状向四周扩散的扩散型送风口（如散流器，这类送风口具有较大的诱导室内空气的作用，送风温度衰减快，射程较短）；气流沿送风口轴线方向送出的轴向型送风口（如喷口，这类送风口诱导室内空气的作用小，送风速度衰减慢，射程远）；气流从狭长的线状风口送出的线形送风口（如长宽比很大的条缝型送风口）；气流从大面积的平面上均匀送出的面形送风口（如孔板送风口，这类送风口送风温度和速度分布均匀，衰减快）。

按风口安装位置分类，可分为顶棚送风口、侧墙送风口及地面送风口等。

按风口送风方向分类，可分为下送风口、侧送风口和上送风口。

（2）散流器

散流器是一种通常装在空调房间的顶棚或暴露风管的底部作为下送风口使用的风口。其造型美观，易与房间装饰要求配合，是使用最广泛的送风口之一。

散流器类型按外形分为圆形、方形和矩形；按气流扩散方向分为单向的（一面送风）和多向的（两面、三面和四面送风）；按送风气流流型分为下送型和平送型；按叶片结构分为流线型、直（斜）片式和圆环式。

（3）喷口

喷口是喷射式送风口的简称。用于远距离送风的风口。其主要形式有圆形和球形两种。喷口通常作为侧送风口使用，喷口送风的优点：射程远、送风口数量需要少、系统简单、投资较小。空间较大的公共建筑（如体育馆、影剧院、候机厅、展览馆等）和室温允许波动范围要求不太严格的高大厂房。

（4）条缝风口

条缝风口也称条缝型风口。按风口的条缝数分有单条缝、双条缝和多条缝等形式。基本特征是风口平面的长宽比值很大，使出风口形成"条缝"状，送风气流为扁平射流。一般是单独地水平或垂直安装，作为侧送风口使用。

舒适性空调常用的线形风口的叶片是固定的，其形状有三种，分别为直片式、单向倾斜式和双向倾斜式。

（5）旋流风口

依靠起旋器或旋流叶片等部件，使轴向气流起旋形成旋转射流。由于旋转射流的中心处于负压区，它能诱导周围大量空气与之混合，然后送至工作区。有下送式和上送式两种。

（6）孔板风口

实际上是一块开有大量小孔（孔径一般为 6～8mm）的平板，材料为镀锌钢板、硬质塑料板、铝板、铝合金板或不锈钢板，通常与空调房间的顶棚合为一体，既是送风口，又是顶棚。经过处理的空气由风管送入楼板与开孔顶棚之间的空间（通常称为稳压层或静压箱），在静压的作用下，再通过大面积分布的众多小孔进入室内。根据孔板在顶棚上的布置形式不同，孔板风口可分为全面孔板和局部孔板两种形式。

(7) 专用风口

又称为特种风口。通常只能与某些物件配套使用而成为独特的风口，例如座椅送风口、台式送风口和灯具送风口等。一般设在座椅下面，多用于影剧院或会堂的座椅，由于属于上送风，且直接、就近地对人送风，因此能取得较好的节能效果。

4. 风管阀门

调节风量、打开或关断风系统：蝶阀、对开多叶调节阀、三通调节阀。蝶阀多用于风道分支处或空气分布器前端。转动阀板的角度即可改变空气流量。蝶阀使用较为方便，但严密性较差。

插板阀：插板阀多用于风机出口或主干风道处用作开关。通过拉动手柄来调整插板的位置即可改变风道的空气流量，其调节效果好，但占用空间大。

防火阀：当火灾发生时，切断气流通路，防止火势沿风管蔓延。安装在通风、空调系统的送、回风管路上，平时呈开启状态，火灾时当管道内气体温度达到70℃时，易熔片熔断，阀门在扭簧力作用下自动关闭，在一定时间内能满足耐火稳定性和耐火完整性要求，起隔烟阻火作用的阀门。阀门关闭时，输出关闭信号。

止回阀：防止风机停止后气流倒转，主要有圆形和方形两种。

5. 通风系统主要设备

自然通风系统一般不需要设置设备，机械通风的主要设备有风机、风管或风道、风阀、风口和除尘设备等。

(1) 风机

在通风工程中风机可以满足输送空气流量和所产生的风压来克服介质在风道内的损失及各类空气处理设备（如过滤器、除尘器、加热器等）的阻力损失。

通风工程中，常用的风机有离心式风机、轴流式风机、斜流式风机、离心式屋顶风机等。根据输送介质的性质可分为钢制、玻璃钢、塑料、不锈钢等材料制成。

1) 离心风机

用于低压或高压送风系统，特别是低噪声和高风压的系统，离心式通风风机主要由外壳、叶轮和吸入口组成。叶轮的叶片型式有流线型、后弯叶型、前弯叶型和径向型四种。

2) 轴流风机

由叶片、机壳、进风口及电机组成，多为直联方式，占地面积小、便于维修、风压较低、风量较大，多用于阻力较小的大风量系统。

3) 混流风机

集中了离心风机的高压和轴流的大风量的特点。

4) 高温消防排烟风机

在正常情况下可用于日常的通风换气。遭遇火险时，抽排室内高温烟气，增强室内空气流通，具有耐高温的特点。适用于高层建筑、烘箱、车库、隧道、地铁、地下商场等场合的通风换气和消防排烟。

5) 斜流风机

该系列风机分为单速和双速两种。具有结构紧凑、体积小、维修方便等优点。可以根据不同的使用场合，采用改变安装角度、改变叶片数、改变转速、改变机号等方法达到多方面的使用要求。

6) 屋顶、侧壁排风机

有普通离心式屋顶风机和低噪声离心式屋顶风机。适用于厂房、仓库、高层建筑、实验室、影剧院、宾馆、医院等场合的局部换气。

7) 空调通风风机

离心空调风机具有性能适用范围大、噪声低、重量轻、安装方便、运行可靠的优点，可以与各空调厂的组合空调机组配套。

（2）除尘设备

大气污染，排风系统在将空气排出大气前，应根据实际情况进行净化处理，使粉尘与空气分离，进行这种处理过程的设备称为除尘设备。根据主要除尘机理的不同，目前常用的除尘器可分以下几类：

1) 重力除尘，如重力沉降室。
2) 惯性除尘，如惯性除尘器。
3) 离心力除尘，如旋风除尘器。
4) 过滤除尘，如袋式除尘器、颗粒层除尘器、纤维过滤器、纸过滤器。
5) 洗涤除尘，如自激式除尘器、卧式旋风水膜除尘器。
6) 静电除尘，如电除尘器。

6. 空调制冷系统的组成及原理

常见的空调用制冷系统有蒸汽压缩式制冷系统、溴化锂吸收式制冷系统和蒸气喷射式制冷系统，其中蒸汽压缩式制冷系统应用最广。

（1）蒸汽压缩式制冷的基本原理

蒸汽压缩式制冷系统主要由压缩机、冷凝器、节流机构、蒸发器四大设备组成。这些设备之间用管道和管道附件依次连成一个封闭系统。工作时，制冷剂在蒸发器内吸热变成低温低压制冷剂蒸汽被压缩机吸入，经过压缩后，变成高温高压的制冷剂蒸气，当压力升高到稍高于冷凝器内的压力时，高温高压的制冷剂蒸气排至冷凝器，在冷凝器内与冷却介质进行热交换而冷凝为中温高压的制冷剂液体，制冷剂液体经节流机构节流降压后变成低温低压的制冷剂湿蒸气进入蒸发器，在蒸发器内蒸发吸收被冷却物体的热量，这样被冷却物体（如空气、水等）便得到冷却。因此，制冷剂在系统中经压缩、冷凝、节流、蒸发四个过程依次不断循环，进而达到制冷目的。

蒸汽压缩式制冷系统按照制冷剂分有氨制冷系统和氟利昂制冷系统。

蒸汽压缩式氨制冷系统包括氨制冷剂系统、冷却水系统、冷冻水系统、排油系统、排除不凝性气体系统、紧急泄氨系统等。

在氨制冷剂系统中，高温高压的氨气从压缩机释放出来，经油水分离器进入冷凝器被冷凝成液体，氨液从冷凝器经储液器和过滤器进入节流装置节流降压，低压湿蒸气进入蒸发器后吸收冷冻水的热量而变为气体返回压缩机。

在冷却水系统中，冷凝器下部水池内的水经水泵加压后送入两台冷却塔来降温，降温后的水送入卧式冷凝器上部,水在冷凝器中将氨气冷凝为氨液后流入水池。

在排除不凝性气体系统中,冷凝器内的不凝性气体(主要是空气)送至不凝性气体分离器(亦称空气分离器),利用从冷凝器来的氨液经膨胀阀节流后在空气分离器的盘管内气化吸热来促使混合气体中的氨气冷凝为氨液,从而达到分离空气的目的。氨液汽化后氨气返回压缩机。

在排油系统中,是将贮液器内的油送入贮油器进行集中放油,以保证安全。紧急泄氨系统中,在危急情况时,将贮液器和蒸发器中的氨液迅速排入紧急泄氨器中,用自来水混合稀释后排入下水道,以保证机房安全。

氟利昂制冷系统的工作流程,氟利昂低压蒸汽被压缩机吸入并压缩后,成为高温高压气体,经油分离器将油分出后进入冷凝器被冷却水(也有用风冷的)冷凝为液体。氟利昂液体从冷凝器出来,经干燥过滤器,将所含的水分和杂质除掉,再经电磁阀进入气液热交换器中与从蒸发器出来的低温低压气体进行热交换,使氟液过冷,过冷的液体经热力膨胀阀节流降压,将低温低压液体送入蒸发器,在蒸发器内,氟利昂液体吸收空调用冷冻水热量,使其气化成为低温低压气体,此气体经气液热交换器后,又重新被压缩机吸入。如此往复循环,以实现制冷。

(2) 溴化锂吸收式制冷系统基本原理

溴化锂吸收式制冷系统的工作原理如图7-35所示,主要由发生器、冷凝器、蒸发器、吸收器四个热交换设备组成。系统内的工质是两种沸点相差较大的物质(溴化锂和水)组成的二元溶液,其中沸点低的物质(水)为制冷剂,沸点高的物质(溴化锂)为吸收剂。四个热交换设备组成两个循环环路:制冷剂循环与吸收剂循环。左半部是制冷剂循环,由冷凝器、蒸发器和节流装置组成。高压气态制冷剂在冷凝器中向冷却水放热被冷凝成液态后,经节流装置减压后进入蒸发器。在蒸发器内,制冷剂液体被气化为低压制冷剂蒸气,同时吸取被冷却介质的热量产生制冷效应。右半部为吸收剂循环,主要由吸收器、发生器和溶液泵组成。在吸收器中,液态吸收剂吸收蒸发器产生的低压气态制冷剂形成的制冷剂——吸收剂溶液,经溶液泵升压后进入发生器,在发生器中该溶液被加热至沸腾,其中沸点低的制冷剂气化形成高压气态制冷剂,又与吸收剂分离。然后,前者进入冷凝器液化,后者则返回吸收器再次吸收低压气态制冷剂。

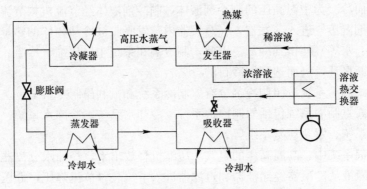

图 7-35 单级溴化锂吸收式制冷原理图

按其结构而言，这种系统有单筒、双筒、多级等几种形式。常用双筒式溴化锂吸收式制冷系统，将发生器、冷凝器置于一个（上）筒体，蒸发器、吸收器放在另一个（下）筒体内，以保证系统的严密性。

吸收剂循环：吸收器内的稀溶液由发生器泵经热交换器送到发生器内时，依靠发生器管簇内的工作蒸气的加热，将溶液中低沸点的水汽化为冷剂水蒸气，而溶液本身得到浓缩。发生器中的浓溶液经热交换器放出热量后流入吸收器中，以吸收蒸发器内的冷剂水蒸气。

制冷剂循环：发生器中的冷剂水蒸气经挡水板后，便进入圆筒上部的冷凝器中，它把热量放给冷凝器管簇内的冷却水后，自身冷凝为冷剂水，并积聚在冷凝器下部的水盘内。从冷凝器出来的冷剂水，经 U 形管节流降压后进入蒸发器的水盘，水盘内的冷剂水由冷剂循环泵送入蒸发器进行喷淋，并均匀地喷洒在蒸发器管簇的外表面。冷剂水夺取管内冷冻水的热量而汽化为水蒸气，从而制得冷冻水供空调使用。

溴化锂吸收式制冷机出厂时是一个组装好的整体，溴化锂溶液管道、制冷剂水及水蒸气管道、抽真空管道以及电气控制设备均已装好，现场施工时只连接机外的蒸气管道、冷却水管道和冷冻水管道即可。

7. 空调系统的分类及组成

对某一房间或空间内的温度、湿度、洁净度和空气流速等进行调节和控制，并提供足够量的新鲜空气的方法称为空气调节，简称空调。空调可以实现对建筑热湿环境、空气品质全面进行控制，它包括了采暖和通风两部分功能。

以建筑热湿环境为主要控制对象的系统，按承担室内热、冷负荷和湿负荷的介质的不同可分四类。

（1）全空气系统

全空气系统是指空调房间内的负荷全部由经处理过的空气来负担的空调系统。如图 7-36（a）所示。在全空气空调系统中，空气的冷却、去湿处理完全集中于空调机房内的空气处理机组来完成；空气的加热可在空调机房内完成，也可在各房间内完成。

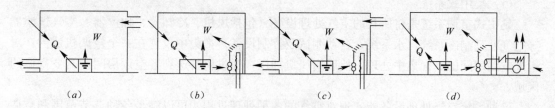

图 7-36 按承担室内符合的介质分类的空调系统
(a) 全空气系统；(b) 全水系统；(c) 空气-水系统；(d) 制冷剂系统

全空气系统具有以下优点：有专门的过滤段，有较强的空气除湿能力和空气过滤能力；送风量大，换气充分，空气污染小；在春秋过渡季节可实现全新风运行，节约运行能耗；空调机置于机房内，运转、维修容易，能进行完全的空气过滤；产生振动、噪声传播的问题较少。

其缺点主要有两方面：占用机房；冬季采用上回风方式，热空气不易下降，造成制热效果不好。

(2) 全水系统

空调房间的空调负荷全部由水作为冷（热）工作介质来承担的系统称作全水空调系统。如图 7-36 (b) 所示。由于水携带能量（冷量或热量）的能力要比空气大得多，所以无论是夏天还是冬天，在空调房间空调负荷相同的条件下，只需要较小的水量就能满足空调系统的要求，从而减少了风道占据建筑空间的缺点，因为这种系统是用管径较小的水管输送冷（热）水管道，代替了用较大断面尺寸输送空气的风道。在实际应用中，仅靠冷（热）水来消除空调房间的余热和余湿，并不能解决房间新鲜空气的供应问题，因而通常不单独采用全水空调系统。

(3) 空气—水系统

空气-水系统是全空气系统与全水系统的综合应用，它既解决了全空气系统因风量大导致风管断面尺寸大而占据较多有效建筑空间的矛盾，也解决了全水空调系统空调房间的新鲜空气供应问题，因此这种空调系统特别适合大型建筑和高层建筑。目前，高层建筑中普遍采用的风机盘管加独立的新风系统，如图 7-36 (c) 所示。

空气—水系统具有如下特点：风道、机房占建筑空间小，不需设回风管道；如采用四管制，可同时供冷、供热；过度季节不能采用全新风；检修较麻烦，湿工况要除霉菌；部分负荷时除湿能力下降。

(4) 制冷剂系统

制冷剂系统是将制冷系统的蒸发器直接放在空调房间内吸收空调房间内的余热、余湿。如图 7-36 (d) 所示。如现在的家用分体式空调器，它分为室内机和室外机两部分。其中室内机实际就是制冷系统中的蒸发器，并且在其内设置了噪声极小的贯流风机，迫使室内空气以一定的流速通过蒸发器的换热表面，从而使室内空气的温度降低；室外机就是制冷系统中的压缩机和冷凝器，其内设有一般的轴流风机，迫使室外的空气以一定的流速流过冷凝器的换热表面，让室外空气带走高温高压制冷剂在冷凝器中冷却成高压制冷剂液体放出的热量。

按空气处理设备的集中程度分类，分集中式、半集中式和分散式系统。

(1) 集中式系统

集中式空调系统是将所有的空气处理设备（包括风机、冷却器、加湿器、空气过滤器等空气处理制冷系统，水系统，自动测试及控制设备）都集中设置在一个空调机房内，对送入空调房间的空气集中处理，然后用风机加压，通过风管送到各空调房间或需要空调的区域。

这种系统空气处理设备能实现对空气的各种处理过程，可以满足各种调节范围和空调精度及洁净度要求，也便于集中管理和维护，是工业空调和大型民用公共建筑采用的最基本的空调形式。

根据送风管的套数不同，集中式系统又可分为单风管式和双风管式。根据送风量是否可以变化，集中式系统又可分为定风量式和变风量式。

集中式空调系统的主要优点是：空调设备集中设置在专门的空调机房里，管理维修方便，消声防振也比较容易；空调机房可以使用较差的建筑面积，如地下室，屋顶间等；可根据季节变化调节空调系统的新风量，节约运行费用；使用寿命长，初投资和运行费比较小。

集中式空调系统的主要缺点是：用空气作为输送冷热量的介质，需要的风量大，风道又粗又长，占用建筑空间较多，施工安装工作量大，工期长；一个系统只能处理出一种送风状态的空气，当各房间的热、湿负荷的变化规律差别较大时，不便于运行调节；当只有部分房间需要空调时，仍然要开启整个空调系统，造成能量上的浪费。

(2) 半集中式系统

具有集中的空气处理室（主要处理室外新鲜空气）和送风管道，同时又在各空调房间设有局部处理装置。设在房间的局部处理装置又称末端装置，如风机盘管、诱导器。

与集中式空调相比较，半集中式系统在建筑中占用的机房少，较容易满足各个房间各自的温湿度控制要求，但房间内设置空气处理设备后，管理维修不方便，如设备中有风机还会给室内带来噪声。这类系统省去了回风管道，节省建筑空间，室内热湿负荷主要由通过末端装置的冷（热）水来负担，由于水的比容小，密度大，因而输水管径小，有利于敷设和安装，特别适用于高层建筑。

(3) 分散式系统

又称局部机组系统，它是把冷源、热源和空气处理设备及空气输送设备（风机）集中设置在一个箱体内，使之形成一个紧凑的空气调节系统。因此，局部机组空调系统不需要专门的空调机房，可根据需要灵活、分散地设置在空调房间内某个比较方便的位置，但维修管理不便，分散的小机组能量效率一般比较低，其中制冷压缩机、风机会给室内带来噪声。不用单独机房，使用灵活，移动方便，可以满足不同的空调房间不同送风要求，是家用空调及车辆空调的主要形式，但会影响建筑的立面美观。

根据集中式系统处理空气来源分类，可分为封闭式、直流式和混合式系统。

(1) 封闭式系统

封闭式空调系统处理的空气全部取自空调房间本身，没有室外新鲜空气补充到系统里来，全部是室内的空气在系统中周而复始地循环。

因此，空调房间与空气处理设备由风管连成了一个封闭的循环环路，如图 7-37 (a) 所示。这种系统无论是夏季还是冬季冷热消耗量最省，但空调房间内的卫生条件差，人在其中生活、学习和工作易患空调病。因此，封闭式空调系统多用于战争时期的地下庇护所或指挥部等战备工程，以及很少有人进出的仓库等。

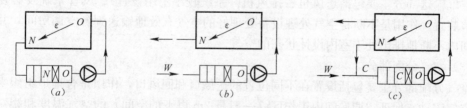

图 7-37 全空气空调系统的分类

(a) 封闭式系统；(b) 直流式系统；(c) 混合式系统

N—表示室内空气；W—表示室外空气；C—表示混合空气；O—表示达到送风状态点的空气

(2) 直流式系统

直流式系统处理的空气全部取自室外，即室外的空气经过处理达到送风状态点后送入各空调房间，送入的空气在空调房间内吸热吸湿后全部排出室外，如图 7-37 (b) 所示。

与封闭式系统相比,这种系统消耗的冷(热)量最大,但空调房间内的卫生条件完全能够满足要求,因此这种系统用于不允许采用室内回风的场合,如放射性试验室和散发大量有害物质的车间等。

(3) 混合式系统

因为封闭式系统不能满足空调房间的卫生要求,而直流式系统耗能又大,所以封闭式系统和直流式系统只能在特定的情况下才能使用。混合式系统综合了封闭式系统和直流式系统的利弊,既能满足空调房间的卫生要求,又比较经济合理,故在工程实际中被广泛采用。图 7-37 (c) 是混合式空调系统的图式。

按空调系统用途或服务对象不同分类,可分为舒适性和工艺性空调系统。

(1) 舒适性空调系统

舒适性空调主要服务的对象为室内人员,使用的目的是为人与人的活动提供一个达到舒适要求的室内空气环境。办公楼、住宅、宾馆、商场、餐厅、体育场馆等公共场所的空调,都属于这一类。卫生部颁布的《公共场所集中空调通风系统卫生管理办法》和相配套的三个技术规范所指的空调,即为这一类空调。

(2) 工艺性空调系统

工艺性空调使用的目的是为研究、生产、医疗或检验等过程提供一个有特殊要求的室内环境。例如,电子车间、制药车间、食品车间、医院手术室以及计算机房、微生物试验室等使用的空调就属于这一类。这一类空调的设计主要以保证工艺要求,同时满足室内人员的舒适要求。

8. 空调系统的组成

常见的空调系统由空气处理、空气输送、空气分配和辅助系统等几部分组成。

(1) 空气处理部分

集中式空调系统的空气处理部分是一个包括各种空气处理设备在内的空气处理室。其中主要有空气过滤器、喷淋室(或表冷器)、加热器等。用这些空气处理设备对空气进行净化过滤和热湿处理,可将送入空调房间的空气处理到所需要的送风状态点。各种空气处理设备都有现成的定型产品,这种定型产品称为空调机(或空调器)。

(2) 空气输送部分

空气输送部分主要包括送风机、排风机(系统较小不用设置)、风管系统及必要的风量调节装置。作用是不断将空气处理设备处理好的空气有效地输送到各空调房间,并从空调房间内不断地排出处于室内设计状态的空气。

(3) 空气分配部分

空气分配部分主要包括设置在不同位置的送风口和回风口,作用是合理地组织空调房间的空气流动,保证空调房间内工作区(一般是 2m 以下的空间)的空气温度和相对湿度均匀一致,空气的流速不致过大,以免对室内的工作人员和生产形成不良的影响。

(4) 辅助系统部分

我们知道,集中式空调系统是在空调机房集中进行空气处理然后再送往各空调房间。空调机房里对空气进行制冷(热)的设备(空调用冷水机组或热蒸汽)和湿度控制设备等就是辅助设备。对于一个完整的空调系统,尤其是集中式空调系统,系统是比较复杂的。空调系统是否能达到预期效果,空调能否满足房间的热湿控制要求,关键在于空气的处理。

辅助系统是为空调系统处理空气提供冷（热）工作介质部分。其中，又分为：

1）空调制冷系统

在炎热的夏天，无论是喷淋室还是表面式冷却处理，都需要温度较低的冷水作为工作介质。而处理空气用的冷水的来源，一般都是由空调制冷系统制备出来的。目前使用的空调制冷系统都有定型的电脑控制运行的整体式机组，这种机组称作空调用冷水机组。

冷水机组用来供给风机盘管需要的低温水，室内空气通过盘管内的低温水得以降温冷却。

2）空调用热源系统

空调中加热空气所用的工作介质一般是水蒸气，而加热空气用的水蒸气又是由设置在锅炉房内的锅炉产生的。锅炉产生的蒸汽首先输送到分气缸，然后由分汽缸分别送到各个用户（如空调、采暖、蒸煮等）。蒸汽在各用户的用汽设备中凝结放出汽化潜热而变成凝结水，凝结水再由凝结水管回到软水箱。贮在软水箱里的软化水（一般是凝结水）由锅炉给水泵加压注入锅炉重新加热变为蒸汽，这样周而复始地构成循环不断地产生用户所需要的蒸汽。

3）水泵及管路系统

水泵的作用是使冷水（热水）在制冷（热）系统中不断循环。管路系统有双管、三管和四管系统。目前我国较广泛使用的是双管系统。双管系统采用两根水管，一根为供水管，另一根为回水管。夏季送冷水，冬季送热水。

4）风机盘管机组

风机盘管机组是半集中式空调系统的末端装置，它由风机、盘管（换热器）以及电动机、空气过滤器、室温调节器和箱体组成。

9. 集中式空调系统

又称中央空调，所有空气处理设备（风机、过滤器、加热器、冷却器、加湿器、减湿器和制冷机组等）都集中在空调机房内，由冷水机组、热泵、冷、热水循环系统、冷却水循环系统（风冷冷水机组无需该系统）以及末端空气处理设备，如空气处理机组、风机盘管等组成。空气处理后，由风管送到各空调房里。这种空调系统热源和冷源也是集中的。它处理空气量大，运行可靠，便于管理和维修，但机房占地面积大。适用于大型公共建筑内的空调系统，尤其对有较大建筑面积和空间的公共场所和人员较多的建筑内（如大型商场、车站候车厅、候机厅、影剧院等）宜采用集中式空调系统。

中央空调系统的组成如图 7-38 所示。它主要由制冷机、冷却水循环系统、冷冻水循环系统、风机盘管系统和冷却塔组成。各部分的作用及工作原理如下：制冷机通过压缩机将制冷剂压缩成液态后送蒸发器中与冷冻水进行热交换，将冷冻水制冷，冷冻泵将冷冻水送到各风机风口的冷却盘管中，由风机吹送达到降温的目的。经蒸发后的制冷剂在冷凝器中释放出热量成气态，冷却泵将冷却水送到冷却塔上由水塔风机对其进行喷淋冷却，与大气之间进行热交换。

集中式空调系统服务面积大，空气处理集中在专用的空调机房内，对于处理空气用的冷源和热源，有专门的冷冻站和锅炉房。

（1）集中式一次回风空调系统

一次回风空调系统主要由空调房间、空气处理设备、送/回风管道和冷热源四大部分组成。

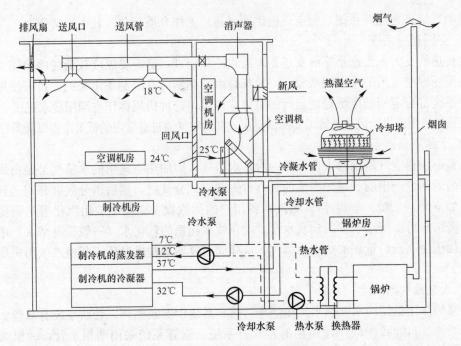

图 7-38 集中式空调系统示意图

一次回风系统(图 7-39)属于集中式空调系统出现最早且典型的空调系统。主要特征为：回风与新风在热湿处理设备前混合，适用于送风温差可取较大值时或室内散湿量较大时。

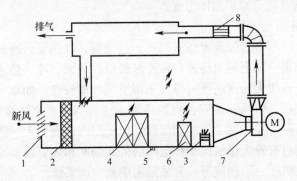

图 7-39 一次回风式空调系统流程图

1—新风口；2—过滤器；3—电极加湿器；4—表面式蒸发器；5—排水口；6—加热器；7—风机；8—精加热器

一次回风系统的优点是：设备简单，节省最初投资；可以严格的控制室内温度和相对湿度；可以充分进行通风换气，室内卫生条件好；空气处理机组集中在机房内，维修管理方便；可以实现全年多工况节能运行调节；使用寿命长；可有效的采取消声和隔振措施。

一次回风系统的缺点是：机房面积大，风道断面大，占用建筑空间多；风管系统复杂，布置困难；一个系统供给多个区域，当区域负荷变化不一样时，无法进行精确调节；空调房间之间有风管连通，使各房间相互污染；设备与风管安装量较大，周期较长。

(2) 集中式二次回风空调系统

从图 7-40 可以看出空气的流动过程：房间的空气由回风口进入回风管，经消声器进入回风机；一次回风和室外空气进入空气处理机混合后，经一次加热器进入喷雾室，从喷雾室出来的空气与二次回风混合后，经二次加热器及初效过滤器进入送风机；由送风机出来后，经消声器、中效过滤器、电加热器，最后经高效过滤器由送风口送入房间。空气沿途还经过调节阀调整和分配。

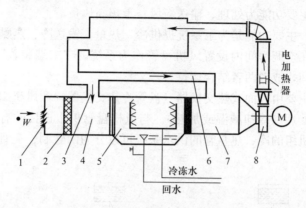

图 7-40　二次回风式空调系统流程图

1—新风口；2—过滤器；3——次回风管；4——次混合室；5—喷雾室；6—二次回风管；7—二次混合室；8—风机

10. 半集中式空调系统

半集中式空调系统是在克服集中式和局部式空调系统的缺点而取其优点的基础上发展起来的，该系统是将空气的集中处理和末端装置的局部处理结合在一起的空气调节系统。常见的半集中式空调系统有诱导器系统和风机盘管系统，其中，风机盘管加新风空调系统是目前最为广泛使用的。如图 7-41 所示。

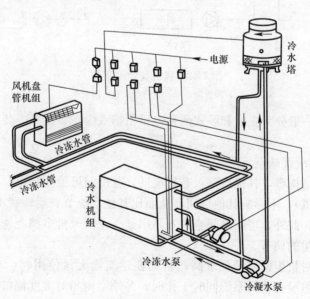

图 7-41　风机盘管系统

（1）风机盘管系统

风机盘管系统是为了克服集中式空调系统灵活性差、系统大、难以实现分散控制等缺点而发展起来的半集中式空气-水系统，其冷热媒是集中供给、新风可单独处理和供给。

1) 风机盘管的组成与分类

一般的盘管系统主要由末端装置、新风系统和空调冷热源等几部分组成。

末端装置——风机盘管机组。主要为处理室内循环空气，承担室内的冷、热负荷。

新风系统——主要功能为处理、输送新风、承担新风负荷。

空调冷热源——主要功能是为了系统提供冷、热量，输送冷、热媒。

风机盘管系统在空调房间内设置风机盘管作为系统的"末端装置"，再加上经集中处理后的新风送入房间，或者两者结合运行。

风机盘管机组主要由表面式热交换器（盘管冷热交换器）和风机组成，它使室内回风直接进入机组进行处理（冷却减湿或加热）。与风机盘管机组连接的有冷、热水管和凝结水管路。风机盘管机组的冷、热盘管的供水系统可以分为两管制、三管制和四管制三种形式，如图7-42所示。

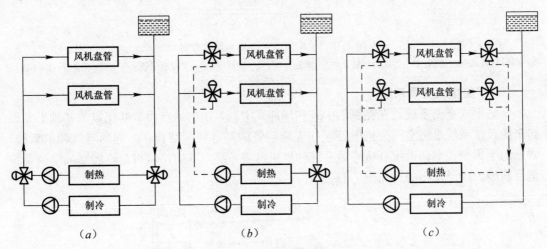

图7-42 风机盘管的分类
(a) 两管制；(b) 三管制；(c) 四管制

风机盘管机组一般分为立式和卧式两种，可根据室内安装位置或装饰需要作成明装或暗装。

2) 风机盘管系统优缺点

从风机盘管的结构看，其优点是：布置灵活，各房间可独立调温，房间不住人时可方便地关掉机组（风机），不影响其他房间，从而比其他系统节省运转费用，且机组定型化、规格化，易于选择。此外，房间之间空气互不串通。又因风机多挡变速，在冷量上能由使用者直接进行一定量的调节。

它的缺点是：对机组的质量要求高，否则在建筑物大量使用时会带来维修方面的困难，当风机盘管机组没有新风系统同时工作时，冬季室内相对湿度偏低，故此种方式不能用于全年室内湿度有要求的地方。风机盘管由于噪声的限制因而风机转速不能多高，所及机组剩余压头小，气流分布受限制，适用于进深小于6m的房间。

3) 风机盘管系统调节方式

为了适应房间内的负荷变化——非集中控制，风机盘管的调节方法主要有风量调节、水量调节和旁通风门调节，其特点及使用范围见表7-2。

风机盘管调节方式特点及使用范围 表 7-2

调节方法	特点	使用范围
风量调节	通过三速开关调节电机输入电压,以调节风机转速,调节风机盘管的冷热量;简单方便;初期投资省;随风量的减小,室内气流分布不理想;选择时宜按中档转速的风量与冷量选用	用于要求不太高的场所,目前国内用得最广泛
水量调节	通过温度敏感元件,调节器和装在水管上的小型电动直通或三通阀自动调节水量或水温;初期投资高	要求较高的场所,与风量调节结合使用
旁通风门调节	通过敏感元件、调节器和盘管旁通风门自动调节旁通空气混合比;调节负荷范围大(100%~20%);初期投资较高,调节质量好;送风含湿量变化不大;室内相对湿度稳定;总风量不变,气流分布均匀;风机功率并不降低	用于要求较高的场合,可使室温允许波动范围达到±1℃,相对湿度达到40%~45%;目前国内用得不多

4) 风机盘管系统新风供给方式(见表 7-3)

风机盘管新风供给方式及特点 表 7-3

序号	风机盘管系统新风供给方式	示意图	特点
1	室外渗入新风供给		无组织渗透风、室温不均匀;结构简单;卫生条件差;初投资与运行费用低;机组承担新风负荷
2	新风从外墙洞口引入		新风口可调节,各季节新风量可控;随新风负荷变化,室内受影响;初投资与运行费用节省;须做好防尘、防噪声、防雨、防冻工作
3	独立新风系统(上部送入)		单设新风机组,可随室外气象变化调节,保证室内温湿度参数与新风量要求;初投资与运行费用高;新风口以靠近风机盘管为佳;卫生条件好,目前最常用

续表

序号	风机盘管系统新风供给方式	示意图	特 点
4	独立新风系统供给风机盘管		单设新风机组，可随室外气象变化调节，保证室内温湿度参数与新风量要求；初投资与运行费用高；新风接至风机盘管，与回风混合后进入室内，增加了噪声；卫生条件好

（2）空气诱导器系统

1）诱导器的工作原理

诱导器为高速空调系统的主要送风设备。空调室内的气流组织不但取决于诱导器和空气分配器的结构、工作性能、送风口布置等，而且回风口的结构、布置位置对气流组织也有一定影响。良好的回风能促使气流更加均匀、稳定。

通过诱导，进行空气的传递，本身得风量很小。公共实施中常用在车库的通风系统中，搅匀，清除局部空气死角，使局部空气得到改善。其工作原理是由以系统设计、适当布置的多台诱导风机喷嘴射出的定向高速气流，诱导室外的新鲜空气或经过处理的空气，在无风管的条件下将其送到所要求的区域，实现最佳的室内气流组织，以达到高效经济的通风换气效果。诱导风机内置高效率离心风机，具有明显的噪声低、体积小、重量轻、吊装方便（立式、卧式均可）、维护简单的特点，已广泛应用于地下停车场、体育馆、车间、仓库、商场、超市、娱乐场所等大型场所的通风。

2）诱导器系统的分类

全空气诱导器系统：全空气诱导器系统实质上是单风道变风量系统中的一种形式。它也是一个变风量末端机组，故也称变风量诱导器。该诱导器根据各房间的温度调节一次风的风量，但同时开大二次风（即回风）的风门，以保证送入室内的风量基本稳定。其优点是：保持了常规VAV系统的优点，而又避免了它在部分负荷时风量小而影响室内气流分布的特点；缺点是：诱导器风门有漏风，系统总风量要比常规VAV系统稍大；诱导器内喷嘴风速较大，压力损失比常规的VAV末端机组要大很多，噪声也大。

空气-水诱导器系统：空气-水诱导器系统属于空气-水系统。房间负荷由一次风（通常是新风）与诱导器的盘管共同承担。经处理过的一次风进入诱导器后，由喷嘴高速喷出，在诱导器内产生负压，室内空气（二次风）经盘管被吸入；在盘管内二次风被冷却（或加热），被冷却（或加热）后的二次风与一次风混合，最后送入室内。在"空气-水"诱导系统中，一次风可全部用新风，也可用一部分新风、一部分回风。空气-水诱导器系统与空气-水风机盘管系统相比，其优点是：诱导器不需消耗风机电功率；喷嘴速度小的诱导器噪声比风机盘管低；诱导器无运行部件，设备寿命比较长；缺点是：诱导器中二次风盘管的空气流速较低，盘管的制冷能力低，同一制冷量的诱导器体积比风机盘管大；诱导器无风机，盘管前只能用效率低的过滤网，盘管易积灰；一次风系统停止运行，诱导器就无法正常工作；采用高速喷嘴的诱导器，一次风系统阻力比风机盘管的新风系统阻力大，功率消耗多。

11. 分散式空调系统

分散式空调系统是将空气处理设备全部分散在空调房间内，因此分散式空调系统又称为局部空调系统。通常使用的各种空调器就属于此类空调系统。空调器将空气处理设备、风机、冷、热源等都集中在一个箱体内。分散式空调只送冷、热源，而风在房间内的风机盘管内进行处理。

（1）分散式空调系统的特点

分散式空调系统的具有以下特点：

1）具有结构紧凑、体积小、占地面积小、自动化程度高等优点。

2）由于机组的分散布置，可以使各房间根据自己的需要开停各自的空调机组，以满足不同的使用要求，所以机组的系统的操作简单，使用灵活方便；同时，各空调房间之间也不互相污染、串声，发生火灾时也不会通过风道蔓延，对建筑防火非常有利。

3）机组系统对建筑外观有一定影响。安装房间空调机组后，经常破坏建筑物原有的建筑立面。另外，机组会产生噪声、凝结水。

（2）构造和类型

1）按容量大小分

窗式：容量小，冷量在7kW以下，风量在0.33m³/s（1200m³/h）以下，属于小型空调机。一般安装在窗台上，蒸发器朝向室内，冷凝器朝向室外。如图7-43所示。

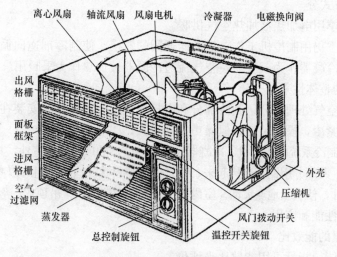

图7-43 窗式空调器结构

挂壁机和吊装机：容量小，冷量在13kW以下，风量在0.33m³/s（1200m³/h）以下。如图7-44所示。

立柜式：容量较大，冷量在70kW以下，风量在5.55m³/s（20000m³/h）以下。立式空调机组通常落地安装，机组可以放在室外。

2）按制冷设备冷凝器的冷却方式划分

水冷式空调器：水冷式空调器一般用于容量较大的机组。采用这种空调机组时，用户

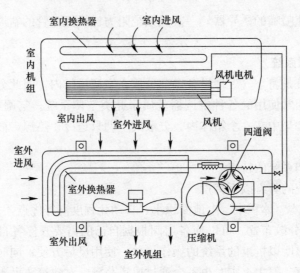

图 7-44 挂壁机原理图

要具备水源和冷却塔。

风冷式空调器：对于容量较小的风冷式空调机组（如窗式），其冷凝器设置在机组的室外部分，用室外空气冷却；对于容量较大的风冷式空调机组，需要在室外设置独立的风冷冷凝器（分体式）。风冷式空调机不需要冷却塔和冷却水泵，不受水源条件的限制，在任何地区都可以使用。

3) 按供热方式分

普通式：冬季用电加热器加热空气供暖。

热泵式：冬季仍用制冷机工作，借助四通阀的转换，使制冷剂逆向循环，把原蒸发器当作冷凝器、原冷凝器作为蒸发器，空气流过冷凝器被加热作为采暖用。

4) 按机组的整体性来分

整体机：将空气处理部分、制冷部分和电控系统的控制部分等安装在一个箱体中形成一个整体。结构紧凑，操作灵活，但噪声振动较大。

分体式：将制冷系统的压缩机、冷凝器及冷却冷凝器的风机放在室外，其他处理设备和循环风机放在室内，两部分用铜管连接起来，铜管外包塑料管。这种机组可以减少室内噪声，减小室内机组的尺寸，使安装地点灵活。室内机组可以采用壁挂式、吊顶式、落地式等。

(3) 机组的性能和应用

1) 空调机组的能效比（EER）

空调机组的能耗指标可用能效比来评价：

$$能效比(EER) = \frac{机组名义工况下制冷量（W）}{整机的功率消耗（W）} \tag{7-36}$$

机组的名义工况（又称额定工况）制冷量是指国家标准规定的进风湿球温度、风冷冷凝器进口空气的干球温度等检验工况下测得的制冷量。随着产品质量和性能的提高，目前 EER 值一般在 2.5～3.2 之间。

2) 空调机组的选择及应用

根据使用条件和房间要求选择空调机组的形式。北方地区的建筑都有采暖设施，一般可选用单冷式，只做夏季空调用，当然也可考虑选用热泵型的，以便在室外气温较低而又没到供暖期的过渡季节使用。在冬季室外气温低于空调供暖温度的南方地区，而又无采暖设备的情况下，应选择热泵型机组。当房间负荷变化较大，而且空调季节较长时，宜选用变频空调器。

根据实际负荷确定空调机组的型号。空调机组容量和设计参数是根据较典型的空气处理过程和比较有代表性的设计参数来设计的。由于实际应用条件可能会与空调机组的设计条件不同，空调机组的实际产冷量是随外界条件的改变而变化的。空调机组的产品样本通常应给出不同的进风空气湿球温度、制冷机的蒸发温度、冷凝温度等条件下的实际供冷量，可根据空调房间的设计要求和需要消除的热、湿负荷选择合适的空调机组。

7.2.5 自动喷水灭火系统的分类、应用及常用器材的选用

自动喷水灭火系统是一种在发生火灾时能自动打开喷头喷水灭火，并同时发出火警信号的消防灭火设施，其扑灭初期火灾的效率在97%以上。

1. 分类及组成

根据喷头的开闭形式，自动喷水灭火系统可分为闭式和开式两大类自动喷水灭火系统。闭式自动喷水灭火系统可分为湿式、干式、干湿式、预作用四种自动喷水灭火系统；开式自动喷水灭火系统又可分为雨淋、水幕、水喷雾自动喷水灭火系统。

（1）闭式自动喷水灭火系统

闭式自动喷水灭火系统是指在自动喷水灭火系统中采用闭式喷头，平时系统为封闭系统，火灾发生时喷头打开，使得系统为敞开式系统喷水。闭式自动喷水灭火系统由水源、加压贮水设备、喷头、管网、报警装置等组成。

1）湿式自动喷水灭火系统

此系统由闭式喷头、湿式报警阀、报警装置、管网及供水设施等组成，如图7-45(a)所示。

工作原理：火灾发生初期，建筑物的温度随之不断上升，当温度上升到闭式喷头温感元件爆破或熔化脱落时，喷头即自动喷水灭火。此时，管网中的水由静止变为流动，水流指示器被感应送出电信号，在报警控制器上指示某一区域已在喷水。持续喷水造成报警阀的上部水压低于下部水压，其压力差值达到一定值时，原来处于闭装的报警阀就会自动开启。此时，消防水通过湿式报警阀，流向干管和配水管供水灭火。同时一部分水流沿着报警阀的环形槽进入延迟器、压力开关及水力警铃等设施发出火警信号。此外，根据水流指示器和压力开关的信号或消防水箱的水位信号，控制箱内控制器能自动启动消防泵向管网加压供水，达到持续自动供水的目的。湿式自动喷水灭火系统灭火流程示意图如图7-45（b）所示。

其特点是：此系统喷头常闭，管网中平时充满有压水。当建筑物发生火灾，火点温度达到开启闭式喷头时，喷头出水灭火。该系统具有结构简单、使用方便、可靠，便于施工、管理，灭火速度快、控火效率高，比较经济、适用，范围广的优点，但由于管网中充有有压水，当渗漏时会损坏建筑装饰部位和影响建筑的使用。

适用场所：该系统适用于环境湿度在4℃<t<70℃且装饰要求不高的建筑物。

2）干式自动喷水灭火系统

该系统是由闭式喷头、管道系统、干式报警阀、干式报警控制装置、充气设备、排气

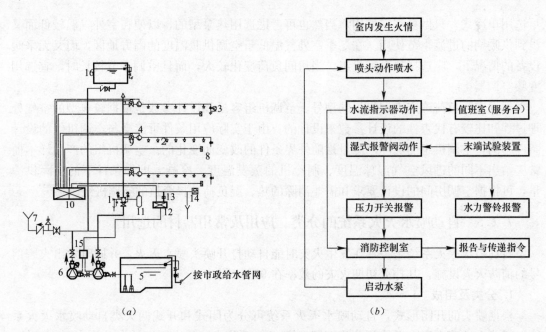

图 7-45 湿式自动喷水灭火系统
(a) 湿式自动喷水灭火系统组成；(b) 湿式自动喷水灭火系统灭火流程
1—湿式报警阀；2—闭式喷头；3—末端试水装置；4—水流指示器；5—消防水池；6—消防水泵；
7—水泵接合器；8—探测器；9—信号闸阀；10—报警控制器；11—空压机；12—电气控制箱；
13—压力开关；14—水力警铃；15—水泵启动箱；16—过滤器

设备、和供水设施等组成，如图 7-46 所示。

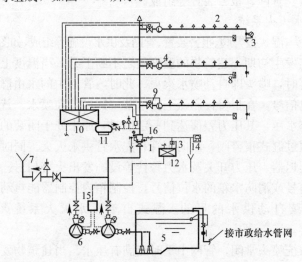

图 7-46 干式自动喷水灭火系统组成
1—干式报警阀；2—闭式喷头；3—末端试水装置；4—水流指示器；5—消防水池；6—消防水泵；
7—水泵接合器；8—探测器；9—信号闸阀；10—报警控制器；11—空压机；12—电气控制箱；
13—压力开关；14—水力警铃；15—水泵启动箱；16—过滤器

工作原理：该系统与湿式喷水灭火系统类似，只是控制信号阀的结构和作用原理不同，配水管网与供水管间设置干式控制信号阀将它们隔开，而在配水管网中平时充满有压气体。火灾时，喷头首先喷出气体，导致管网中压力降低，供水管道中的压力水打开控制信号阀而进入配水管网，接着从喷头喷出灭火。

其特点是：此系统喷头常闭，管网中平时不充水，充有有压空气或氯气，当建筑物发生火灾且着火点温度达到开启闭式喷头时，喷头开启，排气、充水、灭火。该系统灭火时需先排气，故喷头出水灭火不如湿式系统及时，干式和湿式系统相比较，多增设一套充气设备，一次性投资高、平时管理较复杂、灭火速度慢。但管网中平时不充水，对建筑物装饰无影响，对环境温度也无要求，也可用在水渍不会造成严重损失的场所。

适用场所：该系统适用于温度低于4℃或温度高于70℃以上的场所。

3）干湿兼用喷水灭火系统

干湿式喷水灭火系统是干式喷水灭火系统与湿式喷水灭火系统交替使用的系统形式，这种系统采用专用报警阀或采用干式报警阀与湿式报警阀叠加组成的阀门组来控制。在寒冷季节管路中充气，系统呈干式喷水灭火系统，在非冰冻季节管路中充水，系统呈湿式喷水灭火系统。

这种系统每年随着季节变化进行干、湿转换，增加了管理和维护工作，同时还容易造成管路腐蚀，所以实际工程中一般应用较少。

4）预作用喷水灭火系统

该系统由预作用阀门、闭式喷头、管网、报警装置、供水设施以及探测和控制系统组成，如图7-47所示。

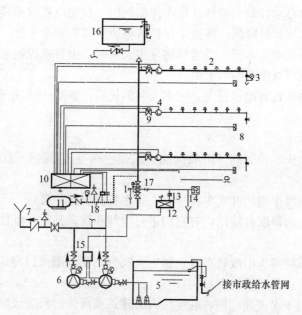

图7-47 预作用动喷水灭火系统组成

1—预作用阀；2—闭式喷头；3—末端试水装置；4—水流指示器；5—消防水池；6—消防水泵；7—水泵接合器；8—探测器；9—信号闸阀；10—报警控制器；11—空压机；12—电气控制箱；13—压力继电器；14—水力警铃；15—水泵启动箱；16—高位水箱；17—过滤器；18—低气压报警压力开关

工作原理：该系统中在雨淋阀（属于干式报警阀）之后的管道，平时充有压或无压气体（空气或氮气），当火灾发生时，与喷头一起安装在现场的火灾探测器，首先探测出火灾的存在，发出声响报警信号，控制器在将报警信号做声光显示的同时，开启雨淋阀，使消防水进入管网，并在很短时间内完成充水（不大于3min），即原为干式系统迅速转变为湿式系统，完成预作用程序。该过程靠温感尚未形成动作，之后闭式喷头才会喷水灭火。

其特点是：该系统综合运用了火灾自动探测控制技术和自动喷水技术灭火，兼容了湿式和干式系统的特点。系统平时为干式，火灾发生时立刻变成湿式，同时进行火灾初期报警。系统由干式转为湿式的过程含有灭火预备功能，故称为预作用喷水灭火系统。这种系统由于有独到的功能和特点，因此，有取代干式灭火系统的趋势。

适用场所：适用于对建筑装饰要求高、不允许有误而造成水渍损失的建筑物（如高级旅馆、医院、重要办公楼、大型商场等）、构筑物以及灭火要求及时的建筑物。

（2）开式自动喷水灭火系统

该系统是指在自动喷水灭火系统中采用开式喷头，平时系统为敞开状态，报警阀处于关闭状态，管网中无水，火灾发生时报警阀开启，管网先充水，喷头再喷水灭火。

1）雨淋喷水系统

该系统由开式喷头、管道系统、雨淋阀、火灾探测器、报警控制装置、控制组件和供水设备等组成。

工作原理：平时，雨淋阀后的管网充满水或压缩空气，其中的压力与进水管中水压相同，此时，雨淋阀由于传动系统中的水压作用而紧紧关闭着。当建筑物发生火灾时，火灾探测器感受到火灾因素，便立即向控制器送出火灾信号，控制器将此信号做声光显示并相应输出控制信号，由自动控制装置打开集中控制阀门，自动地释放掉传动管网中有压力的水，使传动系统中水压骤然降低，使整个保护区域所有喷头喷水灭火。

其特点是：此系统喷头常开，当建筑物发生火灾时，由自动控制装置打开集中控制阀门，使整个保护区域所有喷头喷水灭火。

适用场所：该系统具有出水量大、灭火及时的优点，该系统适用于火灾蔓延快、危险性大的建筑或部位。

2）水幕系统

该系统由水幕喷头、控制阀（雨淋阀或干式报警阀等）、探测系统、报警系统和管道等组成。

工作原理：该系统中用的开式水幕喷头，将水喷洒成水帘幕状，不能直接用来扑灭火灾，与防火卷帘、防火幕配合使用，对它们进行冷却和提高其耐火性能，阻止火势扩大和蔓延。

其特点是：此系统喷头沿线状布置，发生火灾时主要起阻火、冷却、隔离作用，该系统具有出水量大、灭火及时的优点。

适用场所：适用于火灾蔓延快、危险性大的建筑或部位、需防火隔离的开口部位，如舞台与观众之间的隔离水幕、消防防火卷帘的冷却等。

3）水喷雾系统

该系统由水源、供水设备、管道、雨淋阀组、过滤器和水雾喷头组成。

工作原理：此系统用喷雾喷头把水粉碎成细小的水雾滴后，喷射到正在燃烧的物质表面，通过表面冷却、窒息以及乳化、稀释的同时综合作用，实现灭火。

其特点及适用场所是：水喷雾灭火系统具有适用范围广的优点，不仅可以有效扑灭固体火灾，同时由于水雾具有不会造成液体火飞溅、电气绝缘性好的特点，在扑灭可燃液体火灾、电气火灾中均得到广泛的应用。

2. 主要消防构件

（1）喷头

闭式喷头的喷口用由热敏元件组成的释放机构封闭，当达到一定温度时能自动开启，如玻璃球爆炸、易熔合金脱离。

闭式喷头的构造按溅水盘的形式和安装位置有直立型、下垂型、边墙型、普通型等洒水喷头之分。

开式喷头根据用途又分为开启式、水幕式和喷雾式三种类型。

喷头的布置间距要求：在所保护的区域内任何部位发生火灾都能得到一定强度的水量。喷头的布置应根据顶棚、吊顶的装修要求，布置成正方形、长方形和菱形三种形式。

（2）报警阀

报警阀有湿式、干式、干湿式和雨淋式四种类型，作用是开启和关闭管网的水流，传递控制信号至控制系统并启动水力警铃直接报警，报警阀安装在消防给水立管上，距地面的高度一般为1.2m。

湿式报警阀用于湿式自动喷水灭火系统；干式报警阀用于干式自动喷水灭火系统；干湿式报警阀是由湿式、干式报警阀依次连接而成，在温暖季节用湿式装置，在寒冷季节则用干式装置；雨淋阀用于预作用、雨淋、水幕、水喷雾自动喷水灭火系统。

（3）水流报警装置

水流报警装置主要有水力警铃、水流指示器和压力开关。

1）水力警铃

水力警铃主要用于湿式系统，宜装在报警阀附近（其连接管不宜超过6m）。当报警阀开启，具有一定压力的水流冲动叶轮打铃报警。水力警铃不得由电动报警装置取代。

2）水流指示器

水流指示器用于湿式系统，一般安装于各楼层的配水干管或支管上。当某个喷头开启喷水或管网发生水量泄漏时，管道中的水产生流动，引起水流指示器中桨片随水流而动作，接通电信号报警并指示火灾楼层。

3）压力开关

压力开关垂直安装于延迟器和水力警铃之间的管道上。在水力警铃报警的同时，依靠警铃管内水压的升高自动接通电触点，完成电动警铃报警，向消防控制室传送电信号或启动消防水泵。

（4）延迟器

延迟器是一个罐式容器，安装于报警阀与水力警铃（或压力开关）之间的信号管道上，作用是防止由于水压波动（如水源发生水锤造成水压波动）引起水力警铃的误动作而造成误报警。

（5）火灾探测器

火灾探测器有感温和感烟两种类型，布置在房间或走道的顶棚下面。其作用是接到火灾信号后，通过电气自控装置进行报警或启动消防水泵。

7.2.6 智能化工程系统的分类、应用及常用器材的选用

1. 有线电视系统

(1) 有线电视的分类

共用天线电视系统（Community Antenna Television）或电缆电视系统（Cable Television）简称有线电视系统（CATV系统），它是采用缆线作为传输媒质来传送电视节目的一种闭路电视系统CCTV（Closed Circuit Television）。所谓闭路，是指不向空间辐射电磁波。

CATV系统是在早期的共享天线电视系统基础上发展为多功能、多媒体、多频道、高清晰和双向传输等技术先进的有线数字电视网。如"双向传输系统"可以在每个用户终端设置摄像机、变换器等设备，来满足用户对电视节目的不同要求，综合开展电视教育、资料索取、防火、防盗、报警等业务，形成一个功能日趋完善的闭路电视服务网。有线电视的发展之所以迅速，主要在于它具有高质量、带宽性、保密性和安全性、反馈性、控制性、灵活性，以及发展性等特性。

按系统规模和用户数量来分，有线电视有大型、中型、中小型和小型系统。

按工作频段分，有VHF系统、UHF系统、VHF+UHF系统等几种。

按功能分，有线电视系统有一般型和多功能型两种。

按照用途分，有线电视系统有广播有线电视和专用有线电视（即应用电视）两类。随着技术的发展，这两种有线电视的界限已不十分明显，有逐渐融合、交叉的趋势。

(2) 基本构成

有线电视系统由接收信号源、前端设备、干线传输系统、用户分配网络及用户终端几部分构成。

1) 接收信号源

接收信号源部分通常包括卫星地面接收站、广播电视接收天线、微波站、有线电视网、电视转播车、录像机、摄像机等，其功能是接收并输出图像和伴音信号。

2) 前端设备

前端设备是指接在接收天线或其他信号源与有线电视传输分配网络之间的所有设备。它对天线接收的广播电视、卫星电视和微波中继电视信号或自办节目设备送来的电视信号进行必要的处理，然后再把全部信号经混合网络送到干线传输分配系统。前端设备是系统的心脏，CATV系统图像质量的好坏，前端设备的质量起着关键的作用。

3) 干线传输系统

干线传输系统是指把前端设备输出的宽带复合信号传输到用户分配网络的一系列传输设备，主要由干线放大器、干线桥接放大器、分配器和主干射频电缆构成。

4) 用户分配网络

用户分配网络是连接传输系统与用户终端的中间环节。一般包括分配器、分支器、线路延长放大器、用户接线盒及射频电缆等器件。

5) 用户终端

用户终端是有线电视系统的最后部分，它从分配网络中获得信号。每个用户终端都有终端盒，简单的终端盒有接收电视信号的插座，有的终端分别接有接收电视、调频广播和

有线广播信号插座。

2. 电话通信系统

通信技术应用于智能建筑形成了智能建筑通信网络系统 CNS，用以实现建筑物或建筑群内信息获取、信息传输、信息交换和信息发布，是实现智能建筑通信功能和建筑设备自动化、办公自动化的基础。通过多种通信网络子系统和相应的各种通信技术，对来自智能建筑内外的语音、数据、图像等各种信息进行接收、存储、处理、交换、传输，为人们提供满意的通信和控制管理。

通信网络系统主要有语音通信系统（电话）、音响系统（建筑电声）、影像系统（图文图像）、数据通信系统、多媒体网络通信系统等。

（1）通信系统概述

电话通信系统已成为各类建筑物必须设置的弱电系统。以前的电话通信系统主要满足语音信息传输功能，现代电话通信系统已发展为电话、传真、移动通信和数字信息处理等电信技术和电信设备组成的综合通信系统。科学技术的发展和社会信息化高速发展，推动了现代通信技术的变化，使得现代通信网正朝着数字化、智能化、综合化、宽带化和个人化的方向发展。

（2）电话交换系统的组成

电话交换系统是通信系统的主要部分，其主要包括以下几个方面：

1）用户终端设备：用户终端设备有很多种，常见的有电话机、电话传真机和电传等。
2）电话传输系统：电话传输系统负责在各交换点之间传递信息。
3）电话交换设备：电话交换设备是电话通信系统的核心。

（3）电话通信系统的设备和安装

1）交接箱

交接箱主要由接线模块、箱架结构和机箱组成。它是设置在用户线路中主干电缆和配线电缆的接口装置，主干电缆线对可在交接箱内与任意的配线电缆线对连接。

电缆交接箱主要供电话电缆在上升管路及楼层管路内分支、接续，安装分线端子排用。交接箱可设置在建筑物的底层或二层，其安装高度宜为其底边距地面 0.5~1m。

2）分线箱和分线盒

分线箱和分线盒是用来承接配线架或上级分线设备来的电缆，并将其分别馈送给各个电话出线盒（座），是在配线电缆的分线点所使用的设备。

分线箱和分线盒的区别在于前者带有保安装置，而后者没有。因此，分线箱主要用于用户引入线为明线的情况，保安器的作用是防止雷电或其他高压从明线进入系统。分线盒主要用于引入线为导线或小对数电缆等不大可能有强电流流入电缆的情况。

3）过路箱

过路箱一般作暗配线时电缆管线的转接或接续用，箱内不应有其他管线穿过。

直线（水平或垂直）敷设电缆管和用户线管，长度超过 30m 应加装过路箱（盒），管路弯曲敷设两次也应加装过路箱（盒），以方便穿线施工。过路箱应设置在建筑物内的公共部分：①宜为底边距地面 0.3~0.4m；②住户内过路盒安装在门后时。

4）电话出线盒

电话出线盒是连接用户线和电话机的装置。按其安装方式不同，可分为墙式和地式两种。住宅楼房电话分线盒安装高度应为上边距顶棚0.3m。电话出线盒宜暗设，电话出线盒应为专用出线盒或插座，不得用其他插座代用。如采用地板式电话出线盒时，宜设在人行通路以外的隐蔽处，其盒口应与地面平齐。电话机一般是由用户将其直接连接在电话出线盒上。传真机可以与电话机共用一个电话交换网络和双向专用线路，安装方法与电话机相同。

5) 用户终端设备

用户终端设备包括电话机、电话传真机和用户保安器等。

3. 火灾自动报警与消防联动控制系统

火灾自动报警及消防联动控制系统能有效检测火灾、控制火灾、扑灭火灾，保障人民生命和财产的安全，起着非常重要的作用。随着我国经济建设的发展，各种高层建筑对火灾报警与自动灭火系统提出了较高的要求。国家相关部门对建筑火灾防范和消防也极为重视，特别是在《建筑设计防火规范》、《火灾自动报警系统设计规范》、《火灾自动报警系统施工及验收规范》等消防技术法规的出台和强制执行以来，火灾自动报警与消防联动控制系统在国民经济建设中，特别是在现代工业、民用建筑的防火工作中，发挥了非常重要的作用，已经成为现代建筑的不可缺少的安全技术措施。

(1) 系统的工作原理

火灾报警与自动灭火系统包括了火警自动检测和自动灭火控制两个联动的子系统。控制器是火灾报警系统的心脏，是分析、判断、记录和显示火灾的部件。被保护场所的各类火灾参数由火灾探测器或经人工发送到火灾报警控制器，控制器将信号放大、分析和处理后，以声、光和文字等形式显示或打印出来，同时记录下时间，根据内部设置的逻辑命令自动或人工手动启动相关的火灾警报设备和消防联动控制设备，进行人员的疏散和火灾的扑救。

为防止探测器失灵或火警线路发生故障，现场人员发现火灾也可以通过安装在现场的破玻璃按钮和火灾报警电话直接向控制器传呼报警信号。另外，在目前的火灾报警产品中，一般把控制器和集中报警声光装置、打印和显示装置成套设计和组装在一起，称为火灾自动报警装置。

自动灭火系统是在火灾报警控制器的联动下，执行灭火的自动系统。如自动洒水、自动喷射高效灭火剂等功能的成套装置。

当建筑物内某一被监控现场如房间、仓库、楼梯、车间等发生火灾，火灾探测器已经确认着火，则输出两路信号：一路报警；另一路则指令设于现场的执行器如继电器、电磁阀等，开启喷洒阀，喷洒水或灭火剂进行灭火。为防止系统失控或执行器中元件、阀门失灵，贻误灭火，故现场相关部位（消防水管、风门、风阀等）除设置监测动作的触点外，还设有手动开关，用来手动报警及使得执行器或灭火器动作，以便及时扑灭火灾。

一般把相关继电器、接触器、信号显示器等集中在一个控制箱内，用以遥控监测各种灭火系统。

(2) 系统的组成及设备

火灾自动报警与消防联动控制系统（如图7-48）一般由触发器件、火灾报警控制装置、火灾警报、消防联动控制装置和电源等部分组成，有的系统还包括消防控制设备。

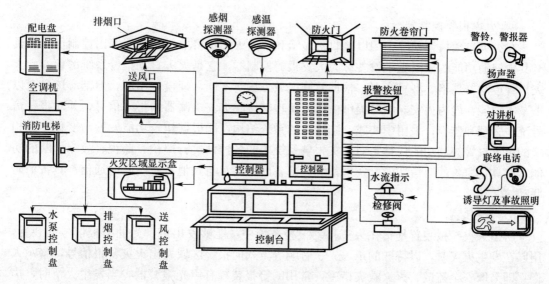

图 7-48 火灾自动报警与消防联动控制系统

1) 触发器件

在火灾自动报警系统中，用于检测火灾特征信息，产生火灾报警信号的器件称为触发器件，它包括火灾探测器和手动火灾报警按钮。

火灾探测器是火灾自动报警装置的最关键的部件，它把捕捉到的火灾信号转变成电信号，立即提供给报警控制器。大致可分成如下几种：

感烟式探测器：火灾发展的过程大致可分为初起阶段、发展阶段和衰减阶段。感烟式火灾探测器基本功能是在初燃生烟阶段，能自动发出火灾报警信号，在没形成灾害之前，便发出火灾报警信号。主要有离子式感烟探测器、光电式感烟探测器及光束式感烟探测。

感温式探测器：感温式探测器是对发生火灾时现场的温度进行监测的探测器。根据检测温度参数的特性不同，可分为定温式、差温式及差定温式探测器三类。根据组成结构不同，分为双金属片型、模盒型及热敏电子元件型等。感温火灾探测器特别适用于发生火灾时有剧烈温升的场所。

感光式探测器：感光式探测器不受气流扰动的影响，是一种可以在室外使用的火灾探测器，可以对火焰辐射出的红外线、紫外线、可见光予以响应，对感烟、感温探测器起到补充作用。感光火灾探测器特别适用于突然起火而无烟雾的易燃、易爆场所，室内外均可使用。

可燃气体探测器：可燃气体探测器能对焦炉煤气、石油液化气、甲烷、乙烷、丙烷、丁烷、汽油等可燃气体进行泄漏监测，在某区域内的浓度达到爆炸危险条件之前发出信号报警。适用于石油、化工、煤炭、冶金、电力、电子等工业部门和储存可燃气体的场所。

复合式火灾探测器：复合式火灾探测器的探测参数不只是一种，扩大了探测器的应用范围，提高火灾探测的可靠性。常见的有感烟感温探测器、感光感烟探测器及感光感温探测器。手动火灾报警按钮是在火灾时以手动方式产生火灾报警信号、启动火灾自动报警系统的装置，这也是火灾自动报警系统中不可缺少的组成部分。

2）火灾报警控制器

在火灾自动报警系统中用以接收、显示和传递火灾报警信号，并能发出控制信号和具有其他辅助功能的控制指示设备称为火灾报警控制器，它是火灾自动报警系统的核心。火灾报警控制器规格、型号众多，根据监测区域、场所不同，规模也不同，但都应该具有以下基本功能：能为火灾探测器提供供电电源；够接收火灾探测器的报警信号，并对报警信号统一管理和监控；采用模块式、结构化的系统结构，能根据建筑功能发展与变化实现相应的火灾报警控制功能；具备对火灾报警系统中的各器件进行巡检、监视、故障诊断的功能；应具备完善的通信功能，实现系统内部各区域间及与其他各系统间的通信；具备消防联动控制功能。

3）警报装置

所谓火灾警报装置是指在火灾自动报警系统中，能够发出声、光的警报信号的装置，用以在发生火灾时，以特殊的声、光、音响等方式向报警区域发出火灾警报信号，警示人们立即采取安全疏散、灭火救灾措施。常用的警报装置有声光报警器，当发生火情时，声光报警器能发出声或光信号报警，此外还有警铃和讯响器等。

4）联动控制装置

在火灾自动报警系统中，当接收到来自触发器的火灾报警信号时，能够自动或手动启动相关消防设备并显示其工作状态的装置，称为联动控制装置。

对于大型建筑物除要求装设有火灾自动报警系统外，还要求设置消防联动控制系统，对消防水泵、送排风机、送排烟机、防烟风机、防火卷帘、防火阀、电梯等进行控制。

消防联动控制装置一般设在消防控制中心，以便实行集中统一控制，统一管理，也有将消防联动控制装置设在被控消防设备所在现场，但其动作信号则必须返回消防控制室，实行集中与分散相结合的控制方式。

5）电源

一幢建筑物内，火灾自动报警系统设置的得当与否直接关系到整个建筑物和人员生命财产的安全，因此对火灾自动报警系统尤其是其供电电源的要求较高。除主电源外，还需配备独立的备用电源，其主电源由消防电源双回路电源自动切换箱提供，备用电源采用蓄电池，主电源和备用电源能自动切换。

(3）火灾自动报警系统的基本形式

根据现行国家标准《火灾自动报警系统设计规范》的规定，火灾自动报警系统的基本形式有三种：区域报警系统、集中报警系统、控制中心报警系统。

1）区域监测与报警系统

这类系统的示意图如图7-49所示，由区域火灾报警控制器、火灾触发器件、火灾警报装置和电源组成，主要用于完成火灾探测和报警任务，适于小型建筑。

2）集中报警与控制系统

该系统的示意图如图7-50所示，由集中火灾报警控制器、区域火灾报警控制器、火灾触

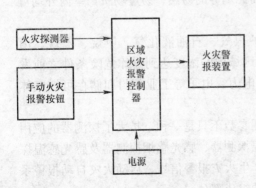

图 7-49 区域监测与报警系统示意图

发器件、火灾警报装置、区域显示装置和电源组成。其功能较全、系统构成较复杂，集中报警控制器常用于规模大的建筑或建筑群的火灾自动报警系统。

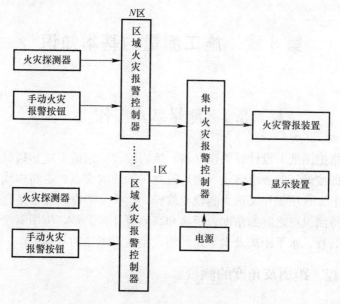

图 7-50 集中报警与控制系统示意图

（4）控制中心报警与控制系统

控制中心报警与控制系统由区域火灾报警控制器、火灾触发器件、控制中心的集中火灾报警控制器、消防联动控制装置、火灾警报装置、火灾应急广播、火灾应急照明、火警电话和电源等组成。系统容量大，消防设施的控制功能较全，适用于大型建筑的保护。其系统组成如图 7-51 所示。控制中心报警与控制系统功能齐全、系统构成复杂。

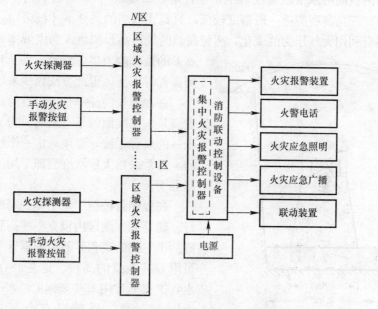

图 7-51 控制中心报警与控制系统示意图

第 8 章 施工测量的基本知识

8.1 测量基本工作

施工测量是指把图纸上设计好的建（构）筑物位置（包括平面和高程位置）在实地标定出来的工作，即按设计的要求将建（构）筑物各轴线的交点、道路中线、桥墩等点位标定在相应的地面上。这项工作又称为测设或放样。这些待测设的点位是根据控制点或已有建筑物特征点与待测设点之间的角度、距离和高差等几何关系，应用测绘仪器和工具标定出来的。因此，高程、水平距离及水平角的测设是施工测量的基本工作。

8.1.1 高程、距离及角度的测量

1. 高程测量

高程是确定地面点位置的基本要素之一，所以高程测量是三种基本测量工作之一。高程测量的目的是要获得点的高程，但一般只能直接测得两点间的高差，然后根据其中一点的已知高程推算出另一点的高程。

进行高程测量的主要方法有水准测量和三角高程测量。水准测量是利用水平视线来测量两点间的高差。由于水准测量的精度较高，所以是高程测量中最主要的方法。三角高程测量是测量两点间的水平距离或斜距和竖直角（即倾斜角），然后利用三角公式计算出两点间的高差。三角高程测量一般精度较低，只是在适当的条件下才被采用。除了上述两种方法外，还有利用大气压力的变化，测量高差的气压高程测量；利用液体的物理性质测量高差的液体静力高程测量；以及利用摄影测量的测高程等方法，但此方法较少采用。

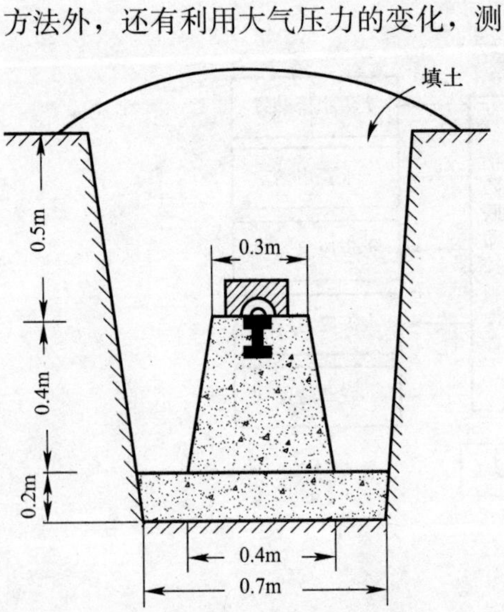

高程测量的任务是求出点的高程，即求出该点到某一基准面的垂直距离。为了建立一个全国统一的高程系统，必须确定一个统一的高程基准面，通常采用大地水准面即平均海水面作为高程基准面。

高程测量按照"从整体到局部"的原则来进行。就是先在测区内设立一些高程控制点，并精确测出它们的高程，然后根据这些高程控制点测量附近其他点的高程。这些高程控制点称水准点，工程上常用 BM 来标记。水准点一般用混凝土标石制成，顶部嵌有金属或瓷质的标志（图 8-1）。标石应埋在地下，埋设地点应选在地

图 8-1 水准点的设置

质稳定、便于使用和便于保存的地方。在城镇居民区，也可以采用把金属标志嵌在墙上的"墙脚水准点"。临时性的水准点则可用更简便的方法来设立，例如用刻凿在岩石上的或用油漆标记在建筑物上的简易标志。

水准测量是利用水平视线来求得两点的高差。例如图 8-2 中，为了求出 A、B 两点的高差 h_{AB}，在 A、B 两个点上竖立带有分划的标尺——水准尺，在 A、B 两点之间安置可提供水平视线的仪器——水准仪。当视线水平时，在 A、B 两个点的标尺上分别读得读数 a 和 b，则 A、B 两点的高差等于两个标尺读数之差。即：

$$h_{AB}=a-b \tag{8-1}$$

如果 A 为已知高程的点，B 为待求高程的点，则 B 点的高程为：

$$H_B=H_A+h_{AB} \tag{8-2}$$

读数 a 是在已知高程点上的水准尺读数，称为"后视读数"；b 是在待求高程点上的水准尺读数，称为"前视读数"。高差必须是后视读数减去前视读数。高差 h_{AB} 的值可能是正，也可能是负，正值表示待求点 B 高于已知点 A，负值表示待求点 B 低于已知点 A。此外，高差的正负号又与测量进行的方向有关，例如图 8-2 中测量由 A 向 B 进行，高差用 h_{AB} 表示，其值为正；反之，由 B 向 A 进行，则高差用 h_{BA} 表示，其值为负。所以说明高差时必须标明高差的正负号，同时要说明测量进行的方向。

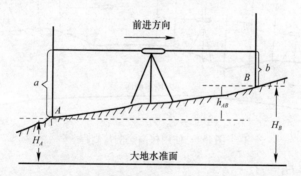

图 8-2 利用水平视线来求得两点的高差的水准测量

当两点相距较远或高差太大时，则可分段连续进行，从图 8-3 中可得：

$$\begin{aligned} h_1 &= a_1 - b_1 \\ h_2 &= a_2 - b_2 \\ &\cdots\cdots \\ h_n &= a_n - b_n \end{aligned} \tag{8-3}$$

$$h_{AB} = \Sigma h = \Sigma a - \Sigma b$$

即两点的高差等于连续各段高差的代数和，也等于后视读数之和减去前视读数之和。通常要同时用 Σh 和（$\Sigma a-\Sigma b$）进行计算，用来检核计算是否有误。

图 8-3 中置仪器的点Ⅰ、Ⅱ、…，称为测站。立标尺的点 1、2、…，称为转点，它们在前一测站先作为待求高程的点，然后在下一测站再作为已知高程的点，转点起传递高程的作用。转点非常重要，转点上产生的任何差错都会影响到以后所有点的高程。

从以上可见：水准测量的基本原理是利用水平视线来比较两点的高低，求出两点的高

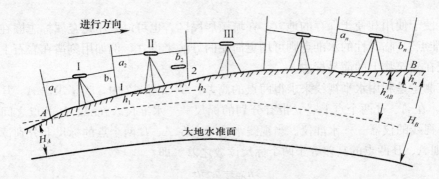

图 8-3　分段连续进行的水准测量

差。当水准测量的目的不是仅仅为了获得两点的高差,而是要求得一系列点的高程,例如测量沿线的地面起伏情况,使用仪高法会比较方便,按图 8-4 进行。此时,水准仪在每一测站上除了要读出后视和前视读数外,同时要对这一测站范围内需要测量高程的点上立尺读取读数,如图中在 P_1、P_2 等点上立尺读出 c_1、c_2 等读数。则各点的高程可按下列方法计算:

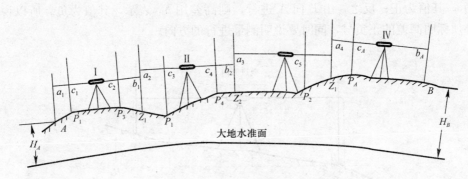

图 8-4　使用仪高法测量高程

仪器在测站Ⅰ:　$H_Ⅰ = H_A + a_1$ （8-4）

则可推算出:　　$H_{P_1} = H_Ⅰ - c_1$

$H_{P_2} = H_Ⅰ - c_2$

$H_{Z_1} = H_Ⅰ - b_1$

同法,仪器在测站Ⅱ:　$H_Ⅱ = H_{Z_1} + a_2$ （8-5）

可推算出:　　　　$H_{P_3} = H_Ⅱ - c_3$

$H_{P_4} = H_Ⅱ - c_4$

$H_{Z_2} = H_Ⅱ - b_2$

式中 $H_Ⅰ$、$H_Ⅱ$ 为仪器视线的高程,简称仪器高。图中 $Z_Ⅰ$、$Z_Ⅱ$、…为传递高程的转点,在转点上既有前视读数又有后视读数。图中 $P_Ⅰ$、$P_Ⅱ$、…等点称中间点,中间点上只有一个前视读数,也称中视读数。计算的检核仍用公式:

$$h_{AB} = \Sigma a - \Sigma b = H_B - H_A \quad (8-6)$$

2. 距离测量

距离是确定地面点位置的基本要素之一。测量上要求的距离是指两点间的水平距离(简称平距),如图 8-5 中,$A'B'$ 的长度就代表了地面点 A、B 之间的水平距离。若测得的是倾斜距离（简称斜距），还须将其改算为平距。水平距离测量的方法很多，按所用测距工具的不同，测量距离的方法有一般有钢尺量距、视距测量、光电测距、全站仪测距等。

（1）钢尺量距

顾名思义，钢尺量距就是利用具有标准长度的钢尺直接量测两点间的距离。按丈量方法的不同它分为一般量距和精密量距。一般量距读数至厘米，精度可达 1/3000 左右；精密量距读数至亚毫米，精度可达 1/3 万（钢卷带尺）及 1/100 万（因瓦线尺）。由于光电测距的普及，在现今的测量工作中已很少使用钢尺量距，只是在精密的短距测量中偶尔用到，下面仅就精密短距测量的有关问题作简要介绍。

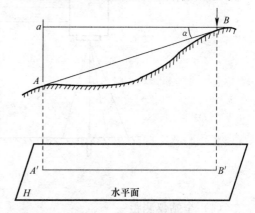

图 8-5　水平距离测量

所谓短距测量，是指被测距离不大于整尺全长的量距工作。这在不便安置测距仪的精密工程测量中时有出现。其测量方式和成果整理方法同样适用于长距离测量。

量距前首先标定被测距离的端点位置，通过端点分别划一垂直于测线的短线作为丈量标志。丈量组一般由 5 人组成，使用检定过的基本分划为毫米的钢尺，2 人拉尺，2 人读数，1 人指挥兼记录和读温度。丈量时，一人手拉挂在钢尺零分划端的弹簧秤，另一人手拉钢尺另一端，将尺置于被测距离上，张紧尺子，待弹簧秤上指针指到该尺检定时的标准拉力时，两端的读尺员同时读数，估读至 0.5mm。每段距离要移动钢尺位置丈量三次，移动量一般在 1cm 以上，三次量距较差一般不超过 3mm。每次读数的同时读记温度，精确至 0.5℃。

（2）视距测量

视距测量是利用测量仪器望远镜中的视距丝并配合视距尺，根据几何光学及三角学原理，同时测定两点间的水平距离和高差的一种方法。此法操作简单，速度快，不受地形起伏的限制，但测距精度较低，一般可达 1/200，故常用于地形测图。视距尺一般可选用普通塔尺。

（3）光电测距

与钢尺量距的繁琐和视距测量的低精度相比，电磁波测距具有测程长、精度高、操作简便、自动化程度高的特点。电磁波测距按精度可分为Ⅰ级（$m_D \leqslant 5mm$）、Ⅱ级（$5mm < m_D \leqslant 10mm$）和Ⅲ级（$m_D > 10mm$）。按测程可分为短程（<3km）、中程（3~5km）和远程（>15km）。按采用的载波不同，可分为利用微波作载波的微波测距仪、利用光波作载波的光电测距仪。光电测距仪所使用的光源一般有激光和红外光。

光电测距是通过测量光波在待测距离上往返一次所经历的时间，来确定两点之间的距离。如图 8-6 所示，在 A 点安置测距仪，在 B 点安置反射棱镜，测距仪发射的调制光波到达反射棱镜后又返回到测距仪。设光速 c 为已知，如果调制光波在待测距离 D 上的往返传播时间为 t，则距离 D 为：

$$D = \frac{1}{2} c \cdot t \tag{8-7}$$

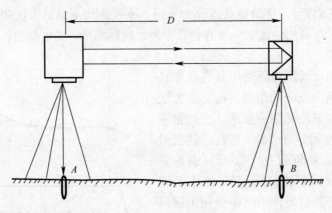

图 8-6 光电测距

(4) 全站仪测距

全站仪测距的原理是：由全站仪的测距头发出一道与视线轴重合的激光束，激光射出后由目标处的反射物（棱镜或者反射片等）反射回来，全站仪接收到返回的信号后，与其发射信号对比，得出仪器与反射物之间的斜距。采用全站仪测距，测量的距离长、时间短、精度高。

3. 角度测量

为确定一点的空间位置，角度是需要测量的基本要素之一，所以角度测量是一种基本的测量工作。角度可分为水平角和竖直角。水平角是指从空间一点出发的两个方向在水平面上的投影所夹的角度；而竖直角是指某一方向与其在同一铅垂面内的水平线所夹的角度。

如图 8-7 所示：设有从 O 点出发的 OA、OB 两条方向线，分别过 OA、OB 的两个铅垂面与水平面 H 的交线 oa 和 ob 所夹的 $\angle aob$，即为 OA、OB 间的水平角 β。由于 ob 是水平线，且与 OB 在同一铅垂面内，所以 $\angle Bob$ 即为 OB 的竖直角 α。

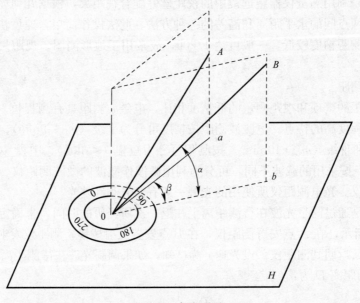

图 8-7 角度测量

如果在 O 点水平放置一个度盘，且度盘的刻划中心与 O 点重合，则两投影方向 oa、ob 在度盘上的读数之差即为 OA 与 OB 间的水平角值。同样的，在 OB 铅垂面内放置一个竖直度盘，也使 O 点与度盘刻划中心重合，则 OB 和 Ob 在竖直度盘上的读数之差即为 OB 的竖直角值。由于竖直角是由倾斜方向与在同一铅垂面内的水平线构成的，而倾斜方向可能向上，也可能向下，所以竖直角要冠以符号。如果向上倾斜规定为正角，用"＋"号表示；则向下倾斜规定为负角，用"－"号表示。

8.1.2　水准仪、经纬仪、全站仪、测距仪的使用

1. 水准仪的使用

水准仪是进行水准测量的主要仪器，它可以提供水准测量所必需的水平视线。目前通用的水准仪从构造上可分为两大类：即利用水准管来获得水平视线的水准管水准仪，其主要形式称"微倾式水准仪"；另一类是利用补偿器来获得水平视线的"自动安平水准仪"。此外，尚有一种新型水准仪——电子水准仪，它配合条纹编码尺，利用数字化图像处理的方法，可自动显示高程和距离，使水准测量实现了自动化。

我国的水准仪系列标准分为 DS_{05}、DS_1、DS_3 和 DS_{10} 四个等级。D 是大地测量仪器的代号，S 是水准仪的代号，均取大和水两个字汉语拼音的首字母。角码的数字表示仪器的精度。其中 DS_{05} 和 DS_1 用于精密水准测量，DS_3 用于一般水准测量，DS_{10} 则用于简易水准测量。以下主要以 DS_3 为例简单对水准仪的构造及使用做简单介绍。

（1）DS_3 微倾式水准仪的构造

图 8-8 为在一般水准测量中使用较广的 DS_3 型微倾式水准仪，它由望远镜、水准器及基座三个主要部分组成。

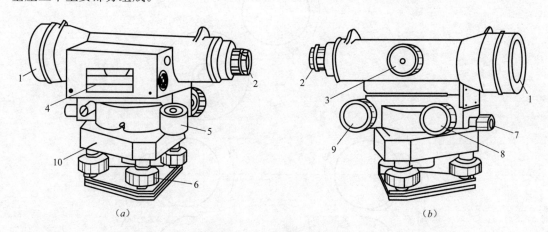

图 8-8　DS_3 微倾式水准仪
1—物镜；2—目镜；3—调焦螺旋；4—管水准器；5—圆水准器；6—脚螺旋；
7—制动螺旋；8—微动螺旋；9—微倾螺旋；10—基座

水准仪各部分的名称见图 8-8。基座上有三个脚螺旋，调节脚螺旋可使圆水准器的气泡移至中央，使仪器粗略整平。望远镜和管水准器与仪器的竖轴联结成一体，竖轴插入基座的轴套内，可使望远镜和管水准器在基座上绕竖轴旋转。制动螺旋和微动螺旋用来控制望远镜在水平方向的转动。制动螺旋松开时，望远镜能自由旋转；旋紧时望远镜则固定不

动。旋转微动螺旋可使望远镜在水平方向作缓慢的转动，但只有在制动螺旋旋紧时，微动螺旋才能起作用。旋转微倾螺旋可使望远镜连同管水准器作俯仰微量的倾斜，从而可使视线精确整平。因此，这种水准仪称为微倾式水准仪。

(2) DS_3 微倾式水准仪的使用

使用水准仪的基本作业是：在适当位置安置水准仪，整平视线后读取水准尺上的读数。微倾式水准仪的操作应按下列步骤和方法进行：

1) 安置水准仪

首先，打开三脚架，安置三脚架要求高度适当、架头大致水平并牢固稳妥，在山坡上应使三脚架的两脚在坡下一脚在坡上。然后，把水准仪用中心连接螺旋连接到三脚架上，取水准仪时必须握住仪器的坚固部位，并确认已牢固地连接在三脚架上后才可放手。

2) 仪器的粗略整平

仪器的粗略整平是用脚螺旋使圆水准器的气泡居中。不论圆水准器在任何位置，首先用任意两个脚螺旋使气泡移到通过圆水准器零点并垂直于这两个脚螺旋连线的方向上，如图 8-9 中气泡自 a 移到 b，如此可使仪器在这两个脚螺旋连线的方向处于水平位置。然后，单独用第三个脚螺旋使气泡居中，如此使原两个脚螺旋连线的垂线方向亦处于水平位置，从而使整个仪器置平。如仍有偏差，可重复进行。操作时，必须记住以下三条要领：

① 首先旋转两个脚螺旋，然后旋转第三个脚螺旋；
② 旋转两个脚螺旋时必须作相对地转动，即旋转方向应相反；
③ 泡移动的方向始终和左手大拇指移动的方向一致。

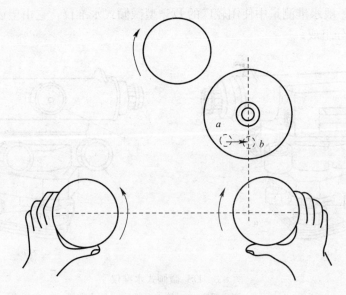

图 8-9 仪器的粗略整平

3) 照准目标

用望远镜照准目标，必须先调节目镜使十字丝清晰。然后，利用望远镜上的准星从外部瞄准水准尺，再旋转调焦螺旋使尺像清晰，也就是使尺像落到十字丝平面上。这两步不可颠倒。最后，用微动螺旋使十字丝竖丝照准水准尺。为了便于读数，也可使尺像稍偏离竖丝一些。当照准不同距离处的水准尺时，需重新调节调焦螺旋才能使尺像清晰，但十字丝可不必再调。照准目标时，必须要消除视差。当观测时把眼睛稍作上下移动，如果尺像与十字丝有相对的移动，即读数有改变，则表示有视差存在。其原因是尺像没有落在十字丝平面上。存在视差时，不可能得出准确的读数。消除视差的方法是一面稍旋转调焦螺旋一面仔细观察，直到不再出现尺像和十字丝有相对移动为止，即尺像与十字丝在同一平面上。

4）视线的精确整平

由于圆水准器的灵敏度较低，所以用圆水准器只能使水准仪粗略地整平。因此，每次读数前还必须用微倾螺旋使水准管气泡符合（如图 8-10），使视线精确整平。由于微倾螺旋旋转时，经常在改变望远镜和竖轴的关系，当望远镜由一个方向转变到另一个方向时，水准管气泡一般不再符合。所以，望远镜每次变动方向后，也就是在每次读数前，都需要用微倾螺旋重新使气泡符合。

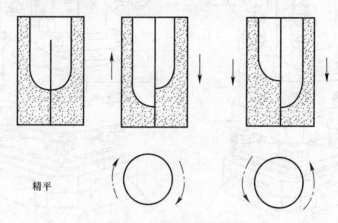

图 8-10　视线的精确整平

5）读数

用十字丝中间的横丝读取水准尺的读数。从尺上可直接读出米、分米和厘米数，并估读出毫米数，所以每个读数必须有四位数。如果某一位数是零，也必须读出并记录。不可省略，如 1.002m、0.007m、2.100m 等。由于望远镜一般都为倒像，所以从望远镜内读数时应由上向下读，即由小数向大数读。读数前应先认清水准尺的分划特点，特别应注意与注字相对应的分米分划线的位置。为了保证得出正确的水平视线读数，在读数前和读数后都应该检查气泡是否符合。

2. 经纬仪的使用

经纬仪是测量角度的仪器，它虽也兼有其他功能，但主要是用来测角。根据测角精度的不同，我国的经纬仪系列分为 DJ_{07}、DJ_1、DJ_2、DJ_6、DJ_{30} 等几个等级。D 和 J 分别是大地测量和经纬仪两词汉语拼音的首字母，角码注字是它的精度指标。经纬仪中目前最常用的是 DJ_6 和 DJ_2 级光学经纬仪，以下主要以 DJ_6 为例对经纬仪的构造及使用做简单介绍。

（1）DJ_6 经纬仪的构造（见图 8-11）

经纬仪的构造一般具有以下一些装置：

1）对中整平装置用以将度盘中心（即仪器中心）安置在过所测角度顶点的铅垂线上，

并使度盘处于水平位置。

2) 照准装置要有一个望远镜以照准目标，即建立方向线。且望远镜可上下旋转形成一个铅垂面，以保证照准同一铅垂面上的不同目标时，其在水平面上的投影位置不变。它也可以水平旋转，以保证不在同一铅垂面上的目标，在水平面上有不同的投影位置。

3) 读数装置用以读取在照准某一方向时水平度盘和竖直度盘的读数。

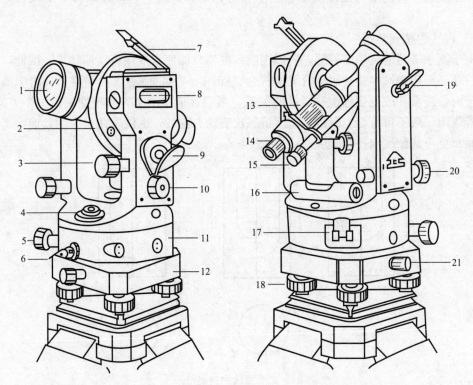

图 8-11　DJ$_6$经纬仪

1—物镜；2—竖直度盘；3—竖盘指标水准管微动螺旋；4—圆水准器；5—照准部微动螺旋；
6—照准部制动扳钮；7—水准管反光镜；8—竖盘指标水准管；9—度盘照明反光镜；
10—测微轮；11—水平度盘；12—基座；13—望远镜调焦筒；14—目镜；
15—读数显微镜目镜；16—照准部水准管；17—复测扳手；18—脚螺旋；
19—望远镜制动扳钮；20—望远镜微动螺旋；21—轴座固定螺旋

(2) DJ$_6$经纬仪的使用

1) 安置经纬仪

测量前，首先要把经纬仪安置在设置有地面标志的测站点上。安置工作包括对中和整平两项。对中的目的是使经纬仪的旋转中心与测站点位于同一铅垂线上；整平的目的是使经纬仪竖轴在铅垂位置上，水平刻度盘处于水平位置。经纬仪安置有两种方法：一种是经纬仪垂球对中再整平；另一种是经纬仪光学对中再整平。

① 经纬仪垂球对中再整平

在安置仪器之前，首先将三脚架打开，抽出架腿，调节到适中的高度，旋紧架腿的固定螺旋，且中心与地面点大致在同一铅垂线上。如在较松软的地面，三脚架的架腿尖头应稳固地插入土中。从仪器箱中取出经纬仪放在三脚架架头上（手不能放松），另一只手把中心螺旋（在三脚架头内）旋进经纬仪的基座中心孔中，使经纬仪牢固地与三脚架连接在一起。用垂球对中时，先将垂球挂在三脚架的连接螺旋上，并调整垂球线的长度，使垂球尖刚刚离开地面。再看垂球尖是否与测站点在同一铅垂线上。如果偏离，则将测站点与垂球尖连成一条方向线，将最靠近连线的一条腿，沿连线方向前后移动，直到垂球与地面点对准。这时如果架头平面倾斜，则移动与最大倾斜方向垂直的一条腿，从较高的方向向低的方向划一以地面顶点为圆心的圆弧，直至架头基本水平，且对中偏差不超过 2mm 为止。最后，将架腿踩实。为使精确对中，可稍稍松开连接螺旋，将仪器在架头平面上移动，直至准确对中，最后再旋紧连接螺旋。

整平时要先用脚螺旋使水准气泡居中，以粗略整平，再用管水准器精确整平。

② 经纬仪光学对中再整平

由于大多数经纬仪设有光学对中器，且光学对中器的精度较高，又不受风力影响，经纬仪的安置方法以光学对中器进行对中整平较为常见。使用光学对中器对中时，一边观察光学对中器，一边移动脚器，使光学对中器的分划圈中心与地面点对中。伸缩架腿时，应先稍微旋松伸缩螺旋，待气泡居中后，立即旋紧。整平时只需用脚螺旋使管水准器精确整平，方法同上。待仪器精确整平后，仍要检查对中情况。因为只有在仪器整平的条件下，光学对中器的视线才居于铅垂位置，对中才是正确的。

2）瞄准

瞄准的实质是安置在地面点上的经纬仪的望远镜视准轴对准另一地面点的中心位置。一般地，被瞄准的地面点上设有观测目标，目标的中心在地面点的垂线上，目标是瞄准的主要对象。首先，进行目镜对光，即把望远镜对着明亮背景，转动目镜调焦螺旋使十字丝成像清晰。再松开制动螺旋，转动照准部和望远镜，用望远镜筒上部的粗瞄器（或准星和照门）大致对准目标后，拧紧制动螺旋。然后，从望远镜内观察目标，调节物镜调焦螺旋，使成像清晰，并消除视差；最后，用微动螺旋转动照准部和望远镜，对准目标，并尽量对准目标底部。测水平角时，视目标的大小，用十字丝纵丝平分目标（单丝）或夹准目标（双丝）；测竖直角时，用中丝与目标顶部（或某一部位）相切即可。

3）读数

读数时要先调节反光镜，使读数窗明亮，旋转显微镜调焦螺旋，使刻画数字清晰，然后读数。测竖直角时注意调节竖盘指标水准气泡微动螺旋，使气泡居中后再读数。如果是配有竖盘指标自动归零补偿器的经纬仪，要把补偿器的开关打开再读数。

3. 全站仪的使用

全站型电子测速仪是由电子测角、电子测距、电子计算和数据存储等单元组成的三维坐标测量系统，能自动显示测量结果，能与外围设备交换信息的多功能测量仪器。由于仪器较完善地实现了测量和处理过程的电子一体化，所以人们通常称之为全站型电子测速仪或简称全站仪。

（1）全站仪的组成

全站仪由以下两大部分组成：

采集数据设备：主要有电子测角系统、电子测距系统，还有自动补偿设备等。

微处理器：微处理器是全站仪的核心装置，主要由中央处理器，随机储存器和只读存储器等构成，测量时，微处理器根据键盘或程序的指令控制各分系统的测量工作，进行必要的逻辑和数值运算以及数字存储、处理、管理、传输、显示等。

通过上述两大部分有机结合,才真正地体现"全站"功能,既能自动完成数据采集,又能自动处理数据,使整个测量过程工作有序、快速、准确地进行。

(2) 全站仪的等级

全站仪作为一种光电测距与电子测角和微处理器综合的外业测量仪器,其主要的精度指标为测距标准差 m_D 和测角标准差 $m_β$。仪器根据测距标准差,即测距精度,按国家标准,分为三个等级。小于 5mm 为 Ⅰ 级仪器,标准差大于 5mm 小于 10mm 为 Ⅱ 级仪器,大于 10mm 小于 20mm 为 Ⅲ 级仪器。

(3) 全站仪的使用

下面以 TPS700 全站仪为例,对全站仪的操作及使用做简单介绍:

1) 仪器安置

仪器安置包括对中与整平,其方法与光学仪器相同,一般具备光学对中器或激光对中器,使用十分方便。仪器有双轴补偿器,整平后气泡略有偏离,对观测并无影响。采用电子水准仪安平更方便、精确。

2) 开机和设置

开机后仪器进行自检,自检通过后,显示主菜单。测量工作中进行的一系列相关设置,全站仪除了厂家进行的固定设置外,主要包括以下内容:

① 各种观测量单位与小数点位数的设置:包括距离单位、角度单位及气象参数单位等;

② 指标差与视准差的存储;

③ 测距仪常数的设置,包括加常数、乘常数以及棱镜常数设置;

④ 标题信息、测站标题信息、观测信息。根据实际测量作业的需要,如导线测量、交点放线、中线测量、断面测量、地形测量等不同作业建立相应的电子记录文件。主要包括建立标题信息、测站标题信息、观测信息等。标题信息内容包括测量信息、操作员、技术员、操作日期、仪器型号等。测站标题信息。仪器安置好后,应在气压或温度输入模式下设置当时的气压和温度。在输入测站点号后,可直接用数字键输入测站点的坐标,或者从存贮卡中的数据文件直接调用。按相关键可对全站仪的水平角置零或输入一个已知值。观测信息内容包括附注、点号、反射镜高、水平角、竖直角、平距、高差等。

3) 角度距离坐标测量

在标准测量状态下,角度测量模式、斜距测量模式、平距测量模式、坐标测量模式之间可互相切换,全站仪精确照准目标后,通过不同测量模式之间的切换,可得到所需要的观测值。

全站仪均备有操作手册,要全面掌握它的功能和使用,使其先进性得到充分的发挥,应详细阅读操作手册。

4. 测距仪的使用

测距仪是一种航迹推算仪器,用于测量目标距离,进行航迹推算。测距仪的形式很多,通常是一个长形圆筒,由物镜、目镜、测距转钮组成,用来测定目标距离。

(1) 测距仪的分类

测距仪根据测距基本原理,可以分为激光测距仪、超声波测距仪和红外测距仪三类。

1）激光测距仪

激光测距仪是利用激光对目标的距离进行准确测定的仪器。激光测距仪在工作时向目标射出一束很细的激光，由光电元件接收目标反射的激光束，计时器测定激光束从发射到接收的时间，计算出从观测者到目标的距离。

激光测距仪是目前使用最为广泛的测距仪，激光测距仪又可以分类为手持式激光测距仪（测量距离 0～300m）和望远镜激光测距仪（测量距离 500～3000m）。

2）超声波测距仪

超声波测距仪是根据超声波遇到障碍物反射回来的特性进行测量的。超声波发射器向某一方向发射超声波，在发射同时开始计时，超声波在空气中传播，途中碰到障碍物就立即返回来，超声波接收器收到反射波就立即中断停止计时。通过不断检测产生波发射后遇到障碍物所反射的回波，从而测出发射超声波和接收到回波的时间差 T，然后求出距离 L。

超声波测距仪，由于超声波受周围环境影响较大，所以一般测量距离比较短，测量精度比较低。目前，使用范围不是很广阔，但价格比较低。

3）红外测距仪

红外测距仪是用调制的红外光进行精密测距的仪器，测程一般为 1～5km。仪器利用的是红外线传播时的不扩散原理：因为红外线在穿越其他物质时折射率很小，所以长距离的测距仪都会考虑红外线，而红外线的传播是需要时间的，当红外线从测距仪发出碰到反射物被反射回来被测距仪接收到再根据红外线从发出到被接收到的时间及红外线的传播速度就可以算出距离。红外测距仪的优点是便宜、易制、安全，缺点是精度低、距离近、方向性差。

（2）测距仪的使用

以下以最常用的手持式激光测距仪为例，对测距仪的操作及使用做简单介绍：

1）电池装入/更换

查找仪器后部的拆卸钮，按住并推开电池盒盖（部分仪器需采用专用钥匙），根据正确的极性安装或更换电池。

2）开启仪器

关闭电池盒盖，按下开机按钮，检查显示屏状态，此时测距仪应处于基本显示模式。当电池的电量过低时，显示屏上将持续闪烁显示电池的标志，此时应及时更换电池。

3）距离测量

按下"测量"键一次，启动激光束。将可见的激光点对准测量目标，再次按下"测量"键，仪器开始进行距离测量。一般结果会在 1s 内显示，例如 8.159m。为了确保测量精度，通常还需要进行二次复测。

除了距离的测量外，一些新型激光测距仪通常还可以测量被测物的面积及体积，使用非常方便。

8.2 安装测量知识

安装测量是工程测量中的一个重要部分，在机电项目实施过程中，安装测量的结果直接影响着工程总体质量。掌握正确的安装测量方法，是保证工艺生产线安全运行、功能满足规定要求的基础。

8.2.1 安装测量基本工作

安装测量的一般程序为：建立测量控制网→设置纵横中心线→设置标高基准点→设置沉降观测点→安装过程检测控制→实测记录。

1. 测量控制网的建立

在测量工作中，为了限制测量误差的传播和积累，保证必要的测量精度，使各分区的测图能够拼接成一个整体，整体设计的工程建筑物能够分区施工放样，必须首先在全测区范围内选定一些控制点，构成一定的几何图形，用精密的测量仪器和精确的测算方法，在统一的坐标系统中确定它们的平面位置和高程，再以这些控制点为基础测算其他碎部点的位置。上述由控制点构成的几何图形，称为控制网。对控制网进行布设、观测、计算，确定控制点的位置，这种测量工作便称为控制测量。控制测量分为平面控制测量和高程控制测量，平面控制测量确定控制点的平面位置（X, Y），高程控制测量确定控制点的高程（H）。

（1）平面控制测量

平面控制测量的目的是确认控制点的平面位置，并最终建立平面控制网，平面控制网建立的方法有三角测量法、导线测量法、三边测量法等。

如图 8-12 所示，A、B、C、D、E、F 组成互相邻接的三角形，观测所有三角形的内角，并至少测量其中一条边长作为起算边，通过计算就可以获得它们之间的相对位置。这种三角形的顶点称为三角点，构成的网形称为三角网，这种测量方法称为三角测量；如图 8-13 所示的控制点 1、2、3…用折线连接起来，测量各边的长度和各转折角，通过计算同样可以获得它们之间的相对位置。这种控制点称为导线点，这种控制测量方法称为导线测量。导线测量法主要用于隐蔽地区、带状地区、城建区及地下工程等控制测量；三边测量是以连续的三角形构成锁状或网状，测量其中每个三角形的三边，并用天文测量方法测设起始方位角，然后从一起始点和方位角出发，利用测量的边长推算其他各边的方位角，以及各三角形顶点在所采用的大地坐标系中的水平位置。

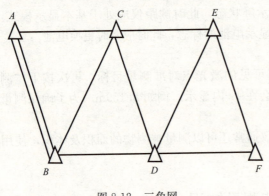

图 8-12　三角网

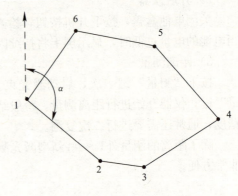

图 8-13　导线网

1）平面控制测量的主要技术要点：
平面控制网的坐标系统，应满足测区内投影长度变形值不大于 2.5cm/km。
三角测量的网（锁），各等级的首级控制网，宜布设不近似等边三角形的网（锁），其三角形的内角不应小于30°。当受地形限制时，个别角可放宽，但不应小于25°。

导线测量法的网，当导线平均边长较短时，应控制导线边数。导线宜布设成直伸形状，相邻边长不宜相差过大；当导线网用作首级控制时，应布设成环形状，网内不同环节上的点不宜相距过近。

使用三边测量法时，各等级三边网的起始边至最远边之间的三角形个数不宜多于10个。各等级三边网的边长宜近似相等，其组成的各内角应符合规定。

应保证平面控制网的基本精度要求，使四等以下的各级平面控制网的最弱边边长中误差不大于0.1mm。

2）平面控制测量常用的测量仪器

平面控制测量的常用测量仪器有光学经纬仪和全站仪。

（2）高程控制测量

高程控制测量的目的是确定各控制点的高程，并最终建立高程控制网。测量方法有水准测量法、电磁波测距三角高程测量法，其中水准测量法较为常用。高程控制测量等级依次划分为二、三、四、五等。各等级视需要，均可作为测区的首级高程控制。

1）高程控制点布设的原则

测区的高程系统，宜采用国家高程基准。在已有高程控制网的地区进行测量时，可沿用原高程系统。当小测区联测有困难时，亦可采用假定高程系统。

2）高程控制测量的主要技术要点

水准点应选在土质坚硬、便于长期保存和使用方便的地点；墙水准点应选设在稳定的建筑物上，点位应便于寻找、保存和引测。

一个测区及其周围至少应有3个水准点，水准点之间的距离应符合规定。

各等级的水准点应埋设水准标石，水准观测应在标石埋设稳定后进行。

两次观测超差较大时应重测。将重测结果与原测结果分别比较，其差均不超过限值时，可取三次结果的平均数。

设备安装测量时，最好使用一个水准点作为高程起算点。当厂房较大时，可以增设水准点，但其观测精度应提高。

3）高程控制测量常用的测量仪器

高程控制测量常用的测量仪器为光学水准仪。

2. 纵横中心线与标高基准点的设置

机电安装工程中，一般需要有三个坐标值，即在水平面内有纵横中心线和垂直面内的标高基准点，这样才能确保机电设备安装的正确性。

纵横中心线一般根据建筑物来确定。有的工厂设有永久水准点和中心线，设置在厂房的控制网或主轴线上，当设计的设备轴线平行于厂房主轴线时，可用经纬仪或几何作图法定出纵横中心线。如厂房内没有此类主轴线，但设备基础有中心点时，则可以设备基础为基准定出安装需用的纵横中心线。

每个工厂在建厂时都会根据海拔高度设立永久性的基准点（为了便于计算规定为零点）。永久基准点确定后，即可由该点（零点）分别引测出设备安装所需的标高基准点。为确保精度，引测时应尽可能一次完成。每个设备基础上要求布置一定数量的基准点，特别对于大型、重型设备，要布置较多的基准点。基准点应尽可能埋设在设备的主要加工面和轴承部位附近，以便于测量标高。

3. 沉降观测点的设置

沉降观测采用二等水准测量方法，每隔适当距离选定一个基准点与起算基准点组成水准环线。例如，对于埋设在基础上的基准点，在埋设后就开始第一次观测，随后的观测在设备安装期间连续进行。

8.2.2 安装定位、抄平

定位与抄平是安装测量工作中的一个重要工序，定位与抄平的好坏直接影响到设备、管线的质量精度与使用寿命。

1. 机械设备的安装定位及抄平

（1）确定基准线和基准点

利用水准仪、经纬仪等仪器，对施工单位移交的基础结构的中心线、安装基准线及标高精度是否符合规范，平面位置安装基准线与基础实际轴线，或是厂房墙柱的实际轴线、边缘线的距离偏差等进行复核检查，各项偏差应符合相关规定。对于超出允许偏差的应进行校正。

根据已校正的中心线与标高，测出基准线的端点及基准点的标高。

（2）确定设备中心线

1）确定基准中心点

一些建筑物尤其是厂房，在建筑物的控制网和主轴线上设有固定的水准点和中心线，这种情况下，可通过测量仪器直接定出基准中心点。对于无固定水准点和中心线的建筑物，可直接利用设备基础为基准确定基准中心点。

2）埋设中心标板

在一些大中型设备及要求坐标位置精确的设备安装中，可用预埋或后埋的方法，将一定长度的型钢埋设在基础表面，并使用经纬仪投点标记中心点，以作为设备安装时中心线放线的依据。

3）基准线放线

基准中心点测定后，即可放线。基准线放线常用的有以下三种形式：

画墨线法：在设备安装精度要求 2mm 以下且距离较近时常采用画墨线法。

经纬仪投点：此法精度高、速度快。放线时将经纬仪架设在某一端点，后视另一点，用红铅笔在该直线上画点。点间的距离、部位可根据需要确定。

拉线法：拉线法为最常用的方法。但拉线法对线、线坠、线架以及使用方法都有一定的要求，现说明如下：线：可采用直径为 0.3~0.8mm 的钢丝；线坠：将线锤的锤尖对准中心点然后进行引测；线架：线架上必须具备拉紧装置和调心装置。通过移动滑轮调整所拉线的位置，线架形式如图 8-14 所示。

4）设备中心找正的方法

设备中心找正的方法有两种：①钢板尺和线坠测量法：通过在所拉设的安装基准线上挂线坠和在设备上放置钢板尺测量；②边线悬挂法：在测量圆形物品时可采用此法，使线坠沿圆形物品表面自然下垂以测量垂线间的距离，边线悬挂法示意图如图 8-15 所示。

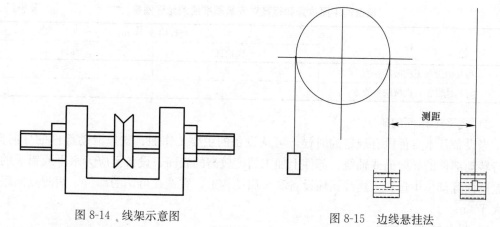

图 8-14 线架示意图　　　　图 8-15 边线悬挂法

(3) 确定设备的标高

1) 设备标高

设备标高基准点从建筑物的标高基准点引入到其他设备的基准点时，应一次完成。对一些大型、重型设备应多布置一些基准点，且基准点尽量布置在轴承部位和加工面附件上。

设备标高一般为相对标高。设备标高基准点一般分为临时基准点和永久基准点，对一些大型、重型设备而言，永久基准点也应作为沉降观测点使用。

2) 设备标高基准点的形式

标记法：在设备基础上或设备附近的墙体、柱子上画出标高符号即可。

铆钉法：将焊有铆钉的方形铁板埋设在设备附近的基础上，作为标高基准点。

3) 埋设标高基准点要求

标高基准点可采用 $\phi 20$ 的铆钉，牢固埋设在设备基础表面，并需露出铆钉的半圆形端。如铆钉焊在基础钢筋上，应采用高强度水泥砂浆，以保证灌浆牢固。在灌浆养护期后需进行复测。标高基准点应设在方便测量作业且便于保护的位置。

4) 测量标高的方法

测量标高的方法主要有以下三种：

① 利用水平仪和钢尺在不同加工面上测定标高。以加工平面为例：将水平仪放在加工平面上，调整设备使水平仪为零位，然后用钢尺测出加工平面到标高基准点之间的距离，即可测量出加工平面的标高（弧面和斜面可参考本方法）。

② 利用样板测定标高：对于一些无规则面的设备，可制作样板置放于设备上，以样板上的平面作为测定标高的基准面。

③ 利用水准仪测定标高：这种方法操作较简单，在设备上安放标尺并将测量仪器放在无建筑物影响测量视线的位置即可。

(4) 确定设备的水平度

1) 准备工作

按照《机械设备安装工程施工及验收通用规范》GB 50231 中的相关规定，见表 8-1，对设备的平面位置和标高对安装基准线的允许偏差进行检查，如超过允许偏差应进行调整。

设备的平面位置和标高对安装基准线的允许偏差   表 8-1

项目	允许偏差（mm）	
	平面位置	标高
与其他设备无机械联系的	±10	-10～+2
与其他设备有机械联系的	±2	±1

2) 找平工作面的确定

当设备技术文件没有规定的时候，可从设备的主要工作面、支撑滑动部件的导向面、保持转动部件的导向面或轴线、部件上加工精度较高的表面、设备上应为水平或铅垂的主要轮廓面等部位中选择，连续运输设备和金属结构上，宜选在可调的部位，两测点间距不宜大于 6m。

3) 设备抄平

设备的抄平主要通过平尺和水平仪按照施工规范和设备技术文件要求偏差进行，但需要注意以下事项：

① 在较大的测定面上测量水平度时，应放上平尺，再用水平仪检测，两者接触应均匀。

② 在高度不同的加工面上测量水平度时，可在低的平面垫放垫铁。

③ 在有斜度的测定面上测量水平度时，可采取角度水平仪进行测量。

④ 平尺和水平仪使用前，应到相关单位进行校正。

⑤ 对于一些精度要求不高的设备，可以采用液体连通器和钢板尺进行测量。

⑥ 对于一些精度要求高和测点距离远的可采用光学仪器进行测量。

2. 管线工程施工的安装定位及抄平

管线工程测量的主要内容包括：管道中线测量、管线纵横断面测量和管道施工测量。

管线中线测量的任务是将设计管道中心线的位置在地面测设出来。中线测量的内容有管线转点桩的测设、交点桩的测设、线路转折角测量、里程桩和加桩的标定。

管道纵断面测量任务是根据管道中心线所测的桩点高程和桩号绘制成纵断面图。根据管线附近的水准点，用水准测量方法测出管道中心线上各里程桩和加桩点的高程，绘制纵断面图，为设计管道埋深、坡度和计算土方量提供资料。管道横断面测量是测定各里程桩和加桩处垂直于中线两侧地面特征点到中线的距离和各点与桩点间的高差，据此绘制横断面图，供管道设计时计算土石方量和施工时确定开挖边界之用。

管道施工测量的主要任务是根据工程进度的要求，为施工测设各种基准标志，以便在施工中能随时掌握中线方向和高程位置。

(1) 管线的中心定位

管线中心定位是将设计的主点位置测设到地面上，并用木桩标定。主点位置可根据地面上已有建筑物进行定位，也可根据控制点进行定位。

(2) 管线的高程控制

1) 定位的依据

定位时可根据地面上已有建筑物进行管线定位，也可根据控制点进行管线定位。例如：管线的起点、终点及转折点称为管道的主点，其位置已在设计时确定，管线中心定位就是将主点位置测设到地面上去，并用木桩标定。

2) 管线高程控制的测量方法

为了便于管线施工时引测高程及管线纵、横断面的测量，应设管线临时水准点。其定位允许偏差应符合规定。水准点一般都选在旧建筑物墙角、台阶和基岩等处；如无适当的地物，应提前埋设临时标桩作为水准点。

(3) 地下管线工程测量

地下管线工程测量必须在回填前，测量出起、止点，窨井的坐标和管顶标高，并根据测量资料编绘竣工平面图和纵断面图。

第 9 章　抽样统计分析的基本知识

本章简要介绍数理统计的基本概念及抽样方法、施工质量数据抽样及数理统计分析的基本方法，会根据施工质量数据进行分析，了解影响安装质量的因素。学员通过学习可以施工质量抽检及质量数据分析的基本内涵。

9.1　数理统计的基本概念、抽样的方法

在现实生活中，有很多实际问题的解决会应用数理统计相关知识进行分析和论证。抽样统计是概率论与数理统计在工程中应用的具体方法。本文主要学习数理统计的基本概念、抽样调查的几种方法。

9.1.1　总体、样本、统计量、抽样的概念

1. 总体、个体

在进行数理统计分析时，把研究对象的全体称为总体，记为 X，它是一个随机变量。组成总体的每个基本单位称为个体。例如，要研究某分项工程管道焊口的质量，则该分项工程的全部焊口在抽样时就称为总体；每个焊口质量称为个体。

2. 抽样、样本、样本容量

为推断总体分布及各种特征，统计学的做法就是按一定规则从总体中抽取若干个体进行观察试验，从中获得有关总体的信息，再形成统计结论，这一抽取过程称为"抽样"。从总体中所抽取的部分个体称为样本（子样），可记为 $X_1，X_2，\cdots，X_n$。样本中所包含的个体数称为样本大小或容量，通常用百分比来表示。如研究某批次镀锌钢板风管的加工质量，数量为 80 件，抽查 8 件，则抽取比例为 10%。

3. 统计量的概念

统计量是统计理论中用来对数据进行分析、检验的变量。设 $X_1，X_2，\cdots，X_n$ 为来自总体 X 的一组简单随机变量，$T(X_1，X_2，\cdots，X_n)$ 为一个实数函数，如果 T 中不包含任何未知参数，则称为 $T(X_1，X_2，\cdots，X_n)$ 为一个统计量，统计量的分布称为抽样分布。

统计推断过程中由观测值（即样本值）的函数所表达的量，即不含总体分布的任何未知参数的样本函数。在实际问题中，得到某些观测值后，往往从这些数据中很难看清楚事物的规律，常常需要对数据进行一番"加工"和"提炼"，把数据中所包含的关于人们所关心的事物的信息集中起来，即针对不同的问题构造出样本的某种函数，这种函数就是统计量。

常用的统计量有样本均值（即 n 个样本的算术平均值），样本方差（即 n 个样本与样本均值之间平均偏离程度的度量），样本的各阶原点矩和中心矩等。

设 $X_1，X_2，\cdots，X_n$ 为来自总体 X 的样本，统计量 $\overline{X} = \frac{1}{n}\sum_{i=1}^{n} X_i$ 称为样本均值；统计

量 $S_n^2 = \frac{1}{n}\sum_{i=1}^{n}(X_i - \overline{X})^2$ 称为样本方差,$S_n = \sqrt{S_n^2}$ 称为样本标准差,而 $S^2 = \frac{1}{n-1}\sum_{i=1}^{n}(X_i - \overline{X})^2$ 称为修正的样本方差,$S = \sqrt{S^2}$ 称为修正的样本标准差;统计量 $A_r = \frac{1}{n}\sum_{i=1}^{n}X_i^r (r=1,2\cdots)$ 称为样本的 r 阶原点矩;统计量 $B_r = \frac{1}{n}\sum_{i=1}^{n}(X_i - \overline{X})^r (r=1,2\cdots)$ 称为样本的 r 阶中心矩。

【例 9-1】 某施工现场为及时了解新进一批 $DN50$、长度为 6m 镀锌钢管的重量,随机抽检 10 次,数据如下(单位 kg):33.4、32.8、33.5、33.4、32.9、33.2、33.1、33.3、33.5、32.9,计算样本均值、样本方差、样本标准差。

【解】 根据题意,可知:
样本均值为

$$\overline{X} = \frac{1}{n}\sum_{i=1}^{n}X_i = \frac{1}{10}(33.4+32.8+33.5+33.4+32.9+33.2+\\33.1+33.3+33.5+32.9) = 33.2$$

样本方差为

$$S_n^2 = \frac{1}{n}\sum_{i=1}^{n}(X_i - \overline{X})^2 = \frac{1}{10}[(33.4-33.2)^2+(32.8-33.2)^2+(33.5-33.2)^2+\\(33.4-33.2)^2+(32.9-33.2)^2+(33.2-33.2)^2+(33.1-33.2)^2+\\(33.3-33.2)^2+(33.5-33.2)^2+(32.9-33.2)^2] = 0.062$$

样本标准差为

$$S_n = \sqrt{S_n^2} = \sqrt{0.062} = 0.249$$

4. 抽样误差与非抽样误差

抽样误差是抽取样本的随机性造成的样本值与总体值之间的差异,只要采用抽样调查,抽样误差就不可避免。在抽样调查中,抽样误差虽无法消除,但可以对其进行计量并加以控制。控制抽样误差的根本方法是改变样本量。在其他条件相同的情况下,样本量越大,抽样误差越小。

非抽样误差是相对于抽样误差而言的,它不是由于抽样的随机性,而是指除抽样误差以外所有的误差的总和,是由于其他多种原因引起的估计值与总体参数之间的差异。比如抽样框不齐全、调查计划设计本身存在缺陷、调查员工作经验有限、调查中回答不准确或者虚假的回答等等。非抽样误差的产生贯穿了抽样调查的每一个环节,任何一个环节出错都有可能导致非抽样误差增加而使数据失真。平时所说的控制误差主要指的就是控制非抽样误差。

根据非抽样误差产生的方式和出现的阶段不同,可以将非抽样误差分解为以下几类:
(1)按其产生的方式不同,可以分为登记性误差和系统性误差。
1)登记性误差是指在调查过程中,由于工作出现失误而造成的误差。
2)系统性误差是指在抽取样本单位时,由于加入主观意愿,破坏了随机抽样原则使样本不足以代表总体而造成的误差。
(2)按其产生的环节不同,可以分为设计误差、调查误差和汇总误差。

1) 设计误差是指在抽样设计阶段产生的误差。产生设计误差的主要原因是由于采用了有缺陷的抽样框或者是调查问卷设计不科学所造成的。

2) 调查误差是指在调查过程中产生的误差。这种误差从其产生的人员来划分主要包括调查人员误差和被调查人员误差两种。

3) 汇总误差是指在调查数据汇总、整理和数据传输过程中产生的误差。这种误差的形成原因主要是由于我国统计数据处理技术落后和汇总人员的失误所致。

9.1.2 抽样的方法

1. 全数检验

全数检验是对总体中的全部个体逐一观察、测量、计数、登记，从而获得对总体质量水平评价结论的方法。采用全数检验时，对总体质量评价一般比较可靠，能提供大量的质量信息，但要消耗很多人力、物力、财力和时间，特别是不能用于具有破坏性的检验和过程质量控制，应用上具有局限性。该方法适用于在有限总体中，对重要的检测项目，当可采用简易快速的不破损检验方法时，可选用全数检验方案。

2. 随机抽样检验

随机抽样检验按照随机抽样的原则，从总体中随机抽取部分个体进行检验，根据对样品进行检测的结果，推断总体质量水平的方法。随机抽样检验抽取样品应不受检验人员主观意愿的支配，每一个体被抽中的概率相等，从而保证样本在总体中的分布均匀，有充分的代表性。采取随机抽样检验的方法具有节省人力、物力、财力、时间和准确性高的优点，同时又可能用于具有破坏性的检验和过程质量控制，具有广泛的应用性。

它与全面检验的不同之处，在于全面检验需对整批产品逐个进行检验，而抽样检验则根据样本中的产品的检验结果来推断整批产品的质量。如果推断结果认为该批产品符合预先规定的合格标准，就予以接收；否则就拒收。采用抽样检验可以显著地节省工作量。

3. 几种基本的抽样方法

(1) 简单随机抽样

简单随机抽样也称为单纯随机抽样、纯随机抽样、SRS 抽样，是指从总体 N 个单位中任意抽取 n 个单位作为样本，使每个可能的样本被抽中的概率相等的一种抽样方式。

简单随机抽样最基本的抽样方法。分为重复抽样和不重复抽样。在重复抽样中，每次抽中的单位仍放回总体，样本中的单位可能不止一次被抽中，这时所有可能的样本有 N^n 个，每个样本被抽中的概率为 $1/N^n$，也称为放回简单随机抽样。不重复抽样中，抽中的单位不再放回总体，样本中的单位只能抽中一次，这时所有可能的样本有 C_N^n 个，每个样本被抽中的概率为 $1/C_N^n$，也称为不放回简单随机抽样。

简单随机抽样的具体作法有：

1) 抽签法。将总体的全部单位逐一作签，搅拌均匀后进行抽取。

2) 随机数字表法。将总体所有单位编号，然后从随机数字表中一个随机起点（任一排或一列），开始从左向右或从右向左、向上或向下抽取，直到达到所需的样本容量为止。

简单随机抽样的特点是：每个样本单位被抽中的概率相等，样本的每个单位完全独立，彼此间无一定的关联性和排斥性。

简单随机抽样是其他抽样方法的基础，因为它在理论上最容易处理，而且当总体单位

数 N 不太大时，实施起来并不困难。但在实际中，若 N 相当大时，简单随机抽样就不是很容易办到的。首先，它要求有一个包含全部 N 个单位的抽样框；其次，用这种抽样得到的样本单位较为分散，调查不容易实施。因此，在实际生活中直接采用简单随机抽样的并不多。

（2）分层抽样

一般地，当总体由差异明显的几部分组成时，为了使样本更客观地反映总体情况，常将总体中的个体按不同的特点分成层次比较分明的几部分，然后按照各部分所占的比例实施抽样，这种抽样方法叫做分层抽样，其中所分成的各个部分叫做层。

分层抽样同样是以简单随机抽样为基础的一种抽样方式，对于容量较大、个体差异不明显的总体通常采用系统抽样方法，但对于许多容量较大、个体差异较大且明显分成几部分的总体，系统抽样虽然保证公平性和客观性，但样本还是不具有良好的代表性，这时就考虑用分层抽样的方法来抽取样本。

对于分层抽样需要注意：①分层抽样适用于总体差异比较明显的几个部分组成的情况，是等可能抽样，它也是客观的、公平的；②分层抽样是建立在简单随机抽样或系统抽样的基础上的，由于它充分利用了已知信息，使样本具有较好的代表性，而且在各层抽样时可以根据情况采用不同的抽样方法，因此在实践中有着非常广泛的应用。

（3）整群抽样

整群抽样又称聚类抽样。是将总体中各单位归并成若干个互不交叉、互不重复的集合，称之为群；然后，以群为抽样单元，从总体中随机抽取一部分群，对中选群中的所有基本单元进行调查的一种抽样技术。

应用整群抽样时，要求各群有较好的代表性，即群内各单位的差异要大，群间差异要小。

整群抽样的优点是实施方便、节省经费；缺点是往往由于不同群之间的差异较大，由此而引起的抽样误差往往大于简单随机抽样。

整群抽样与分层抽样在形式上有相似之处，但实际上差别很大。

分层抽样要求各层之间的差异很大，层内个体或单元差异小，而整群抽样要求群与群之间的差异比较小，群内个体或单元差异大；分层抽样的样本时从每个层内抽取若干单元或个体构成，而整群抽样则是要么整群抽取，要么整群不被抽取。

（4）系统抽样

当总体中的个体数较多时，可将总体平均分成几个部分，从每个部分抽取一个个体，得到所需的样本，这样的抽样方法称为系统抽样，又称等距抽样、机械抽样。如在流水作业线上每生产 100 件产品抽出一件产品做样品，直到抽出 n 件产品组成样本。

系统抽样以简单随机抽样为基础，通过将容量很大的总体分组，只需在某一个组内用简单随机抽样方式来抽取一个个体，然后在一定规则下就能抽取出全部样本，在保证公平客观的前提下简化抽样过程。

对于系统抽样需要注意：①系统抽样适用于总体中的个体数较多的情况，它与简单随机抽样的联系在于：将总体均分后的每一部分进行抽样时，采用的是简单随机抽样；②与简单随机抽样一样，系统抽样是等可能抽样，它是客观的、公平的；③总体中的个体数恰好能被样本容量整除时，可用它们的比值作为系统抽样的间隔；当总体中的个体数不能被样本容量整除时，可用简单随机抽样先从总体中剔除少量个体，使剩下的个体数能被样本容量整除再进行系统抽样。

(5) 多阶段抽样

多阶段抽样又称多级抽样。上述抽样方法的共同特点是整个过程中只有一次随机抽样，因而统称为单阶段抽样。但是当总体很大时，很难一次抽样完成预定的目标。多阶段抽样是将各种单阶段抽样方法结合使用，通过多次随机抽样来实现的抽样方法。如检验钢材、水泥等质量时，可以对总体1万个个体按不同批次分为100群，每群100件样品，从中随机抽取8群，而后在中选的8群中的800个个体中随机抽取100个个体，这就是整群抽样与分层抽样相结合的二阶段抽样，它的随机性表现在群间和群内有两次。

9.2 施工质量数据抽样和统计分析

质量统计推断工作是运用质量统计方法在生产过程中或一批产品中，随机抽取样本，通过对样品进行检测和整理加工，从中获得样本质量数据信息，并以此为依据，以概率数理统计为理论基础，对总体的质量状况作出分析和判断。质量统计推断工作过程见图9-1。

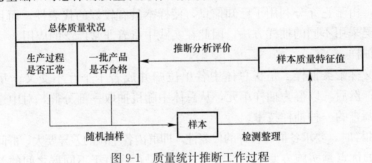

图 9-1　质量统计推断工作过程

9.2.1　施工质量数据抽样的基本方法

1. 质量数据的分类

质量数据是指由个体产品质量特性值组成的样本（总体）的质量数据集，在统计上称为变量；个体产品质量特性值称变量值。根据质量统计数据的特点，可以将其分为计量值数据和计数值数据。

(1) 计量值数据

计量值数据是可以连续取值的数据，属于连续型变量。其特点是在任意两个数值之间都可以取精度较高一级的数值。它通常由测量得到，如重量、强度、几何尺寸、标高、位移等。此外，一些属于定性的质量特性，可由专家主观评分、划分等级而使之数量化，得到的数据也属于计量值数据。

(2) 计数值数据

计数值数据是只能按0、1、2、……数列取值计数的数据，属于离散型变量。它一般由计数得到。计数值数据又可分为计件值数据和计点值数据。

1) 计件值数据，表示具有某一质量标准的产品个数。如总体中合格品数、一级品数。

2) 计点值数据，表示个体（单件产品、单位长度、单位面积、单位体积等）上的缺陷数、质量问题点数等。如检验钢结构构件涂料涂装质量时，构件表面的焊渣、焊疤、油污、毛刺的数量等。

2. 质量数据的特征值

样本数据特征值是由样本数据计算的描述样本质量数据波动规律的指标。统计推断就是根据这些样本数据特征值来分析、判断总体的质量状况。常用的有描述数据分布集中趋势的算术平均数、中位数和描述数据分布离中趋势的极差、标准偏差、变异系数等。

（1）描述数据集中趋势的特征值

1）均值

算术平均数又称均值，是消除了个体之间个别偶然的差异，显示出所有个体共性和数据一般水平的统计指标，它由所有数据计算得到，是数据的分布中心，有代表性。其计算公式为：

① 总体均值 μ

$$\mu = \frac{1}{N}(X_1 + X_2 + \ldots + X_N) = \frac{1}{N}\sum_{i=1}^{N} X_i \tag{9-1}$$

式中　N——总体中个体数；

　　　X_i——总体中第 i 个的个体质量特性值。

② 样本均值 $\bar{x}$

$$\bar{x} = \frac{1}{n}(x_1 + x_2 + \cdots + x_N) = \frac{1}{n}\sum_{i=1}^{N} x_i \tag{9-2}$$

式中　n——样本容量；

　　　x_i——样本中第 i 个样品的质量特性值。

2）样本中位数

样本中位数是将样本数据按数值大小有序排列后，位置居中的数值。中位数值由位置决定，受样本容量 n 多少的影响，不受极端值大小的影响，数据少时很容易确定。

（2）描述数据离中趋势的特征值

1）极差 R

极差是数据中最大值与最小值之差，是用数据变动的幅度来反映其分散状况的特征值。极差计算简单、使用方便，但粗略，数值仅受两个极端值的影响，损失的质量信息多，不能反映中间数据的分布和波动规律，仅适用于小样本。

在统计中常用极差来描述一组数据的离散程度。反映的是变量分布的变异范围和离散幅度，在总体中任何两个单位的标准值之差都不能超过极差。同时，它能体现一组数据波动的范围。

2）标准偏差

标准偏差简称标准差或均方差，是个体数据与均值离差平方和的算术平均数的算术根，是大于 0 的正数。总体的标准差用 σ 表示；样本的标准差用 S 表示。标准差值小说明分布集中程度高，离散程度小，均值对总体（样本）的代表性好；标准差的平方是方差，有鲜明的数理统计特征，能确切说明数据分布的离散程度和波动规律，是最常用的反映数据变异程度的特征值。其计算公式为：

① 总体的标准偏差 σ

$$\sigma = \sqrt{\frac{\sum_{i=1}^{N}(X_i - \mu)^2}{N}} \tag{9-3}$$

② 样本的标准偏差 S

$$S = \sqrt{\frac{\sum_{i=1}^{N}(x_i - \overline{x})^2}{n-1}} \tag{9-4}$$

样本的标准偏差 S 是总体标准偏差 σ 的无偏估计。在样本容量较大（$n \geqslant 50$）时，上式中的分母（$n-1$）可简化为 n。

(3) 变异系数 C_v

变异系数又称离散系数，是用标准差除以算术平均数得到的相对数。它表示数据的相对离散波动程度。变异系数小，说明分布集中程度高，离散程度小，均值对总体（样本）的代表性好。由于消除了数据平均水平不同的影响，变异系数适用于均值有较大差异的总体之间离散程度的比较，应用更为广泛。其计算公式为：

1）总体的变异系数

$$C_v = \frac{\sigma}{\mu} \tag{9-5}$$

2）样本的变异系数

$$C_v = S\sqrt{x} \tag{9-6}$$

3. 质量数据的分布特征

(1) 质量数据的特性

质量数据具有个体数值的波动性和总体（样本）分布的规律性。

在实际质量检测中，我们发现即使在生产过程是稳定正常的情况下，同一总体（样本）的个体产品的质量特性值也是互不相同的，这种个体间表现形式上的差异性，反映在质量数据上即为个体数值的波动性、随机性。

当运用统计方法对这些大量丰富的个体质量数值进行加工、整理和分析后，我们又会发现这些产品质量特性值（以计量值数据为例）大多都分布在数值变动范围的中部区域，即有向分布中心靠拢的倾向，表现为数值的集中趋势；还有一部分质量特性值在中心的两侧分布，随着逐渐远离中心，数值的个数变少，表现为数值的离中趋势。质量数据的集中趋势和离中趋势反映了总体（样本）质量变化的内在规律性。

(2) 质量数据波动的原因

众所周知，影响产品质量主要有五方面因素，即人，包括质量意识、技术水平、精神状态等；材料，包括材质均匀度、理化性能等；方法，包括生产工艺、操作方法等；环境，包括时间、季节、现场温湿度、噪声干扰等；机械设备，包括其先进性、精度、维护保养状况等，同时这些因素自身也在不断变化中。个体产品质量的表现形式的千差万别就是这些因素综合作用的结果，质量数据也就具有了波动性。

质量特性值的变化在质量标准允许范围内波动称之为正常波动，是由偶然性原因引起的；若是超越了质量标准允许范围的波动则称之为异常波动，是由系统性原因引起的。

1）偶然性原因

在实际生产中，影响因素的微小变化具有随机发生的特点，是不可避免、难以测量和控制的，或者是在经济上不值得消除，它们大量存在，对质量的影响很小，属于允许偏差、允许位移范畴，引起的是正常波动，一般不会造成废品，生产过程稳定。通常，把这类微小变化归为影响质量的偶然性原因、不可避免原因或正常原因。

2）系统性原因

当影响质量的因素发生了较大变化，如工人未遵守操作规程、机械设备发生故障或过度磨损、原材料质量规格有显著差异等情况发生时，没有及时排除，生产过程则不正常，产品质量数据就会离散过大或与质量标准有较大偏离，表现为异常波动，次品、废品产生，这就是产生质量问题的系统性原因或异常原因。由于异常波动特征明显，容易识别和避免，生产中应该随时监控，及时识别和处理。

（3）质量数据分布的规律性

对于在正常生产条件下的大量产品，误差接近零的产品数目要多些，具有较大正负误差的产品要相对少，偏离很大的产品就更少了，同时正负误差绝对值相等的产品数目非常接近。形成了一个能反映质量数据规律性的分布，即以质量标准为中心的质量数据分布，它可用一个"中间高、两端低、左右对称"的几何图形表示，即一般服从正态分布，如图 9-2 所示。

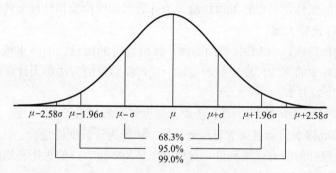

图 9-2　正态分布概率密度曲线

4. 质量数据抽样的基本方法

（1）质量检验的几个概念

1）检验

对检验项目中的性能进行测量、检查、试验等，并将结果与标准规定要求进行比较，以确定每项性能是否合格所进行的活动。它包括对每一个体的缺陷数目或某种属性记录的计数检验和对每一个体的某个定量特性的计量检验。

2）检验批

检验批是指按同一生产条件或按规定的方式汇总起来供检验用的，由一定数量样本组成的检验体。检验批是质量验收的最小单位，是工程质量验收的基础。

3）批不合格品率

批不合格品率是指检验批种不合格品数占整个批中的比重。反映了批的质量水平，其计算公式为：

由总体计算 $$P=\frac{D}{N} \tag{9-7}$$

由样本计算 $$\rho=\frac{d}{n} \tag{9-8}$$

式中　P、ρ——分别由检验批（总体）、样本计算的批不合格率；

D、d——分别为检验批（总体）、样本计算的批合格品件数；

N、n——分别为检验批（总体）、样本中的产品件数。

对于计点值数据，若用 C 表示批中的缺陷数时，其质量水平可由下式计算：

$$批的每百单位缺陷数 = \frac{100C}{N} \tag{9-9}$$

4) 接受概率

接受概率又称批合格概率，是根据规定的抽样检验方案将检验批判为合格而接受的概率。一个既定方案的接受概率代表了产品的质量水平，检验批的不合格概率 p 越小，接受概率就越大。

（2）抽样检验方案

抽样检验方案是根据检验项目特性而确定的抽样数量、接受标准和方法。如在简单的计数值检验方案中，主要是确定样本容量 n 和合格判定数，即允许不合格品件数 c，记为方案 (n, c)。

按检验特性值的属性，可以将抽样检验分为计数型抽样检验和计量型抽样检验两大类。

1) 计量型抽样检验方案

有些产品的质量特性，如 PP-R 管的寿命、风机盘管的风量、消防水枪的射程等，是连续变化的。用抽取样本的连续尺度定量地衡量一批产品质量的方法称为计量抽样检验方法。

2) 计数抽样检验方案

有些产品的质量特性，如焊点的不良数、测试坏品数以及合格与否，只能通过离散的尺度来衡量，把抽取样本后通过离散尺度衡量的方法称为计数抽样检验。计数抽样检验中对单位产品的质量采取计数的方法来衡量，对整批产品的质量，一般采用平均质量来衡量。

5. 常用的抽样检验方案

（1）标准型抽样检验方案

1) 计数值标准型一次抽样检验方案

计数值标准型一次抽样检验方案是规定在一定样本容量 n 时的最高允许的批合格判定数 c，记作 (n, c)，并在一次抽检后给出判断检验批是否合格的结论。c 值一般为可接受的不合格品数，也可以是不合格品率，或者是可接受的每百单位缺陷数。若实际抽检时，检出不合格数为 d，则当 $d \leqslant c$ 时，判定为合格批，接受该检验批；当 $d > c$ 时，判定为不合格批，拒绝该检验批。如一批货物 1000 件，允许不合格数是 $c=10$，抽检一次发现实际不合格数 $d=5$，$d<c$ 说明这个可以判定为合格批。若抽检一次发现实际不合格数 $d=15>c$，那么这个检验批就不合格，不能接收这一批货物。

2) 计数值标准型二次抽样检验方案

计数值标准型二次抽样检验方案时规定两组参数，即第一次抽检的样本容量 n_1 时的合格判定数 c_1 和不合格判定数 r_1 ($c_1 < r_1$)；第二次抽检的样本容量 n_2 时的合格判定数 c_2。在最多两次抽检后就能判断检验批是否合格的结论。其检验程序是：

第一次抽检 n_1 后，检出不合格品数为 d_1。则：

当 $d_1 \leqslant c_1$ 时，接受该检验批；当 $d_1 \leqslant r_1$ 时，拒绝该检验批；$c_1 < d_1 < r_1$ 时，抽检第二个样本。

第二次抽检 n_2 后，检出不合格品是为 d_2，则：

当 $d_1+d_2 \leqslant c_2$ 时，接受该检验批；当 $d_1+d_2 > c_2$ 时，拒绝该检验批。

(2) 分选型抽样检验方案

计数值分选型抽样检验方案基本与计数值标准型一次抽样检验方案相同，只是在抽检后给出检验批是否合格的判断结论和处理有所不同。即实际抽检时，检出不合格品数为 d，则当：$d < c$ 时，接受该检验批；$d > c$ 时，则对该检验批余下的个体产品全数检验。

(3) 调整型抽样检验方案

计数值调整型抽样检验方案时在对正常抽样检验的结果进行分析后，根据产品质量的好坏，调整型抽样检验方案加严或放宽的规则。

6. 抽样检验方案的两类风险

实际抽样检验方案中存在两类判断错误：既可能犯第一类错误，将合格批判为不合格批，错误地拒收；也可能犯第二类错误，将不合格批判为合格批，错误地接收。错误的判断将带来相应的风险，这种风险的大小可用概率来表示。

由于对合格品的错判将会给生产者带来损失，所以第一类错误又称供应方风险或生产方风险；而第二类错误将不合格品漏判会给消费者带来损失，称为使用方风险或消费方风险。

抽样检验必然存在两类风险，要求通过抽样检验的产品 100% 合格是不合理也是不可能的，除非产品中根本不存在不合格品。抽样检验中，两类风险中一般控制的范围是：α 是生产者所要承担的风险，一般控制的范围为 1%～5%；β 是使用者所要承担的风险，一般控制的范围为 5%～10%。对于主控项目，其 α、β 均不宜超过 5%；对于一般项目，α 不宜超过 5%，β 不宜超过 10%。

9.2.2 数据统计分析的基本方法

安装工程中常用的质量分析统计方法有统计调查表法、分层法、排列图法、因果分析图法等。

1. 统计调查表法

统计调查表法又称统计调查分析法，它是利用专门设计的统计表对质量数据进行收集、整理和粗略分析质量状态的一种方法。

常用的统计表有分项工程质量通病分布部位表、施工质量不合格项目调查表、施工质量不合格原因调查表、质量缺陷分析表等。如表 9-1 为钢制水箱立焊缝焊接的缺陷分布调查表。

钢制水箱立焊缝焊接质量检查表　　　　　　　　表 9-1

分项工程	屋顶预制水箱	作业班组	
检查数量	总计 20 台	检查时间	年　月　日
检查方式	抽查 16 条焊缝，占 20%	检查员	
焊缝缺陷性质		缺陷数量（处）	
焊瘤		18	
飞溅		25	
凹陷		0	
煤油渗透检漏		2	
合计		45	

从表 9-1 可知，水箱立焊缝的缺陷主要是焊瘤和飞溅，说明焊工对立焊角缝的焊接工

艺掌握不好，可能焊接量太大，焊熔金属流淌引起焊瘤过多，影响焊缝外观质量，同时还使局部有微小穿透孔，导致煤油渗透检查不合格。因为质量员提出，要对焊工立焊缝焊接工艺进行培训。

在质量控制活动中，利用统计调查表收集数据，简便灵活，便于整理，实用有效。它没有固定格式，可根据需要和具体情况，设计出不同统计调查表。应当指出，统计调查表往往同分层法结合起来应用，可以更好、更快地找出问题的原因，以便采取改进的措施。

2. 分层法

分层法又叫分类法，是将调查收集的原始数据，根据不同的目的和要求，按某一性质进行分组、整理的分析方法。

分层法是质量控制统计分析方法中最基本的一种方法。其他统计方法一般都要与分层法配合使用，如分层直方图法、分层排列法、分层控制图法、分层散布图法和分层因果图法等等。

分层的对象可以按照施工作业人员、作业班组、施工机械型号、施工方法、材料供应商、施工时间、检查手段等分层，从不同角度来考虑、分析产品存在的问题质量和影响因素。

【例 9-2】 某公司进行了无缝钢管管道焊接质量的调查分析，共检查了 50 个焊缝，其中不合格 18 个，不合格率为 36%。存在严重的质量问题，试用分层法分析质量问题的原因。

【解】 现已查明这批钢筋的焊接是由 A、B、C 三个师傅操作的，焊条是由甲、乙两个供货商提供的。因此，分别按操作者和焊条供货商进行分层分析，见表 9-2、表 9-3。

按操作者分层　　　　　　　　　　　　　　　　　　　表 9-2

操作者	不合格（个）	合格（个）	不合格率（%）
A	6	13	32
B	3	9	25
C	9	10	47
合计	18	32	36

按焊条供货商分层　　　　　　　　　　　　　　　　　表 9-3

操作者	不合格（个）	合格（个）	不合格率（%）
甲	8	15	35
乙	10	17	37
合计	18	32	36

表 9-2 和表 9-3 分层分析可见，操作者 B 的质量较好，不合格率为 25%；而不论是采用甲供货商还是乙供货商的焊条，不合格率都很高且相差不大。为了找出问题的所在，进行综合分层进行分析，结果见表 9-4。

综合分层分析焊接质量　　　　　　　　　　　　　　　表 9-4

操作者	甲供货商	乙供货商	合计
	不合格率（%）	不合格率（%）	不合格率（%）
A	75	0	32
B	0	4	25
C	22	78	47
合计	35	37	36

从表 9-4 可知，在使用甲供货商的焊条时，B 师傅的操作方法为好；在使用乙供货商的焊条时，A 师傅的操作方法为好，这样合格率会大大提高。

3. 排列图法

排列图（Pareto Diagram）又叫帕累托图或主次因素分析图，它是将质量改进项目从最重要到最次要顺序排列而采用的一种图表。它是由一个横坐标、两个纵坐标、几个按高低顺序（"其他"项例外）排列的矩形和一条累计百分比折线组成，如图 9-3 所示。

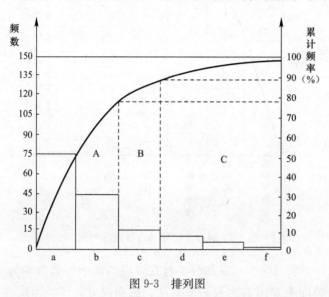

图 9-3 排列图

图中纵坐标一般设置两个：左端的纵坐标可以用事件出现的频数（如各因素造成的不合格品数）表示，或用不合格品损失金额来表示；右端的纵坐标用事件发生的频数占全部事件总数的比率表示。图中，横坐标表示影响产品质量的因素或项目，一般以直方的高度表示各因素出现的频数，并从左到右按频数的多少，由大到小顺次排列。利用排列图可以寻找影响质量的主次因素。

通常把影响因素分为三类：即把包括在累计频率 0～80％ 范围的因素称为 A 类因素，即为影响产品质量的主要因素；其次，属于累计频率 80～90％ 范围内的因素称为 B 类因素，即为次要因素；其余在累计频率 90～100％ 范围内的因素称为 C 类因素，是一般因素。通常 A 类因素应为 1～2 个，最多不超过 3 个。

排列图可以形象、直观地反映主次因素。其主要应用有：

（1）分析造成质量问题的薄弱环节。（按不合格点的内容分类）

（2）找出生产不合格品最多的关键过程。（按生产作业分类）

（3）分析比较各单位技术水平和质量管理水平。（按生产班组或单位分类）

（4）分析措施是否有效。（将采取提高质量措施前后的排列图对比）

（5）还可以用于成本费用分析、安全问题分析等。

【例 9-3】 如图 9-4 所示为混凝土构件尺寸不合格点排列图，试确定引起质量问题的主次因素。

【解】 利用 ABC 分类法，确定主次因素。按累计频率将曲线划分为（0％～80％）、

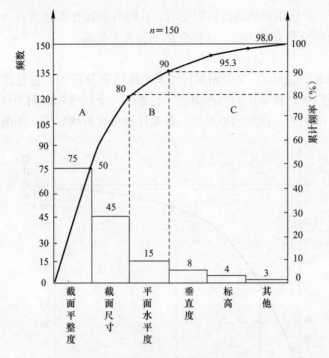

图 9-4 混凝土尺寸不合格点排列图

（80%～90%）和（90%～100%）三部分，与其对应的影响因素分别为 A、B、C 三类因素。由图可知，A 类即主要因素为表面平整度、截面尺寸，B 类即次要因素为平面水平度，C 类即一般因素为垂直度、标高及其他项目。综上分析，应重点解决的是表面平整度、截面尺寸等质量问题。

4. 因果分析图法

因果分析图法也称特性要因图，又因其形状常被称为树枝图或鱼刺图，是利用因果关系系统分析某个质量问题（结果）与其产生原因之间关系的有效工具。

因果分析图由质量特性（即质量结果指某个质量问题）、要因（产生质量问题的主要原因）、枝干（指一系列箭线表示不同层次的原因）、主干（指较粗的直接指向质量结果的水平箭线）等组成。因果分析图基本形式如图 9-5 所示。

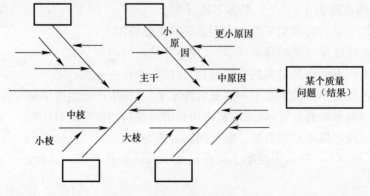

图 9-5 因果分析图基本形式

图 9-6 为某机房工程质量问题的因果分析图。由图可知，质量员会从人、设备、材料、方法、环境等五个方面提出具体对策，解决机房出现的质量问题。

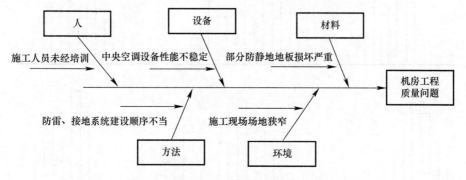

图 9-6 某机房工程质量问题的因果分析图

绘制和使用因果分析图时应注意的问题

(1) 集思广益。绘制时要以各种形式，广泛收集现场工人、班组长、质量检查员、工程技术人员的意见，集思广益，相互启发、相互补充，使因果分析更符合实际。

(2) 制订对策。绘制因果分析图不是目的，而是要根据图中所反映的主要原因，制订改进的措施和对策，限期解决问题，保证产品质量。具体实施时，一般应编制一个对策计划表。

5. 直方图法

直方图法用以描述质量分布状态的一种分析方法。它是将收集到的质量数据进行分组整理，绘制成频数分布直方图，又称质量分布图法。用随机抽样方法抽取的数据，一般要求数据在 50 个以上。

通过直方图的观察与分析：了解产品质量的波动情况；掌握质量特性的分布规律；估算施工生产过程总体的不合格品率；评价过程能力等。

(1) 通过直方图形状，判定生产过程是否有异常

常见的直方图形状如图 9-6 所示。横坐标表示质量特性值，纵坐标代表频数或频率。直方图的分布形状及分布区间是有质量特性统计数据的平均值和标准差决定的。

正常型直方图就是中间高，两侧低，左右接近对称的图形。反映生产过程质量处于正常、稳定的状态。当出现非正常直方图时，表明生产过程或收集数据作图有问题。

非正常型直方图的分布有各种不同缺陷，一般有五种类型：

1) 折齿型：是由于分组组数不当或者组距确定不当出现的直方图，见图 9-7 (b)。

2) 左 (或右) 缓坡型：是由于操作中对上限 (或下限) 控制太严造成的，见图 9-7 (c)。

3) 孤岛型：是原材料发生变化，或者临时他人顶班作业造成的，见图 9-7 (d)。

4) 双峰型：是由于用两种不同方法或两台设备或两组工人进行生产，然后把两方面数据混在一起整理产生的，见图 9-7 (e)。

5) 绝壁型：是由于数据收集不正常，可能有意识地去掉了下限以下的数据而造成或是在检测过程中存在某种人为因素所造成的，见图 9-7 (f)。

(2) 将直方图与质量标准比较，判断实际生产过程能力

直方图，除了观察其形状，分析质量分布状态外，也可将正常型直方图与质量标准比

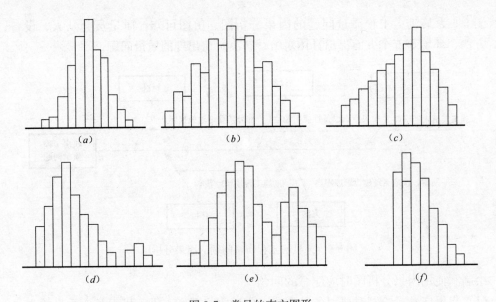

图 9-7 常见的直方图形

(a) 正常型；(b) 折齿型；(c) 左缓坡型；(d) 孤岛型；(e) 双峰型；(f) 绝壁型

较，从而判断实际生产过程能力。

正常型直方图与质量标准相比较，一般有如图 9-8 所示的六种情况。

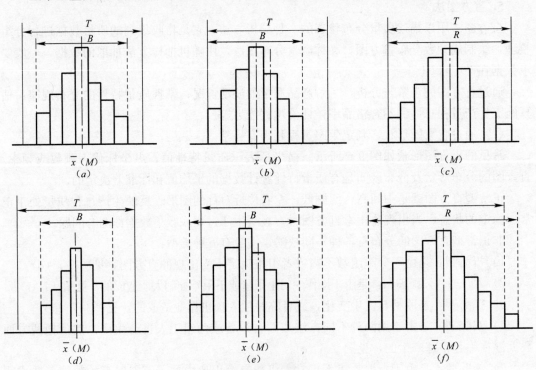

图 9-8 实际质量分析与标准比较

T-表示质量标准要求界限；B-表示实际质量特性分布范围

1) 图 9-8 (a)，B 在 T 中间，质量分布中心 $\bar{x}$ 与质量标准中心 M 重合，实际数据分布与质量标准相比较两边还有一定余地。这样的生产过程质量是很理想的,说明生产过程处于正常的稳定状态。在这种情况下生产出来的产品可认为全都是合格品。

2) 图 9-8 (b),B 虽然落在 T 内,但质量分布中心 z 与 T 的中心 M 不重合,偏向一边。这样如果生产状态一旦发生变化,就可能超出质量标准下限而出现不合格品。出现这种情况时应迅速采取措施,使直方图移到中间来。

3) 图 9-8 (c),B 在 T 中间,且 B 的范围接近 T 的范围,没有余地,生产过程一旦发生小的变化,产品的质量特性值就可能超出质量标准。出现这种情况时必须立即采取措施,以缩小质量分布范围。

4) 图 9-8 (d),B 在 T 中间,但两边余地太大,说明加工过于精细、不经济。在这种情况下,可以对原材料、设备、工艺、操作等控制要求适当放宽些,有目的地使 B 扩大,从而有利于降低成本。

5) 图 9-8 (e),质量分布范围 B 已超出标准下限之外,说明已出现不合格品。此时,必须采取措施进行调整,使质量分布位于标准之内。

6) 图 9-8 (f),质量分布范围完全超出了质量标准的上、下界限,散差太大,产生许多废品,说明过程能力不足,应提高过程能力,使质量分布范围 B 缩小。

6. 控制图法

控制图又称管理图。在直角坐标系内画有控制界限,描述生产过程中产品质量波动状态的图形。利用控制图区分质量波动原因,判明生产过程是否处于稳定状态的方法。它是一种动态质量控制统计分析方法。

如图 9-9 所示为控制图的基本形式。该图上一般有三条线:在上面的一条虚线称为上控制界限,用符号 UCL 表示;在下面的一条虚线称为下控制界限,用符号 LCL 表示;中间的一条实线称为中心线,用符号 CL 表示。中心线标志着质量特性值分布的中心位置,上下控制界限标志着质量特性值允许波动范围。

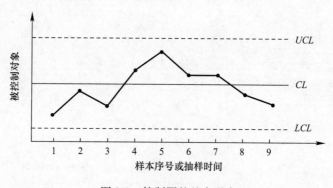

图 9-9 控制图的基本形式

控制图是用样本数据来分析判断生产过程是否处于稳定状态的有效工具。它主要用来分析生产过程是否稳定及控制生产过程的质量状态。

参 考 文 献

[1] 钱大治. 质量员通用与基础知识 [M]. 北京：中国建筑工业出版社，2014.
[2] 陈从健. 质量员专业基础知识 [M]. 北京：中国建筑工业出版社，2014.
[3] 中华人民共和国国家标准. 建筑工程项目管理规范 GB/T 50326—2006 [S]. 北京：中国建筑工业出版社，2006.
[4] 王鹏. 建筑设备 [M]. 北京：北京理工大学出版社，2013.
[5] 陈小荣. 智能建筑供配电与照明 [M]. 北京：机械工业出版社，2011.
[6] 靳慧征等. 建筑设备基础知识与识图 [M]. 北京：北京大学出版社，2010.
[7] 文桂萍. 建筑设备安装与识图 [M]. 北京：机械工业出版社，2010.
[8] 本书编委会. 建筑施工手册（第五版）[M]. 北京：中国建筑工业出版社，2012.
[9] 侯君伟. 建筑设备施工便携手册 [M]. 北京：机械工业出版社，2009.
[10] 李联友. 建筑设备安装工程施工技术手册 [M]. 北京：中国电力出版社，2007.
[11] 岳秀萍. 建筑给水排水工程 [M]. 北京：中国建筑工业出版社，2015.
[12] 赵毅山，程军. 流体力学 [M]. 上海：同济大学出版社，2004.
[13] 赵淑敏. 工业通风空气调节 [M]. 北京：中国电力工业出版社，2004.
[14] 常玉奎，金荣耀. 建筑工程测量 [M]. 北京：清华大学出版社，2012.
[15] 中华人民共和国行业标准. 建筑与市政工程施工现场专业人员职业标准 JGJ/T 250—2011 [S]. 北京：中国建筑工业出版社，2011.
[16] 张景肖. 概率论 [M]. 北京：清华大学出版社，2012